SDGsと環境教育

地球資源制約の視座と持続可能な開発目標のための学び

佐藤　真久
田代　直幸
蟹江　憲史

編著

学 文 社

はじめに

　本書は，既刊『SDGs と開発教育─持続可能な開発目標のための学び』の出版を受けて，姉妹本として刊行するものである。ミレニアム開発目標（MDGs，2000－2015 年）は，グローバルな基本問題の１つである「貧困・社会的排除問題」を主として取り扱った，人権アプローチに基づく「開発アジェンダ」である。いっぽう，持続可能な開発目標（SDGs，2016－2030 年）は，「貧困・社会的排除問題」と「地球環境問題」を取り扱った，人権アプローチと自然生存権アプローチに基づく「開発・環境アジェンダ」であるといえよう。

　本書では，従来の開発アジェンダと開発教育では十分に議論がなされてきてない，地球資源制約（Planetary Boundary）や自然生存権（人権に対して），生命地域（陸域，海域）などについても取り扱うことにより，SDGs を環境的側面から掘り下げ，SDGs における環境教育的な視座を提供するものである。本書では，既刊『SDGs と開発教育』の内容と目次構成をふまえつつ，環境的側面や持続可能性を重視した「SDGs と環境教育」について，考察を深めるものとする。

　本書は，4 部構成となっている。「第 1 部 環境教育とは何か」では，まず「環境教育の歴史と課題」（第 1 章）を解説する。そして，主に学校教育における「環境教育の内容・方法・カリキュラム」（第 2 章）について展開し，生涯学習における「グローバルな文脈における公害教育の展開」「グローバルな文脈における自然保護教育の展開」（第 3・4 章）について展開する。いずれも，地域的な課題とグローバルな課題をいかに結びつけて，その解決に向けてどのように学習活動を展開したらよいのかがメインテーマである。「第 2 部 環境理論」では，今日の環境教育の背景にある持続可能性についての考え方を扱う。ここでは，「MDGs から SDGs への変革とその実施に向けた課題」「持続可能性についての考え方」「開発問題と ESD」「持続可能な開発と国際協力」の 4 テーマを第 5 ～ 8 章で取り上げる。1972 年に開催された国連人間環境会議（通称，ストックホルム会議），1980 年代後半の「持続可能な開発」の提唱，1992 年の国連環境開発会議（UNCED：通称，リオ・サミット）などにおいて，一貫して環境配慮と

i

持続可能性に関する議論が深められてきた。「第3部 人類共通の課題」では，「地球環境問題の特性と所在」（第9章）について掘り下げるとともに，開発問題や人権問題などの貧困・社会的排除問題だけではなく，地球の環境収容力のなかでの「地球資源制約と生物多様性保全」（第10章），経済のグローバル化に伴う「持続可能な生産と消費，ライフスタイルの選択」（第11章），気候変動に対する緩和策と適応策の充実に向けた「気候変動とエネルギーの選択」（第12章）について論ずる。最後に「第4部 環境保全の対象と担い手」においては，SDGs の課題であるとともに，解決の担い手でもある「人」と「人と人」の問題を論ずる。とりわけ，「生物多様性保全と環境教育」「持続可能な都市・コミュニティへの再生」「SDGs とパートナーシップ」（第13〜15章）でそれらの課題を追求する。終章では，「これからの世界と私たち」として本書のまとめに代えた。なお，巻末の資料編では，「日本の環境教育書籍」「環境問題・環境教育年表」を掲載したので，読者の参考になれば幸いである。

　環境教育はかねてより，環境についての教育（知識伝達型）のほか，環境のなかでの教育（フィールド体験型），環境のための教育（地域課題の改善に向けた参加と行動，協働型）の取り組みがなされてきた。近年では，環境的，経済的，社会的側面を有した，持続可能な生産と消費，気候変動，生物多様性保全などの複雑な諸課題に対して，グローカルな文脈での実践と理論の反復がなされている。さらには，環境教育は，科学的理解，自然・社会体験，対話や参加型プロセスなどの多様な学習理念や手法を採用し，その知見を深めるとともに，近年の持続可能な開発のための教育（ESD）の一翼を担っている。今日では，持続可能な諸課題に対して，「人と人」とが連携・協働をする「パートナーシップ」の重要性がセクターを超えて指摘されるようになり，さまざまな取り組みが試行錯誤されている。

　本書を通して，とくに高校生・大学生などの若い方々には，SDGs のテーマに関心をもち，それらを「自分事」「我々事」として捉えていただきたい。本書の読者のなかから，持続可能な世界の実現のために貢献するような人々が多数輩出されることを期待するものである。

編者を代表して　　佐藤　真久

目　次

はじめに　*i*

第1部　環境教育とは何か　*1*

第 1 章　環境教育の歴史と課題　*2*

第 2 章　環境教育の内容・方法・カリキュラム　*20*

第 3 章　グローバルな文脈における公害教育の展開　*36*

第 4 章　グローバルな文脈における自然保護教育の展開　*56*

第2部　環境理論　*69*

第 5 章　MDGs から SDGs への変革とその実施に向けた課題　*70*

第 6 章　持続可能性についての考え方　*86*

第 7 章　開発問題と ESD　*106*

第 8 章　持続可能な開発と国際協力　*124*

第3部　人類共通の課題　*147*

第 9 章　地球環境問題の特性と所在　*148*

第 10 章　地球資源制約と生物多様性保全　*171*

第 11 章　持続可能な生産と消費，ライフスタイルの選択　*187*

第 12 章　気候変動とエネルギーの選択　*206*

第4部　環境保全の対象と担い手　*227*

第 13 章　生物多様性保全と環境教育　*228*

第 14 章　持続可能な都市・コミュニティへの再生　*248*

第 15 章　SDGs とパートナーシップ　*272*

終　章　これからの世界と私たち　*295*

資料編

日本の環境教育書籍　*307*

環境問題・環境教育年表　*309*

索　引　*311*

iii

第1部
環境教育とは何か

第1章
環境教育の歴史と課題

第2章
環境教育の内容・方法・カリキュラム

第3章
グローバルな文脈における
公害教育の展開

第4章
グローバルな文脈における
自然保護教育の展開

第1章
環境教育の歴史と課題

KeyWords

☐公害　☐環境問題　☐自然保護　☐地球環境問題　☐都市・生活型公害　☐エコライフ　☐持続可能な開発　☐持続可能な社会　☐ESD　☐低環境負荷　☐共存・共生

　本章では，「環境教育」という言葉が登場し，環境教育が広まりをみせた時代（第1節），いったん低迷したのち急速に普及した時代（第2節），「持続可能な社会」をめざすという方向で環境教育の枠組みが拡大された時代（第3節）と大きく3つの時代に分けて環境教育の歴史を概括する。そして，環境教育からみた「持続可能な社会」の視点を整理し，今後の環境教育の課題に言及する。

1 環境教育のはじまり

　「環境教育」という言葉の登場と環境教育のはじまりは密接に関係している。このことは単純に，言葉がなければ考えも生まれず，逆に考えが生まれればそれをさし示す言葉が生まれるということを意味する。そこでまず「環境教育」という言葉がいつごろから使われ始めたのかをとらえてみよう。

　「環境教育」の最も早い使用例は，松永嘉一『人間教育の最重點　環境教育論』である（松永　1931）。しかしこの例は，「教育環境論」の語順を入れ替えた言い換えで，現在の「環境教育」とは意味の異なるものであった。現在私たちが使っている意味での「環境教育」は，『日本経済新聞』（1970年9月14日付）本立て欄のコラム「進む米の"環境教育"」において，英語の"Environmental Education"の訳語として使用されたのが最初である。けれども訳語としての「環境教育」は，当時の日本では「公害教育」とほぼ同義ととらえられていた。

　1970年に「環境教育」が登場する以前，「公害教育（公害学習）」「自然保護教育」「自然学習」「野外教育」などが存在していた。これらのうち「公害教育（公害学習）」「自然保護教育」は環境教育の源流と称されている。つまり，公

害や自然破壊といった環境問題を背景として，人類存続のためには，環境問題の解決，人間環境の保全・向上が必須であるとの認識から，環境教育が生まれてきた。

　日本の公害問題は，19世紀後半の足尾銅山鉱害問題（鉱毒害）に始まるといわれている。殖産興業のスローガンの下，工業化を推し進めていた当時の社会状況において，足尾（栃木県）のほか，別子銅山（愛媛県新居浜）の亜硫酸ガス問題（1885年），浅野セメント工場（東京都深川）の降灰問題（1885年）などの公害問題が表面化した[1]。明治，大正期の工業化を経て，昭和には太平洋戦争，戦後復興という時代のなかで工業化が促進されると同時に，大気汚染，水質汚濁などの公害問題も拡大していった。

　熊本県水俣市で1953年「手足が不自由で，言葉がすらすらいえない，耳が聞こえない視野狭窄など四重苦に悩む原因不明の奇病（のちに水俣病と認定）」があらわれた（神岡　1987）。1950～60年代には，四大公害と呼ばれる水俣病（熊本，新潟），イタイイタイ病，四日市ぜんそくなどの著しい健康被害が顕在化した。また，大気汚染，水質汚濁が自然環境の悪化や破壊を生じさせ，さらに工場立地や道路建設，宅地開発等による自然破壊が顕在化してきた。

　国は，1967年に「公害対策基本法」を制定し法整備を進めたが，公害が改善されない状況に対して，政府のより強いリーダーシップを求める声が高まっていった。世論の高まりを受けて，1970年にはいわゆる公害国会（第64回国会）が開かれ，環境関係14法案の制定・改正が行われた。そして1971年7月に，環境保全行政を担う環境庁（現環境省）が設置された。

　海外においても，人間環境の悪化が大きな関心事となっていた。たとえば，レイチェル・カーソンは『沈黙の春』（1963年）で，農薬や殺虫剤による自然環境の悪化に警鐘を鳴らした。環境問題や人間環境の悪化への対応を国際的に話し合おうとする気運が高まり，1972年に「かけがえのない唯一の地球（the Only One Earth）」をスローガンとして国連人間環境会議（ストックホルム会議）が開催された。ストックホルム会議では，「人間環境宣言」と100余りの「行動計画（勧告）」が採択された。環境教育は「行動計画（勧告）」の第96項において，国際的に推進すべき課題の1つにあげられ，以降，ユネスコを中心に環境教育の推

第1章　環境教育の歴史と課題　*3*

進が図られることとなった。

　ユネスコは UNEP（国連環境計画，ユネップ）と共同で国際環境教育プログラム (International Environmental Education Programme：IEEP) を 開 始 し，1975 年に国際環境教育ワークショップ（ベオグラード会議），1977 年に環境教育政府間会議（トビリシ会議）を開催した。ベオグラード会議では，環境教育の目的や目標を世界で初めて記した文書として名高い「ベオグラード憲章」が採択された。トビリシ会議では，ベオグラード会議の成果をもとに議論が行われ，国際的合意として「トビリシ宣言」「トビリシ勧告」が採択された。これらの文書は環境教育の基本的な考え方，目的・目標を記したものであり，その内容は，現在においても環境教育の基本的理念とされている[2]。

　国際的合意とされている「トビリシ勧告」の環境教育の目的を概略的に記せば，経済的，社会的，政治的，エコロジカルな諸関係に対する気づきや関心を促進し，環境の保護と改善に必要な知識，価値観，態度，実行力，技能を獲得する機会を与え，環境に対する新しい行動パターンを創出すること，である。また，目標は，環境や環境問題への関心・知識，環境の保護と向上に積極的に取り組む態度，問題解決の技能を身につけさせ，環境問題の解決に向けた活動に積極的に参加できるようにすることである。

　環境教育は，1972 年のストックホルム会議を契機として，ベオグラード会議，トビリシ会議において基本的理念が明確化され，1980 年代には IEEP を中心に国際的に普及されることとなった。

　再び国内に目を向けてみると，1970 年に「環境教育」という言葉が使われたものの，当時は公害問題が大きな関心を集めていたこともあり，環境教育は公害教育（公害学習）とほぼ同義と理解されていた。ストックホルム会議の成果が国内に広まるまでのごく初期のころ，「環境教育」という言葉は，主に理科教育（科学教育）関係者によって用いられていた。訳語ではなく国内の研究者として最初に「環境教育」を用いたのは，大内正夫 (1971) の論文である。理科教育（科学教育）関係者は「理科における公害・環境問題に関する学習」の意味で「環境教育」を用いていたが（市川　2016a），ストックホルム会議の成果が広まるなかで，人間環境や環境の質に関する学習，人間と環境のかかわ

4　第 1 部　環境教育とは何か

りの学習という意味へと展開していった。

　ストックホルム会議の成果が広まり始めてまだ間もないころの1973年度に，栃木県宇都宮市立一条中学校が環境教育をテーマにした校内研究に取り組んでいる。学校教育現場での実践的な環境教育研究としては，この事例が最初とみられる。一条中学校は1956年からユネスコ共同学校（現ユネスコ・スクール）に指定され，国際理解教育に取り組んできていた学校である。同校の研究集録には，「世界人権宣言と国連環境宣言の理念を理解させ」（一条中学校　1973）と記されており，ストックホルム会議の「人間環境宣言」を「世界人権宣言」と並べて重視し，実践的研究を行ったことがわかる。

　ストックホルム会議を経て環境教育は，環境問題の解決，人間環境の保全，環境の質の向上という観点からとらえられるようになる。そして，「ベオグラード憲章」の環境教育の目的・目標などが国内に紹介されたことを通して，人間と環境の関係を学び，環境問題の解決や環境の保全・向上に取り組むことのできる人の育成をめざす教育として広まっていった。

　1970年代中盤にさしかかるとストックホルム会議，ベオグラード会議の成果などが広まり，主に「ベオグラード憲章」の環境教育の目的，目標に基づいて環境教育が語られるようになる。

　当時の環境教育の広まりを示す事例として，次の6つがあげられる。

① 1974年4月から文部省科学研究費特定研究「環境教育カリキュラムの基礎的研究」（代表：沼田眞）が開始された。

② 1974年6月に環境教育国際シンポジウムが開催された。

③ 1974年11月に信濃教育会が『第3集　環境教育の展望と実践』（信濃教育会　1974）を発行した。

④ 1975年1月から「環境教育研究会」の設立準備が始まった。

⑤ 1975年1月に国立教育研究所科学教育研究センター共同研究員の長沢衍が報告書『環境教育のための基礎研究』（国立教育研究所　1975）をまとめた。

⑥ 1975年に全国小中学校公害対策研究会が全国小中学校環境教育研究会と改称した。

第1章　環境教育の歴史と課題　5

これらは主な事例にすぎないが，1970年代中盤には環境教育が関心を集め，全国に広まっていったことがわかる。

　学校教育に関してみると，1968（昭和43）年改訂の小・中学校学習指導要領の社会科において「公害」はすでに記述されていたが，環境教育への関心の高まりを背景に1977（昭和52）年の小・中学校学習指導要領改訂においては，理科，社会科を中心に環境教育の観点が盛り込まれることとなった。たとえば，1976（昭和51）年12月18日の教育課程審議会答申の社会科，理科の「改善の基本方針」には，次のような記述がみられる[3]。

　　○社会科：「人間尊重の立場を基本とし，環境や資源の重要性についての
　　　　正しい知識を育てること」
　　○理科：「小学校においては，自然の事物・現象についての直接経験を重
　　　　視し，自然を愛する豊かな心情を培うこと，中学校においては，自然環
　　　　境についての基礎的な理解を得させ，自然と人間とのかかわりについて
　　　　の認識を深めること」

　1977年改訂の小・中学校学習指導要領における環境教育に関連する記述を俯瞰すると，社会科では「公害」のほか，「飲料水，用水，電気，ガス，廃棄物」「資源の有効利用」「開発と環境保全」が，理科では「人間と自然のかかわり」「資源とエネルギー」「生命尊重」が盛り込まれた。中学校理科には「人間と自然」との新単元も設置された。こうした改訂によって環境教育は，人間と環境（自然）とのかかわりを学ぶものであるというイメージが形成されていったと考えられる。

　1970年代を通じて環境教育への関心が高まり，環境教育が広まるとともに，小・中学校学習指導要領にもその観点が盛り込まれ，いよいよ環境教育が普及されると期待されたが，現実にはそうならず，逆に低迷することとなった。その結果，環境教育の本格的な普及は1980年代末から1990年代まで待たなくてはならなかった。

2 環境教育の低迷と普及

　1970年代に広まりをみせた環境教育が1980年代に入って低迷したのはなぜだろうか。本章1において，環境教育の背景には環境問題や自然破壊があり，それらへの関心の高まり，危機意識から環境教育が生まれ，広まってきたことを述べたが，ここではその逆の現象が生じた。つまり，環境問題への関心の薄れ，環境行政の後退を要因として，環境教育が低迷することとなった。そのきっかけとして石油危機（オイルショック）が指摘されている。

　たとえば，ストックホルム会議代表団の主要メンバーの一人であった金子熊夫は「この戦争〔中東戦争〕がもたらした石油危機とそれにつづく世界的な経済不況は，せっかくストックホルム会議が世界に定着させたと思われた『量よりも質を』『開発よりも環境保全を』の思想を，あたかも満開の桜を一夜にして散らす風のように，吹きとばしてしまったといってよい」とし，「世界的に環境問題は長い冬眠の時代に突入したのである」との回顧を1982年に記している[4]。当時東京新聞社にいた鈴木章雄は，「昭和48年，昭和52年の2次にわたる石油ショックで高度成長の経済が減速した。そして財界がこれではたまらん，もう公害問題はとにかく二の次，三の次にしてくれなければ経済そのものが駄目になるということで，いわゆる公害行政に対する巻き返しが財界から起こった」とし，環境行政は「冬の時代」に入ったと述べている[5]。

　いっぽう環境庁は，『環境白書（昭和55年版）』において「環境汚染はその深刻な状況を脱するとともに，……環境汚染は全般に改善傾向を示すこととなった」と記した。翌1981（昭和56）年版では，「環境汚染は一時の危機的状況を脱するとともに，……」と，「一時の危機的状況を脱する」との言葉が用いられた。この部分は，表現は若干異なるものの，1981〜84（昭和56〜59）年の4年間，継続して記述された。このことが環境問題の終息宣言と受け止められ，「公害・環境問題は終わった」ととらえられたのである。そして，「公害・環境問題は終わった」という見方が，環境教育への関心を薄れさせていった。

　環境教育の低迷を示す言説も多くみられる。一例をあげれば，1985（昭和60）年の段階で，当時文部省教科調査官であった奥井智久は，「喉元過ぎれば

熱さを忘れるというが，国内の各方面の多大の努力によって公害対策が進み，環境の清浄化が実現するにつれて，環境問題への注目は，一時ほど強くはなくなったように感じられる。このような状況を反映して，学校教育の内容へ環境教育的要素をもっと多く導入すべきであるとの主張は，やや弱くなったように思われるこのごろである」と述べ，「今日の我が国の学校教育の中で，環境教育にかかわる実践がどのくらい進められているかを概観すると，その実情は誠に寒心に堪えないものがある」[6]と環境教育の低迷状況を述べている。

　かといって，1980年代に環境教育の取り組みがまったくなかったわけではない。環境教育としての位置づけや意識は低下していたかもしれないが，1977（昭和52）年の小・中学校学習指導要領改訂で盛り込まれた環境教育関連単元・内容の指導・実践は行われていた。全国小中学校環境教育研究会や，環境教育研究会（1977年発足。事務局は東京学芸大学。1988年終了），「公害と教育」研究会，日本自然保護協会などは，継続的に環境教育，公害教育，自然保護教育にかかわる活動を行っていた。

　この時期の環境教育活動の例をいくつかあげてみる。日本環境協会は1983〜1985年度にかけて，「環境教育に関するカリキュラム開発の実証的研究」（日本環境協会　1986a）を行い，『環境教育カリキュラム—社会科・理科の10単元』（同上　1986b）を発行した。京都教育大学理科教育教室は1984（昭和59）年3月に『市街地の小・中学生に対する環境教育教材モジュール集』（京都教育大学理科教育教室　1984）を発行した。環境教育に熱心な自治体とされる滋賀県では，1976（昭和51）年に小学校編，1977（昭和52）年に中学校編の環境教育実践事例集を発行し，1980（昭和55）年には環境教育副読本『あおいびわ湖』（小・中・高等学校）を発行，そして1983（昭和58）年にはフローティングスクール「湖の子」を就航させた（滋賀県教育委員会　1988）。

　文部省（現文部科学省）の教育研究開発学校において「環境科」がつくられた事例もみられる。1983年度から3年間の指定を受けた岡山大学教育学部附属小学校は，小学校低学年に「環境科」を設置した（岡山大学教育学部附属小学校　1986）。また，1982年度から3年間の指定を受けた石川県加賀市立動橋小学校は，小学校低学年に「生活環境科」，3〜6学年に「地域環境科」を設置し

8　第1部　環境教育とは何か

た（花市　1985）。これらは「生活科」に向けた研究開発で，直接的に環境教育を企図した研究開発ではない。けれども，日本の学校教育において「環境」を用いた教科が設置された事例として記しておきたい。

さて，1980年代の終わりごろになって，再び環境問題への関心が高まり，環境教育の普及が始まる。このころからクローズアップされたのが，地球環境問題と都市・生活型公害である。そして1990年代には，環境教育はブームとも呼べるような展開をみせる。

地球環境問題に関しては，①被害，影響が一国内にとどまらず，国境を越え，ひいては地球規模にまで広がるような環境問題，②わが国のような先進国も含めた国際的な取り組みが必要とされる開発途上国における環境問題のいずれか，または両方を満たす環境問題と説明され，具体的には，①オゾン層の破壊，②地球の温暖化，③酸性雨，④森林の減少，⑤野生生物種の減少，⑥砂漠化，⑦海洋の汚染，⑧有害廃棄物の越境移動，⑨開発途上国の環境問題の9つがあげられている（柳下　1992）。これらの地球環境問題は，国際的な取り組みが必要とされると同時に，たとえば地球温暖化の主要原因とされる二酸化炭素の排出，酸性雨の原因となる二酸化窒素の排出などは，日常生活や社会経済活動と関係していることから，一人ひとりの意識と行動の変革が求められることとなった。

いっぽう，テレビ・冷蔵庫の大型化，全自動洗濯機の普及，OA機器の普及などによるエネルギー消費の増大，外食産業やレジャーの進展に伴う使い捨て用品の使用増大，OA機器の普及に伴う紙の使用量の増大などによって，資源・エネルギーの消費や生活排水，廃棄物の増大という問題が生じてきた。また，リゾート，野外レジャー，レクリエーションの普及と施設などの開発に伴う自然環境の破壊や圧迫の問題，ゴルフ場の農薬や新たな化学物質などによる問題が生じてきた。これらの問題は，都市部を中心とした生活の変化に伴って生じたものであることから，都市・生活型公害と称され，「一人ひとりが公害の被害者であるだけでなく，加害者でもある」（環境庁20周年記念事業実行委員会1991）ものである。それゆえ地球環境問題と同様，その解決に向けて一人ひとりの意識と行動の変革が求められることとなった。

環境に配慮した商品を認定するエコマーク制度が1988（昭和53）年から開始

され，アルファベットの"e"の形に両腕で地球を抱いた図案と，「ちきゅうにやさしい」とのロゴを用いたエコマークが認定商品に付けられるようになった。また，「地球が危ない」とか，「地球を救う○○の方法」といった書籍や雑誌記事が数多く出され，「エコライフ」という言葉が用いられるようになった。

　こうしたなか，1988（昭和63）年に環境庁が『みんなで築くよりよい環境を求めて―環境教育懇談会報告』（環境庁　1988）を発行した。日本の政府機関が「環境教育」を冠した文書を発行したのはこれが最初である。環境教育に対する日本政府の動きは遅く，1970（昭和45）年に「環境教育」が登場してから20年弱の時を過ごしてしまったが，この報告書が低迷から普及へのきっかけとなった。その後文部省が，1991（平成3）年に中学校・高等学校編，1992（平成4）年に小学校編，1995（平成7）年に事例編の3つの『環境教育指導資料』を発行した（文部省　1991, 1992, 1995）。また，1990（平成2）年には日本環境教育学会が発足した。環境庁，文部省の文書が発行されたことによって行政の環境教育事業が活発化し，専門の学会が発足したことなどによって学校現場や民間団体などの環境教育活動も活発化し，環境教育は急速に普及し，ブームと呼べるような展開をみせることとなった。

　環境庁，文部省の文書も，発足当初の日本環境教育学会も，環境教育の目的や目標等の理念に関しては，1970年代の「ベオグラード憲章」や「トビリシ勧告」に基づいていた。たとえば，文部省の『環境教育指導資料』では，環境教育とは「環境や環境問題に関心・知識をもち，人間活動と環境とのかかわりについての総合的な理解と認識の上にたって，環境の保全に配慮した望ましい働き掛けのできる技能や思考力，判断力を身に付け，より良い環境の創造活動に主体的に参加し環境への責任ある行動がとれる態度を育成する」ことと記されている（3冊とも同じ）。

　環境教育の学習内容に関しては，上述の地球環境問題や都市・生活型公害，エコライフを中心としつつ，人間と環境とのかかわりの学習との観点から，児童・生徒の身近な地域環境を取り上げた例が多くみられた。また，自然体験などの体験を通して学ぶことが重視され，「自然体験型環境教育」「参加体験型環境教育」といった言葉も生まれてきた。当時の環境教育実践内容を示す一例と

して，東京学芸大学環境教育研究会が1998（平成10）年3月に行った調査の結果を表1-1に示す。

表1-1　環境教育実践内容

問6．あなたは最近，「環境教育」を意識して，自分の教科において以下の項目に該当するような指導を行ったことがありますか。比較的よく取り組んだ教育実践を〈学習内容〉と〈体験活動〉の中から，それぞれ3つ以内で選んでください。

〈学習内容〉	小学校（％）	中学校（％）
自然の仕組みや成り立ちの学習	34.7	23.8
社会の仕組みや成り立ちの学習	6.8	6.0
地域の動植物や地形などの学習	28.3	14.7
地域の文化や生活習慣などの学習	15.1	13.3
地球規模の環境問題の学習	**35.7**	**53.1**
地域や国内の環境問題の学習	23.0	16.5
人間と環境のかかわりの学習	**42.9**	**42.9**
食糧問題に関する学習	10.7	14.1
資源，エネルギーに関する学習	20.7	**38.0**
環境に配慮した生活の仕方の学習	**36.0**	26.7
まちづくりに関する学習	7.9	3.2
その他	1.5	2.4

〈体験活動〉	小学校（％）	中学校（％）
自然とのふれあいの活動	**54.8**	**32.0**
緑を増やす活動	14.4	16.2
動植物の飼育栽培活動	**44.7**	15.9
ごみの分別やリサイクル活動	**59.5**	**53.2**
地域の美化・清掃活動	42.0	**45.0**
空気や水の汚れを調べる活動	19.0	21.4
まちづくりに関する活動	3.2	4.0
標語や作文，ポスターの制作	15.9	14.9
環境をテーマにしたディベート	4.7	8.3
環境に関連する施設の見学	9.1	12.5
その他	1.2	1.9

注：太字は割合の高い上位3項目
出典：東京学芸大学環境教育研究会（1999）

1990年代の小・中学校の環境教育実践を俯瞰すれば，地域を主題とした「人間と環境のかかわり」の学習が定着しつつあり，地球環境問題，エコライフという当時の社会情勢を象徴する実践に加え，「体験」の重視と相まって，自然とのふれあい，飼育栽培，環境美化・清掃活動を取り入れた実践が行われていたということができる。

　このように環境教育は1990年代に一気に普及したのであるが，1990年代の終わりごろになると，環境教育の概念的・内容的な枠組みの拡大が生じてくる。その背景には「持続可能な開発」をもとにした「持続可能な社会」への志向がある。

③ 環境教育の枠組みの拡大

　ストックホルム会議では，先進国が環境保全を唱えて開発途上国の工業発達，経済成長を妨げようとしているとの途上国側の疑念があり，開発と環境（保全）がシーソーゲームのように捉えられていた。これに対して，両者は対立するものではなく，相互補完の関係にあることを示すものとして「持続可能な開発」概念が提唱された。

　「持続可能な開発」概念を最初に提起したのは，1980年の『世界環境保全戦略』(IUCN-UNEP-WWF　1980)である。その後，「環境と開発に関する世界委員会」で検討され，1987年の報告書『我ら共有の未来(Our Common Future)』において，「持続的な開発〔持続可能な開発〕とは，将来の世代の欲求を充たしつつ，現在の世代の欲求も満足させるような開発をいう」(大来佐武郎　1987)と整理された。こうしてシーソーゲームととらえられていた開発と環境（保全）の関係を解く考え方として，世代間公正，南北間公正という環境倫理を背景とした「持続可能な開発」概念が明確化され，この概念を基調として，1992年に「環境と開発に関する国連会議」（地球サミット）が開催された。

　地球サミット以後は「持続可能な開発」概念が一般的となり，やがて社会全体の変革を求める考えから「持続可能な社会」の構築をめざす方向へと展開する。環境教育における国際的な転機は1997年の「環境と社会：持続可能性に

向けた教育とパブリック・アウェアネス」国際会議（テサロニキ会議）である。同会議の主要な成果である「テサロニキ宣言」の第10，11項では次のように述べられている（UNESCO 1997；市川 2016b）。

> 10. 持続可能性という概念は，環境だけではなく，貧困，人口，健康，食糧安全，民主主義，人権，平和をも包含するものである。最終的な分析では，持続可能性は道徳的・倫理的規範であり，その規範には敬意を払われるべき文化的多様性や伝統的知識が内在している。
>
> 11. 環境教育は，……持続可能性のための教育として扱われ続けてきた。このことから，環境教育を「環境と持続可能性のための教育」と表現してもかまわないといえるであろう。

国内では，1999年の中央環境審議会答申『これからの環境教育・環境学習—持続可能な社会をめざして』[7]において，次のような文言で，「持続可能な社会」をめざすことが明確化された。

> 環境教育・環境学習は，持続可能な社会の実現を指向するものである。言い換えれば，持続可能な社会の実現に向けた全ての教育・学習活動やそのプロセスは環境教育・環境学習と言える。
>
> 環境教育・環境学習は，人間と環境との関わりについての正しい認識にたち，自らの責任ある行動をもって，持続可能な社会の創造に主体的に参画できる人の育成を目指すものと言えよう。

つまり環境教育は，1970年代には公害・環境問題や自然破壊による人間環境の悪化を背景に，人間と環境の関係を学び，環境問題の解決や環境の保全・向上に取り組むことのできる人の育成をめざす教育と捉えられ，1990年代には地域の自然・社会環境を題材として人間と環境との関わりを学び，地球環境問題や都市・生活型公害の解決，ライフスタイルの変革に取り組むことのできる人の育成へと展開した。そして1990年代末には，「持続可能な社会の主体者の育成」をめざす教育へと至り，環境教育の理念・概念の拡大とそれに伴う学習内容の拡大という2つの枠組みの拡大が生じてきたといえる。

こうした環境教育の枠組みの拡大と並行して「持続可能な社会」に向かう教育として，「持続可能な開発のための教育（Education for Sustainable Develop-

第1章　環境教育の歴史と課題　*13*

ment：ESD)」が提唱され，2005〜14年には国連「ESDの10年」が実施され，現在も取り組みが継続されている。

　いっぽう学校教育においては，「総合的な学習の時間」が設置されることとなり，横断的・総合的学習課題の1つとして「環境」が明記された[8]。2002年度から本格実施された「総合的な学習の時間」は，環境教育のためだけに導入されたものではないが，「持続可能な社会の主体者の育成」をめざすという環境教育の枠組みの拡大に沿って，その実践の一翼を担うものと捉えられてきた。折しも，学力低下やゆとり教育批判で「総合的な学習の時間」は逆風を受けることとなり，そもそもの設置の趣旨がずれてきてしまったように思われるものの，現在においても，各教科の環境に関する学習だけではカバーしきれない環境教育やESDの実践が行われている。

④ SDGsと環境教育─環境教育からみた「持続可能な社会」の視点

　開発や人間社会の持続可能性に関わる問題は，環境保全に限定されるものではない。上述のテサロニキ宣言第10項にもみられるように，グローバルな課題として貧困や人口，健康，人権，民主主義，ジェンダー，文化的多様性，さらには戦争・平和などの諸問題が取り上げられ，それらが「持続可能な社会」の考えに包括されている。SDGsの17の目標（ゴール）も貧困や食料安全保障，福祉や教育，ジェンダーなどのグローバルな課題があげられている。そこには，「持続可能な開発」概念が環境と開発の関係から出発してきたこともあって，環境保全に関する目標も多く含まれている。

　たとえば，三宅隆史は「リオ系」という言葉で環境保全関係の目標を整理している（三宅　2016）。持続可能な近代的エネルギーへのアクセス，持続可能な産業化の促進，持続可能な生産消費形態の確保，海洋資源の保全，陸域生態系の保護，生物多様性の損失阻止などの目標が「リオ系」と整理されている。

　今日，「持続可能な社会」の社会像は非常に幅広くとらえられており，論者の立場や観点によってさまざまな社会像が唱えられているが，本章では，そうした「持続可能な社会」全般について論じることは避け，ここでは環境教育の

14　第1部　環境教育とは何か

立場からみた「持続可能な社会」の視点を整理することを通して，SDGs と関連する今後の環境教育の方向性について考えてみたい。

2000 年 12 月閣議決定の『環境基本計画〈環境の世紀への道しるべ〉』〔第 2 次〕には，「持続可能な社会」像に関わって，次の 5 点があげられている（環境省　2001）。

①「再生可能な資源」は，長期的再生産が可能な範囲で利用されること
②「再生不可能な資源」は，他の物質やエネルギー源でその機能を代替できる範囲内で利用が行われること
③人間活動からの環境負荷の排出が環境の自浄能力の範囲内にとどめられること
④人間活動が生態系の機能を維持できる範囲内で行われていること
⑤種や地域個体群の絶滅など不可逆的な生物多様性の減少を回避すること

上記の①②は資源・エネルギーに関わる問題，③は環境への負荷の問題，④⑤は生物多様性・生態系に関わる問題である。これらを整理してみると，まず最も肝要な問題として，人間による環境への負荷の問題を指摘することができる。

人間の環境への負荷は，何かを得ることと，何かを捨てることの 2 つの側面において生じ，両側面において負荷を減らすことが求められる。つまり，環境に対する負荷の低い「低環境負荷型」の社会をつくることが重要である。

私たち人間は，生活を支え，社会を営むうえで，環境（自然）から多様な資源を得ている。たとえば，石炭，石油，天然ガスなどのエネルギー資源，金属などの地下資源，食料などの農林水産物などである。これらは，いずれ枯渇する「再生不可能な資源」と，枯渇しない「再生可能な資源」の 2 つに大別される。「再生不可能な資源」は使用を減らし，ほかの資源，すなわち「再生可能な資源」へとかえていかなくてはならない。「再生可能な資源」であっても，適切に管理しなければ，再生能力をオーバーしてしまい，元に戻らなくなってしまう。このことはたとえば，魚などの水産資源を考えてみればわかりやすいであろう。親や卵を残し，魚が増える余地を残して資源を得るようにしなければ，魚が捕れなくなってしまう。私たちが環境（自然）から何かを得るにあた

第 1 章　環境教育の歴史と課題　*15*

っての負荷を減らさなくてはならない。端的にいえば，採り（獲り）すぎてはいけないということである。

　また，私たちは何かを使い終わったあと，多様なものを捨てている。それらは，工場排水，生活排水などの液体のもの，工場の煙や自動車の排気ガスなどの気体のもの，産業・家庭廃棄物などの固体のもの，さらには熱や音といったエネルギーのかたちのものがある。私たちが捨てるものが，環境（自然）によって浄化されないものであったり，浄化能力をオーバーする量を捨ててしまったりすると環境の悪化が生じる。大気汚染，水質汚濁，ゴミ問題や，地球温暖化，酸性雨などの環境問題が生じないよう，何かを捨てるにあたっての負荷を減らさなくてはならない。

　同時に環境への負荷は，生物多様性や生態系に対しても影響を及ぼす。木を切りすぎれば，生物の生息地が奪われてしまう。川や海が汚れると生物が住めなくなる。すなわち，環境教育の立場からみた「持続可能な社会」の視点として，最も肝要なのは「低環境負荷型」の社会をつくっていくことである。そして，環境への負荷を減らす方策として，たとえばリデュース，リユース，リサイクル（3R）などの「循環型社会」の構築や「再生可能な資源・エネルギー」の利用促進があげられる。

　もう１つの重要な視点として，動植物との共存・共生の問題がある。つまり，「共存・共生型」の社会をつくることが重要である。たとえば森林は空気を浄化したり，酸素を供給したりしているだけではなく，水源涵養や土砂災害防止のほか，私たちに楽しみや癒やしなどを与えてくれる存在である。昆虫・節足動物などには分解者の役割を果たし，生態系を支えているものもいる。私たちはこうした動植物とどのようにつきあっていけばよいのか。そこにはすべての生き物の存在そのもの（自然生存権）に価値をおく共存・共生の考えが重要となる。端的にいえば，私たちはすべての生き物に支えられているということである。環境教育において人間と環境（自然）の関わりを学ぶことが重視されている所以はこの点にある。

　以上のように捉えてみると，『環境基本計画〈環境の世紀への道しるべ〉』〔第２次〕に示された５点は並列ではなく，大きく「低環境負荷型」と「共存・共

生型」の2つの社会像が基盤であることがわかるとともに，これらは相互独立ではなく，密接に関係していることがわかる。

　環境教育の立場からみた「持続可能な社会」の視点を整理するならば，環境への負荷を減らし，動植物と共存・共生していく社会が重要であり，そうした社会像につながる学習を進めていくことが求められるといえる。

　SDGsの17の目標（ゴール）には，持続可能なエネルギーや，持続可能な生産・消費の実現，生態系・生物多様性の保全，気候変動への対応などが記されている。環境教育としてこれらの課題に取り組んでいくとき，人間による環境への負荷とその低減，人間と環境の関わりやつながりと動植物との共存・共生について，一人ひとりの身近な環境を出発点として学習していくことが重要であるといえよう。

[市川 智史]

本章を深めるための課題

1．3つの歴史的時代区分の環境教育の理念をとらえ，環境教育の基盤として最も重要なことは何か，今日において重要なことは何かを整理してみよう。
2．環境教育からみた「持続可能な社会」の視点に沿って，自分自身の意識や行動をふりかえり，何ができるか，何を変えるべきかを考えてみよう。
3．「持続可能な社会」に向けて，子どもたちに身につけてもらいたい意識や資質，能力と，何を学ぶべきかを考えてみよう。

注
(1) 地球環境経済研究会（1991）『日本の公害経験─環境に配慮しない経済の不経済』合同出版を参照されたい。
(2)「ベオグラード憲章」の全文訳は，福島要一編著『環境教育の理論と実践』(1985，あゆみ出版）にみられる。また，「トビリシ宣言」の全文訳は，平塚益徳監修『増補・改訂　世界教育事典資料編』(1980，ぎょうせい），環境庁編『「みんなで築くよりよい環境」を求めて　環境教育懇談会報告』(1988，大蔵省印刷局）にみられる。「トビリシ勧告」の環境教育の目的，目標，指導原理の翻訳は，市川智史『日本環境教育小史』(2016，ミネルヴァ書房）などにみられる。
(3) 教育課程審議会（1976）「小学校，中学校及び高等学校の教育課程の基準の改善について（答申）」『文部時報』1197号，30-61頁を参照されたい。
(4) 金子熊夫（1982）「ストックホルム国連人間環境会議とは何であったか─ある体験者の

個人的回想」『環境研究』No.39, 4-13 頁を参照されたい。

(5) 地球・人間環境フォーラム (1991)「座談会　ジャーナリストが語る　検証・20 年を迎える環境庁　その 1 」『グローバルネット』6 号, 4-8 頁を参照されたい。

(6) 奥井智久 (1985)「学校教育における環境教育」『かんきょう』10 (6), ぎょうせい, 8-11 頁を参照されたい。

(7) 中央環境審議会 (1999)『これからの環境教育・環境学習―持続可能な社会をめざして』(答申) 環境省, http://www.env.go.jp/council/former/tousin/039912-1.html (2017 年 4 月 26 日最終閲覧) を参照されたい。

(8)「総合的な学習の時間」の導入については, 1996 年の中央教育審議会答申『21 世紀を展望した我が国の教育の在り方について (第一次答申)』で記され, 1998 年の教育課程審議会答申『幼稚園, 小学校, 中学校, 高等学校, 盲学校, 聾学校及び養護学校の教育課程の基準の改善について (答申)』で具体化された。そして 1998 年の小・中学校学習指導要領に明記され, 2002 年度から本格実施された。

参考文献

松永嘉一 (1931)『人間教育の最重點　環境教育論』玉川學園出版部

神岡浪子 (1987)『日本の公害史』世界書院

レイチェル・カーソン (1987)『沈黙の春』青樹簗一訳, 新潮社

環境庁長官官房国際課 (1972)『この地球を守るために―'72／国連人間会議の記録』楓出版社発行, 三省堂発売

大内正夫 (1971)「環境科学教育の当面の課題」『京都教育大学理科教育研究年報』第 1 巻, 47-54 頁

市川智史 (2016a)「用語『環境教育』の初期の使用と意味内容」『環境教育』No.25 (3), 108-117 頁

一条中学校 (1973)『国際理解と平和のための教育　「環境教育」研究集録』栃木県宇都宮市立一条中学校

信濃教育会 (1974)『第 3 集　環境教育の展望と実践』信濃教育会出版部

国立教育研究所 (1975)『環境教育のための基礎研究―環境に関する教育の調査報告, および文献抄録』国立教育研究所科学教育研究センター

日本環境協会 (1986a)『昭和 60 年度「環境教育に関するカリキュラム開発の実証的研究」実証授業報告書』日本環境協会

日本環境協会 (1986b)『環境教育カリキュラム―社会科・理科の 10 単元』日本環境協会

京都教育大学理科教育教室 (1984)『市街地の小・中学校に対する環境教育教材モジュール集―よりよい指導への指針―』(昭和 58 年度文部省科学研究費, 研究代表：藤田哲雄) 京都教育大学理科教育教室

滋賀県教育委員会 (1988)『環境教育実践事例集〔2〕新しい「人と環境」との調和』滋賀県教育委員会

岡山大学教育学部附属小学校教育研究会 (1986)『環境科の創設による教育課程の開発』明治図書

花市実 (1985)「地域素材の活用による総合的な教科『地域環境科』の開発」『現代教育科学』28 (8), 明治図書

柳下正治 (1992)「地球環境の問題」沼田眞監修／佐島群巳編『環境問題と環境教育　地球

化時代の環境教育1』国土社，8-29 頁

環境庁 20 周年記念事業実行委員会 (1991)『環境庁二十年史』ぎょうせい

環境庁編 (1988)『「みんなで築くよりよい環境」を求めて　環境教育懇談会報告』大蔵省
　印刷局

文部省 (1991)『環境教育指導資料 (中学校・高等学校編)』大蔵省印刷局

文部省 (1992)『環境教育指導資料 (小学校編)』大蔵省印刷局

文部省 (1995)『環境教育指導資料 (事例編)』大蔵省印刷局

東京学芸大学環境教育研究会 (1999)『平成 10 年度文部省委託調査報告書　環境教育の総
　合的推進に関する調査　報告書』東京学芸大学環境教育研究会＋参考資料

IUCN-UNEP-WWF (1980) *World Conservation Strategy － Living Resouce Conservation
　for Sustainable Development* (環境庁仮訳／日本環境協会複製『世界自然資源保全戦略
　─生きている資源の賢い利用のために─』非売品)

大来佐武郎監修 (1987)『環境と開発に関する世界委員会　地球の未来を守るために』福武
　書店

UNESCO (1997) *DECLEARATION OF THESSALONIKI*, International Conference
　Environment and Society : Education and Public Awareness for Sustainability (Thessa-
　loniki,　8-12,　December,　1997) UNESCO-EPD-97/CONF.-401/CLD.2.

市川智史 (2016b)『日本環境教育小史』ミネルヴァ書房 .

三宅隆史 (2016)「第 4 章　MDGs から SDGs へ」田中・三宅・湯本編著『SDGs と開発教
　育─持続可能な開発目標のための学び』学文社，58-74 頁

環境省編 (2001)『環境基本計画〈環境の世紀への道しるべ〉』ぎょうせい

第 1 章　環境教育の歴史と課題　*19*

第2章
環境教育の内容・方法・カリキュラム

KeyWords
□環境教育の目的　□環境教育の内容と指導方法　□環境教育と ESD・SDGs
□環境教育指導資料　□学習指導要領　□持続可能な社会の構築　□主体的・対話的
で深い学び

　本章では，学校教育において環境教育をどのように実施していくのか，実施する際のポイントは何かを紹介する。2017 年に発刊された『環境教育指導資料【中学校編】』においても，持続可能な開発のための教育（ESD）の考えをふまえて環境教育を実施することが重要であることが記されている。ESD と SDGs の関係や2020 年度から小学校で，2021 年度から中学校で全面実施される 2017 年版学習指導要領との関係についても紹介する。

1 環境教育と環境教育の目的

(1) 環境教育とは

　環境教育とはなんであろうか。国によっては，「環境科」のような教科（科目）が存在して，そのなかで環境教育が実施される場合もあるが，日本の場合は学習指導要領には環境教育に直接関わる教科や科目は設定されていない。しかしながら，教育基本法には，教育の目標として，第 2 条に「四　生命を尊び，自然を大切にし，環境の保全に寄与する態度を養うこと」と記され，学校教育法には，第 21 条に，「二　学校内外における自然体験活動を促進し，生命及び自然を尊重する精神並びに環境の保全に寄与する態度を養うこと」とある。とすれば，学校全体として自然を尊重する精神や環境の保全に寄与する態度を養うことが法的に規定されていて，この目標を達成する教育をしなければならないことになっている。したがって，このことが日本の学校教育における「環境教育」のめざすところとなるだろう。

20　第 1 部　環境教育とは何か

⑵　環境教育の目的

　環境教育の目的について，歴史的にさかのぼって概観してみよう。ここでは，大きく環境教育に影響があったと思われる。2つの出来事を取り上げる。

　まず，1975年のベオグラード憲章である。ここでは，環境教育の目標を「環境とそれに関連する諸問題に気付き，関心を持つとともに，現在の問題解決と新しい問題の未然防止に向けて，個人及び集団で活動するための知識，技能，態度，意欲，実行力を身に付けた人々を世界中で育成すること」と示している。実行力を求めていることなどは，現在と変わりがないが，視点が人々を育成するというように個人に視点が向いている部分が特徴といえるかもしれない。

　もう1つは，1987年に世界環境保全戦略（ブルントラント委員会）で提唱された「持続可能な開発」の概念である。「持続可能な開発」とは，「将来の世代のニーズを満たす能力を損なうことなく，今日の世代のニーズを満たすような開発」と説明づけされた。このような概念が創出されることで，環境に関わっていく際には個人の努力はもちろんとして，社会を構築していくという観点が必要であることに着目するようになっていったと考えられる。

　これらを受けて，2007年版の『環境教育指導資料［小学校編］』には，「環境教育とは，『環境や環境問題に関心・知識をもち，人間活動と環境とのかかわりについての総合的な理解と認識の上にたって，環境の保全に配慮した望ましい働き掛けのできる技能や思考力，判断力を身に付け，持続可能な社会の構築を目指してよりよい環境の創造活動に主体的に参加し，環境への責任ある行動をとることができる態度を育成すること』と考えることができる」としている。

　環境教育を行う際には，持続可能な社会の構築をめざし，個人はもとより，社会システムをつくり上げることも含めて教育を行っていくことが求められる。

2 環境教育と持続可能な開発のための教育（ESD）

⑴　国立教育政策研究所の報告書にみる ESD

　前節①で，学校教育で環境教育を行ううえで，個人の意識や行動力を高める

第2章　環境教育の内容・方法・カリキュラム　*21*

ことはもちろんのこと，社会システムの構築も見据えて実施することの必要性を述べた。また，2015年9月には「国連持続可能な開発サミット」が開催され，150を超える首脳が参加して，2030年までの新たな目標となる「持続可能な開発目標（SDGs）」が採択された。持続可能な開発目標に沿って，学校教育も検討されなければならない状況になっている。教育において，これからの時代，持続可能な社会の構築を意識していくことが不可欠な状況になってきている。しかしながら，具体的に学校で何をすればよいのか，持続可能な社会づくりを行える人というのはどのような特性をもった人なのかについては具体的には示されてこなかった。

　これらに多少なりとも回答しているのは，国立教育政策研究所教育課程研究センターから公表された『学校における持続可能な発展のための教育（ESD）に関する研究〔最終報告書〕』である。この報告書は，学校における持続可能な開発のための教育（以下，ESD）の定着と充実にむけて，カリキュラムや教材のあり方，指導方法のあり方，評価のあり方などを明らかにし，ESDの指導に関する参考となる資料（事例を含む）を提供することを目的に，2009年4月から2012年3月までの3年間のプロジェクト研究がもとになって作成されたものである。このプロジェクト研究では，学校現場にESDをわかりやすく紹介し，教員がESDのカリキュラム開発や実践を行えるようになることをめざして，ESDたらしめている要件は何かということを明らかにするために研究が行われた。これからの時代に求められる能力・態度などを海外との比較や21世紀型の能力などを検討しながら明確にし，そのなかで，ESDの枠組みとして，「ESDの学習の目標」，持続可能な社会づくりの構成概念やESDの視点に立った学習指導で重視する能力・態度などを示している。

　もう少し具体的にみていくと，この報告書では【ESDの視点に立った学習指導の目標】として，ESDの指導の目標を次のように示している。

　　教科等の学習活動を進める中で，「持続可能な社会づくりに関わる課題を見いだし，それらを解決するために必要な能力や態度を身に付ける」ことを通して，持続可能な社会の形成者としてふさわしい資質や価値観を養う。

また，学校現場で持続可能な開発のための教育を推進していく際の「ESD
の視点に立った学習指導を進める上での枠組み」を提示している。枠組みで提
示したのは，1つはESDの6つの構成概念，もう1つはESDの視点に立った
学習指導で重視する7つの能力・態度である。さらに，ESDの視点に立った
学習指導を進めるうえでの3つの留意点も示している。具体的な内容を以下の
①～③に示す。

① ESDの視点にたった学習指導を進めていくうえで重要な構成概念は「多
　様性」「相互性」「有限性」「公平性」「連携性」「責任性」の6つを示し
　ている（表2-1）。

② ESDの視点に立った学習指導で重視する能力・態度は，「批判的に考
　える力」「未来像を予測して計画を立てる力」「多面的，総合的に考え
　る力」「コミュニケーションを行う力」「他者と協力する態度」「つなが
　りを尊重する態度」「進んで参加する態度」の7つを提示している（表
　2-2）。

③ ESDの視点に立った学習指導を進めるうえでの留意点を「つながり」
　というキーワードでまとめ，「教材のつながり」「人材・施設のつながり」
　「能力・態度と行動のつながり」というかたちで示している。

　このほかに，プロジェクト研究の成果として，最終報告書だけでなく，研究
成果を簡潔に示したESDリーフレット（8ページ）を作成している。このリー
フレットも，国立教育政策研究所のウェブサイトには，全文を掲載している。
最終報告書のエッセンスがまとめられているので，多様に活用することができ
るだろう。

　このような報告書があるとはいえ，ESDの範囲は広く，なかなか捉えづら
い部分があるのも事実である。とすれば，これまでの取り組みが豊富にある環
境教育を下敷きとして「ESD」の考え方を取り入れながら推進していくことが
学校現場で取り組みやすい方法と思われる。

　なお，ここでのESDは，学校運営（ホールスクールアプローチ）ではなく，教
育課程における内容，方法に限定したものである。

第2章　環境教育の内容・方法・カリキュラム　*23*

表 2-1 「持続可能な社会づくり」の構成概念（例）

	I 多様性	自然・文化・社会・経済は，起源・性質・状態などが異なる多種多様な事物（ものごと）から成り立ち，それらの中では多種多様な現象（出来事）が起きていること。
人を取り巻く環境（自然・文化・社会・経済など）に関する概念	いろいろある【多　様】	自然・文化・社会・経済は，それぞれの形成過程で様々な様相を見せ，多種多様な事物・現象が存在している。そうした生態学的・文化的・社会的・経済的な多様性を尊重するとともに，自然・文化・社会・経済にかかわる事物・現象を多面的に見たり考えたりすることが大切である。 例）◆生物は，色，形，大きさなどに違いがあること 　　◆それぞれの地域には，地形や気象などに特色があること 　　◆体に必要な栄養素には，いろいろな種類があること
	II 相互性	自然・文化・社会・経済は，互いに働き掛け合い，それらの中では物質やエネルギーが移動・循環したり，情報が伝達・流通したりしていること。
	関わりあっている【相　互】	自然・文化・社会・経済は，それぞれが互いに働き掛けあうシステムであり，それらの中では物質やエネルギー等が移動・消費されたり循環したりしている。人は，そうしたシステムとのつながりを持ち，さらにその中で人と人とが互いにかかわり合っていることを認識することが大切である。 例）◆生物は，その周辺の環境とかかわって生きていること 　　◆電気は，光，音，熱などに変えることができること 　　◆食料の中には外国から輸入しているものがあること
	III 有限性	自然・文化・社会・経済は，有限の環境要因や資源（物質やエネルギー）に支えられながら，不可逆的に変化していること。
	限りがある【有　限】	自然・文化・社会・経済を成り立たせている環境要因や資源（物質やエネルギー）は有限である。こうした有限の物質やエネルギーを将来世代のために有効に使用していくことが求められる。また，有限の資源に支えられている社会の発展には限界があることを認識することも大切である。 例）◆物が水に溶ける量には限度があること 　　◆土地は，火山の噴火や地震によって変化すること 　　◆物や金銭の計画的な使い方を考えること
人（集団・地域・社会・国など）	IV 公平性	持続可能な社会は，基本的な権利の保障や自然等からの恩恵の享受などが，地域や世代を渡って公平・公正・平等であることを基盤にしていること。
	一人一人大切に【公　平】	接続可能な社会の基盤は，一人一人の良好な生活や健康が保証・維持・増進されることである。そのためには，人権や生命が尊重され，他者を犠牲にすることなく，権利の保障や恩恵の享受が公平であることが必要であり，これらは地域や国を超え，世代を渡って保持されることが大切である。 例）◆健康でいられるような食事・運動・休養・睡眠などが保証されていること 　　◆自他の権利を大切にすること 　　◆差別をすることなく，公正・公平に努めること

24　第1部　環境教育とは何か

	V 連携性	接続可能な社会は，多様な主体が状況や相互関係などに応じて順応・調和し，互いに連携・協力することにより構築されること。
の意思や行動に関する概念	力を合わせて【連 携】	接続可能な社会の構築・維持は，多様な主体の連携・協力なくしては実現しない。意見の異なる場合や利害の対立する場合などにおいても，その状況にしたがって順応したり，寛容な態度で調和を図ったりしながら，互いに協力して問題を解決していくことが大切である。 例）◆地域の人々が協力して，災害の防止に努めていること 　　◆謙虚な心をもち，自分と異なる意見や立場を大切にすること 　　◆近隣の人々とのかかわりを考え，自分の生活を工夫すること
	VI 責任性	接続可能な社会は，多様な主体が将来像に対する責任あるビジョンを持ち，それに向かって変容・変革することにより構築されること。
	責任を持って【責 任】	接続可能な社会を構築するためには，一人一人がその責任と義務を自覚し，他人任せにするのではなく，自ら進んで行動することが必要である。そのためには，現状を合理的・客観的に把握した上で意思決定し，望ましい将来像に対する責任あるビジョンを持つことが大切である。 例）◆我が国が国際社会の中で重要な役割を果たしてきたこと 　　◆働くことの大切さを知り，進んでみんなのために働くこと 　　◆家庭で自分の分担する仕事ができること

注1)【　】表記は略号。右欄は上段が構成概念の定義，下段がその補足説明

表2-2　ＥＳＤの視点に立った学習指導で重視する能力・態度（例）

ESDで重視する能力・態度		キー・コンピテンシー
①批判的に考える力《批 判》	合理的，客観的な情報や公平な判断に基づいて本質を見抜き，ものごとを思慮深く，建設的，協調的，代替的に思考・判断する力 例）○他者の意見や情報を，よく検討・理解して採り入れる。 　　×得られたデータや考え方を鵜呑みにする。 　　○積極的・発展的に，よりよい解決策を考える。 　　×消極的，悲観的に考え，すぐに諦める。答えだけを得ようとする。	相互作用的に道具を用いる。
②未来像を予測して計画を立てる力《未 来》	過去や現在に基づき，あるべき未来像（ビジョン）を予想・予測・期待し，それを他者と共有しながら，ものごとを計画する力 例）○見通しや目的意識をもって計画を立てる。 　　×無計画にものごとを進めたり，その場しのぎをしたりする。 　　○他者がどのように受け取るかを想像しながら計画を立てる。 　　×独り善がりにものごとを進めてしまう。	

第2章　環境教育の内容・方法・カリキュラム　25

③多面的,総合的に考える力 《多面》	人・もの・こと・社会・自然などのつながり・かかわり・ひろがり（システム）を理解し，それらを多面的，総合的に考える力 例）○廃棄物も見方によっては資源になると捉えることができる。 ×役に立たないものは不要だと考える。 ○様々なものごとを関連付けて考える。 ×まとまりがなく，きれぎれの見方をする。	相互作用的に道具を用いる。
④コミュニケーションを行う力 《伝達》	自分の気持ちや考えを伝えるとともに，他者の気持ちや考えを尊重し，積極的にコミュニケーションを行う力 例）○自分の考えをまとめて簡潔に伝えられる。 ×他者の意見の欠点ばかりを指摘し，自分の考えを言わない。 ○自分の考えに，他者の意見を取り入れる。 ×他者の意見を聞こうとしない。	異質な集団で交流する。
⑤他者と協力する態度 《協力》	他者の立場に立ち，他者の考えや行動に共感するとともに，他者と協力・協同してものごとを進めようとする態度 例）○相手の立場を考えて行動する。 ×自分のことしか考えない。 ○仲間を励ましながらチームで活動する。 ×身勝手な行動，同調しない態度をとる。	
⑥つながりを尊重する態度 《関連》	人・もの・こと・社会・自然などと自分とのつながり・かかわりに関心をもち，それらを尊重し大切にしようとする態度 例）○自分が様々なものごととつながっていることに関心をもつ。 ×自分のすぐ回りのものや直接関係のあることしか関心がない。 ○いろいろなもののお陰で自分がいることを実感する。 ×自分は一人で生きていると思い込む。	自律的に活動する。
⑦進んで参加する態度 《参加》	集団や社会における自分の発言や行動に責任をもち，自分の役割を踏まえた上で，ものごとに自主的・主体的に参加しようとする態度 例）○自分の言ったことに責任をもち，約束を守る。 ×無責任な行動ばかりで，きまりを守らない。 ○進んで他者のために行動する。 ×自分が得をすることしかしない。	

注：＜＞表記は略号

(2) 国立教育政策研究所の ESD と SDGs

国立教育政策研究所の報告書で示された ESD には，表 2-1 で示したように

6つの構成概念が示されている。この構成概念とSDGsの間にはどのような関係があるかをみておくことが学校現場では大切なことになってくるだろう。試案として，この両者の関係を次ページの表2-3に示した。

　SDGsに示された目標は，国際社会を意識して作成されたものである。学校で行う環境教育は，少なくとも地域や身近な題材を選ばないと机上の空論となりがちになる。"Think globally, act locally"（地球規模で考え，地域で行動する）という言葉があるように，学校教育においては時折地球規模の視点や国際社会全体に思いを馳せることはとても大切なことである。しかしながら，児童・生徒の身近な題材や地域の素材からスタートすることが子どもたちのモチベーションを高める際には有効である。

　また，SDGsの目標をESDの視点と関連づけると，SDGsの目標は人との関連で示されていることが多いので，「責任性」や「公平性」などはほとんどの項目でかかわってくることになる。環境教育を学校で実施していく際に，あまり「責任性」「公平性」を強調すると押しつけがましくなってしまうことがあるので注意が必要である。校種や子どもたちの発達の段階にもよるが，学習が進むに連れて「責任性」や「公平性」についても子どもたちが自ら気づいていくように学習の流れを設定してもらうのがよい。

③ 環境教育指導資料と2017年版学習指導要領

(1) 環境教育指導資料

　環境教育の重要性が増すにつれ，学校段階でも組織的系統的に環境学習を行う必要が生じ，国としてもその指針を示すことが求められるようになってきた。そのため，学校現場に環境教育のあり方や具体的な手立てを示すために，環境教育指導資料は作成されてきた。

　小学校に関する環境教育指導資料は，最新のものでは2014年に『環境教育指導資料［幼稚園・小学校編］』として作成されている。1992年に文部省から『環境教育指導資料（小学校編）』が発行され，2007年には国立教育政策研究所から『環境教育指導資料（小学校編）』が公表されている。いっぽう，中学校に

第2章　環境教育の内容・方法・カリキュラム　27

表 2-3　SDGs と ESD の視点との関係（試案）

	SDGs	ESD の主な視点
目標 1	あらゆる場所のあらゆる形態の貧困を終わらせる	「公平性」「責任性」
目標 2	飢餓を終わらせ，食料安全保障及び栄養改善を実現し，持続可能な農業を促進する	「有限性」「公平性」「責任性」
目標 3	あらゆる年齢のすべての人々の健康的な生活を確保し，福祉を促進する	「公平性」「連携性」
目標 4	すべての人に包摂的かつ公正な質の高い教育を確保し，生涯学習の機会を促進する	「公平性」「責任性」
目標 5	ジェンダー平等を達成し，すべての女性及び女児の能力強化を行う	「多様性」「公平性」
目標 6	すべての人々の水と衛生の利用可能性と持続可能な管理を確保する	「相互性」「有限性」「公平性」「責任性」
目標 7	すべての人々の，安価かつ信頼できる持続可能な近代的エネルギーへのアクセスを確保する	「相互性」「公平性」「責任性」
目標 8	包摂的かつ持続可能な経済成長及びすべての人々の完全かつ生産的な雇用と働きがいのある人間らしい雇用（ディーセント・ワーク）を促進する	「公平性」「責任性」
目標 9	強靱（レジリエント）なインフラ構築，包摂的かつ持続可能な産業化の促進及びイノベーションの推進を図る	「相互性」「公平性」「連携性」
目標10	各国内及び各国間の不平等を是正する	「公平性」「責任性」
目標11	包摂的で安全かつ強靱（レジリエント）で持続可能な都市及び人間居住を実現する	「連携性」「責任性」
目標12	持続可能な生産消費形態を確保する	「相互性」「連携性」「責任性」
目標13	気候変動及びその影響を軽減するための緊急対策を講じる	「連携性」「責任性」
目標14	持続可能な開発のために海洋・海洋資源を保全し，持続可能な形で利用する	「有限性」「責任性」
目標15	陸域生態系の保護，回復，持続可能な利用の推進，持続可能な森林の経営，砂漠化への対処，ならびに土地の劣化の阻止・回復及び生物多様性の損失を阻止する	「多様性」「有限性」「連携性」「責任性」
目標16	持続可能な開発のための平和で包摂的な社会を促進し，すべての人々に司法へのアクセスを提供し，あらゆるレベルにおいて効果的で説明責任のある包摂的な制度を構築する	「相互性」「公平性」「責任性」
目標17	持続可能な開発のための実施手段を強化し，グローバル・パートナーシップを活性化する	「連携性」「責任性」

出典：外務省仮訳（2015）をもとに著者作成

関しては，『環境教育指導資料（中学校・高等学校編）』が文部省から1991年に発行されて以来，新しいものは作成されてこなかったが，2016年12月に国立教育政策研究所から『環境教育指導資料【中学校編】』が公表された。

(2) 環境教育指導資料【中学校編】の特徴

『環境教育指導資料【中学校編】』は，［幼稚園・小学校編］のおよそ2年後に作成されたが，中学校編はどのような特徴があるのか，まずこのことについて述べておく。【中学校編】の章立てと［幼稚園・小学校編］のものとを比較しながらみていくことにする（表2-4参照）。特徴を5点あげる。

第一に，第1章第1節の2では，［幼稚園・小学校編］においては，「持続可能な開発のための教育（ESD）と環境教育」という項目名になっている。この項目で，ESDと環境教育の関係が示されている。いっぽう，【中学校編】においては「持続可能な開発のための教育（ESD）を踏まえた環境教育の展開」となっていて，ESDをふまえて環境教育を行うことが明確に示されている。

第二に，第2章第1節の5は新設項目である。「環境教育で重視する能力・態度，視点とESDとの関係性」ということで，環境教育とESDとの関係性を示している。具体的には「環境教育を通して身に付けさせたい能力や態度」と「ESDの視点に立った学習指導で重視する能力・態度」との関係。「環境を捉える視点」と「持続可能な社会づくりの構成概念（持続可能な社会づくりに関わる課題を見いだすための視点）」との関係である。この関係を示すことで，環境教育をすでに行っている学校が，ESDを意識して実践を行うことがスムーズになる。また，ESDに取り組んできた学校が，ESDのなかでも環境教育の側面を重視していく際にどのようなことに配慮すればよいかがわかりやすくなったといえる。

第三に，中学校編の第2章第3節に「教育課程の編成と改善の視点を生かした指導と評価の工夫」を新たに加筆している。ここでは，環境教育を実践する場合のカリキュラム・マネジメントの考え方が示されている。環境教育では，「各教科等の教育内容を相互の関係で捉え，学校の教育目標をふまえた教科横断的な視点で，その目標の達成に必要な教育の内容を組織的に配列していく」とい

第2章　環境教育の内容・方法・カリキュラム　*29*

表 2-4　環境教育指導資料の章立ての比較

【中学校編】	［幼稚園・小学校編］
第1章　今求められる環境教育 第1節　持続可能な社会の構築と環境教育 　1　広がる環境教育 　<u>2　持続可能な開発のための教育（ＥＳ 　Ｄ）を踏まえた環境教育の展開</u> 　3　我が国の環境教育を取り巻く施策と取組 第2節　学校における環境教育 　1　学習指導要領等における環境教育 　2　環境教育における体験活動の充実 　3　環境教育推進に向けた連携のあり方	第1章　今求められる環境教育 第1節　持続可能な社会の構築と環境教育 　1　広がる環境教育 　2　持続可能な開発のための教育（ESD） 　　と環境教育 　3　我が国の環境教育 第2節　学校における環境教育 　1　学習指導要領等における環境教育 　2　環境教育における体験活動の充実 　3　環境教育推進に向けた連携の在り方
 第2章　中学校における環境教育 第1節　中学校における環境教育の推進 　1　中学校における環境教育のねらい 　2　環境教育の指導の重点 　3　環境教育を通して身に付けさせたい能 　　力や態度 　4　環境を捉える視点 　<u>5　環境教育で重視する能力・態度，視点 　　とＥＳＤとの関係性</u>	第2章　幼稚園における環境教育（省略） 第3章　小学校における環境教育 第1節　小学校における環境教育の推進 　1　小学校における環境教育のねらい 　2　環境教育を通して身に付けさせたい能 　　力や態度 　3　環境を捉える視点 　4　環境教育の指導の重点
第2節　各教科等における指導と評価の工夫 　1　環境教育を通して身に付けさせたい能 　　力や態度の明確化 　2　体験活動を取り入れた指導方法及び指 　　導内容の工夫 　3　各教科等における環境教育の内容の関 　　連付け 　4　評価の観点と評価方法	第2節　小学校における環境教育の指導の展 　　開 　1　指導計画の作成 　2　各教科等間の関連を図った指導の工夫 　3　指導方法等の工夫改善と教材の開発 　4　評価規準の作成，評価方法の工夫
<u>第3節　教育課程の編成と改善の視点を生か 　　した指導と評価の工夫</u> 　1　学校全体で環境教育に取り組むための 　　教育　課程の編成 　2　「連携」を重視した教育課程の編成 　3　教育課程の編成と改善の視点を生かし 　　た教育課程の評価と改善	
第3章　中学校における実践事例 事例 10 編 参考資料	第3節　小学校における実践事例 事例 11 編 参考資料

注：表中の下線は筆者加筆

うカリキュラム・マネジメントの考えを生かしやすい。このようなカリキュラム・マネジメントの要点が示されている。

第四に，中学校における実践を 10 編ほど取り上げている。1 編の事例は［幼稚園・小学校編］と同じ 4 ページ構成で，ここに示した実践においても，教科内の学習事項や能力・態度のつながり，教科間での学習事項や能力・態度のつながり，校種間での能力・態度のつながりなどを意識して事例が選ばれている。

第五に，京都市や岡崎市などの先進的な市では，行政が環境教育や ESD の考えを後押しして，校種を越えて学年ごとに実施する学習内容や能力・態度などの育成のためのモデル学習プランなどを策定している。その一部を巻末の参考資料に掲載していて，行政の取り組みとしても参考となるようにしている。

(3) 学習指導要領の改訂と環境教育

2016 年度末に，小学校・中学校の新しい学習指導要領が告示された。環境教育の推進を「持続可能な社会の構築」という観点で捉えた場合，それぞれ以下のような特徴をみることができる。

①小学校学習指導要領

小学校では，前文に「これからの学校には，こうした教育の目的及び目標の達成を目指しつつ，一人一人の児童が，自分のよさや可能性を認識するとともに，あらゆる他者を価値のある存在として尊重し，多様な人々と協働しながら様々な社会的変化を乗り越え，豊かな人生を切り拓き，持続可能な社会の創り手となることができるようにすることが求められる。このために必要な教育の在り方を具体化するのが，各学校において教育の内容等を組織的かつ計画的に組み立てた教育課程である」（下線筆者）と記されている。

そして，総則において「（前略），豊かな創造性を備え持続可能な社会の創り手となることが期待される児童に，生きる力を育むことをめざすにあたっては，学校教育全体並びに各教科，道徳科，外国語活動，総合的な学習の時間及び特別活動の指導を通してどのような資質・能力の育成を目指すのかを明確にしながら，教育活動の充実を図るものとする」（下線筆者）ということが書き込まれた。

また，教科としては，家庭科の「C 消費生活・環境」のなかで，「課題をも

って，持続可能な社会の構築に向けて身近な消費生活と環境を考え，工夫する活動を通して，次の事項を身に付けることができるよう指導する」ということが書き込まれた。さらに今回の改訂では，特別の教科 道徳のなかでも「社会の持続可能な発展」という言葉が取り上げられているのも特徴的である。

②中学校学習指導要領

中学校では，小学校同様，前文や総則において，「持続可能な社会の創り手となる」ことが示されている。また，教科においては，中学校社会科の地理的分野と公民的分野において，「持続可能な社会」のことが取り上げられている。理科においても (7) の「(イ) 自然環境の保全と科学技術の利用」の「⑦自然環境の保全と科学技術の利用」では，「自然環境の保全と科学技術の利用の在り方について科学的に考察することを通して，持続可能な社会をつくることが重要であることを認識すること」とねらいが示されている。技術・家庭科では，教科の目標に「持続可能な社会の構築に向けて」という言葉が書き込まれ，技術分野，家庭分野それぞれに「持続可能な社会」に関することが取り上げられている。さらに，小学校と同様，特別の教科 道徳でも，「社会の持続可能な発展」という言葉が取り上げられているのが特徴である。

このように，2017 年版学習指導要領においては，小学校，中学校ともに「持続可能な社会の構築」という観点から充実したとみることができる。

(4) 環境教育と評価

①資質・能力の３つの柱と評価

学習指導要領の改訂の方向性を決める，中央教育審議会答申（2016 年 12 月）のなかには以下のように記されている。

> ○ 各学校においては，資質・能力の三つの柱に基づき再整理された学習指導要領等を手掛かりに，「カリキュラム・マネジメント」の中で，学校教育目標や学校として育成を目指す資質・能力を明確にし，家庭や地域とも共有しながら，教育課程を編成していくことが求められる。

また，子どもたちに育成する資質・能力について，「知識・技能」の習得，「思考力・判断力・表現力等」の育成，「学びに向かう力・人間性等」の涵養と

32 第 1 部 環境教育とは何か

いう3つの柱に基づいて再整理することが求められた。これに従って，2017年版学習指導要領においては，子どもたちの資質・能力がついたかどうかをカリキュラム・マネジメントのなかで，教科等の目標や内容に照らして，把握し評価していく必要がある。しかしながら，教科固有の事項がはっきりしている「知識・技能」は比較的捉えやすいが，「思考力・判断力・表現力等」「学びに向かう力・人間性等」の能力や態度については教科単独ではなかなかみえづらい部分がある。

　しかし，教科の内容を横断し，育てるべき資質・能力の例が示されている環境教育では，汎用的な能力や態度がみえやすい部分がある。というのも，環境教育を行っての結果は，生徒の意志決定や具体的な行動としてあらわれやすいからである。たとえば，「環境教育指導資料【中学校編】」においては，「環境教育を通して身に付けさせたい能力や態度」の例を以下のように示している。

【身に付けさせたい能力や態度（例）】
・環境を感受する能力
・環境に興味・関心を持ち，自ら関わろうとする態度
・問題を捉え，その解決の構想を立てる能力
・データや事実，調査結果を整理し，解釈する能力
・情報を活用しようとする態度
・批判的に考え，改善する能力
・合意を形成しようとする態度
・公正に判断しようとする態度

　ここにあげた8つの能力や態度のうち，最初の2つは「環境」に特化したものであるが，残りの6つの能力や態度は汎用的なものでこれからの社会生活を営んでいくうえで必要な能力や態度と考えられる。ある意味すべての教科等を通じて学校で育てていくべき能力や態度と考えられる。ということは，学校の全体目標として，環境教育を通じて育てたい能力や態度を位置づけることも可能であるということである。

　②「主体的・対話的で深い学び」の評価

　中央教育審議会の答申のなかでは，「主体的・対話的で深い学び」という言

葉が繰り返され，強調されている。環境教育を実施するにあたっても，テーマ設定がとても重要で，子どもたちが自ら見いだした問題や課題，あるいは子どもたちが潜在的にもっている課題を掘り起こしてテーマ設定できれば，子どもたちの主体性は高まるだろう。また，環境については何かを決めても別の角度や立場から見直してみると，必ずしも最善の解答ではないことに気づくことがある。それらを児童や生徒どうしの会話やインタビューを行うなど対話を通して学んでいくことで，深い学びを経験することができる。「深い学び」というものを実感として体験できるのが環境教育の強みである。ただし，そうするためには，児童・生徒が追究していく問いや課題が，少なくとも次の要素を含んでいるように工夫することが大切になってくる。

・地域的な課題で追究しやすい（繰り返し子どもがアクセスしやすい）
・児童・生徒の興味に合致している
・提案性があり，発信する相手が意識されている

　たとえば，「市長に提案，私たちの市の未来」という課題を設定することなどが考えられる。児童・生徒には，市長に提案するような具体的な環境改善プランを検討させる。そしてできれば，実際に政治家に発表会に来てもらって，そこで子どもたちが発表を行う。もしそこで発表された案がその市で実現していったとすれば，それは子どもたちの誇りとなり，子どもたちの社会参画の意識を高めることにつながることになるだろう。

　このような実生活に実際にありそうな課題を「パフォーマンス課題」として子どもたちに取り組ませて，事前に準備した評価の基準（ルーブリック）に基づいて評価を行っていくのである。

4 これからの環境教育

　これまでの環境教育は，ともすると環境問題教育となって，酸性雨，地球温暖化，砂漠化，エネルギー資源の枯渇など地球の悲惨な現状を伝えて，学習者の行動を促そうとするような取り組みとなることがあった。そのせいか，環境教育を丁寧に行えば行うほど，子どもたちの未来の見通しが暗くなってしまう

という現場の先生方の声を聞くこともあった。深刻な環境問題を取り上げて，事実やその問題が起こっている仕組みを理解していくことも大切ではある。しかし，だんだんと悪くなっている環境を知らせて，一種の脅しで子どもたちに行動の変容を促すことには限界がある。

　これからの環境教育で大切なことは，「未来を自らが創っていくことができる」と子どもたちに思わせることができるようにすることであろう。「未来を自分たちの手でよりよくできる」と伝える環境教育であれば，子どもたちは自分たちの未来に強い関心をもちながら強く生きていくことになるだろう。私たちは，そういう環境教育を創っていくことをめざす必要があるだろう。

［田代 直幸］

本章を深めるための課題

1．ESD や環境教育を指導する立場になった場合，どのような書物を参考にすればよいだろうか。
2．環境教育において，地域的な課題とグローバルな課題とをどのように結びつけて考えさせるとよいか，考えてみよう。
3．これまでの環境教育の傾向はどのようなもので，これからの環境教育はどのようなものをめざしていくべきか考えてみよう。

参考文献

国立教育政策研究所（2007）『環境教育指導資料［小学校編］』東洋館出版社
──（2014）『環境教育指導資料［幼稚園・小学校編］』東洋館出版社
──（2017）『環境教育指導資料【中学校編】』東洋館出版社
──（2012）『学校における持続可能は発展のための教育（ESD）に関する研究〔最終報告書〕』http://www.nier.go.jp/kaihatsu/pdf/esd_saishuu.pdf（2017 年 4 月 24 日最終閲覧）
──『ESD の学習指導過程を構想し展開するために必要な枠組み』http://www.nier.go.jp/kaihatsu/pdf/esd_leaflet.pdf　（2017 年 4 月 24 日最終閲覧）
西岡加名恵・石井英真・田中耕治編（2015）『新しい教育評価入門』有斐閣
中央教育審議会（2016）「幼稚園，小学校，中学校，高等学校及び特別支援学校の学習指導要領等の改善及び必要な方策等について」（答申）2017 年 3 月公示小学校学習指導要領 http://www.mext.go.jp/a_menu/shotou/new-cs/__icsFiles/afieldfile/2017/04/19/1384661_4_1.pdf　（2017 年 4 月 24 日最終閲覧）
文部科学省（2017）『中学校学習指導要領』http://www.mext.go.jp/a_menu/shotou/new-cs/__icsFiles/afieldfile/2017/04/26/1384661_5_1.pdf（2017 年 4 月 24 日最終閲覧）
田代直幸（2017）「環境教育指導資料（中学校編）と資質・能力の評価」『常葉大学教職大学院研究紀要』第 3 号，71-74 頁

第3章
グローバルな文脈における公害教育の展開

KeyWords
□公害教育　□大気汚染　□水質汚濁　□地盤沈下　□公害病　□公害裁判　□和解
□被害者救済　□公害規制　□公害資料館ネットワーク　□パートナーシップ　□オ
ーフス条約

　一般的に公害問題は過去のこととして認識されているが，公害規制や被害者救済，予防対策において現在も課題が山積しており，決して公害が終わったわけではない。公害教育は，教育を行う立場によって主張が異なる。そのようななか，1990年代以降に公立の公害資料館が開館したことで，公害教育が一般化し広がりをみせている。いっぽうで，民間によってESDをもとにした公害教育も試みられている。

　公害教育の困難さの一因として現状認識に違いがあり，公害対策の成果に着目するか，いまだに残る公害の課題に着目するかで文脈が変わってくる。公害教育にSDGsの概念が加わることで，共通した未来の目標から公害問題を問うことが可能となり，現状と目標との間に違いがあることを認識することが可能となる。

1 地域課題と公害

(1) 公害問題の現在

　公害問題を，過去のこととして捉えている人は多いだろう。1960年代後半から社会問題化した公害問題は，1970年の公害国会や四大公害裁判を経て解決した過去の事件として認識している人が大多数であろう。

　公害に対して国および地方自治体の施策は大別すると，公害規制としての発生源の対策と被害者の救済，それから公害防止事業の3点に区分することができる[1]。持続可能な社会づくりのために必要な要素である。

　はたして，公害問題は解決しているのだろうか。四大公害裁判の被害地域において，「全面解決」の文書調印を交わしたのは富山のイタイイタイ病の事例だけである。しかも，その調印は，2013年12月17日であり，この調印がす

36　第1部　環境教育とは何か

べての解決ではなく，今後も発生源対策と公害被害者の補償を続けることが約束される内容となっており，公害の対策が終わったという解決ではない。

水俣病においては，被害者の救済にあたる公害健康被害補償法の公害病患者の認定基準が1977年に変更になったことから，患者認定の混乱が生じた。それに対する裁判が各地で提訴され，1995年には政治解決が図られた。しかし，1995年の政治解決に応じなかっ

図3-1　全国の公害指定地域
出典：環境再生保全機構HPをもとに作成
注：楠町は2005年2月に四日市市と合併

た関西水俣病訴訟が，2004年10月15日の最高裁判決で原告勝訴したことから，これまで手があげられなかった患者が声をあげることとなり，新たに裁判が起こされた。2009年の水俣病被害者救済特別措置法による救済など，現在もさまざまな救済と裁判が入り乱れる状況にある。

大気汚染に関しては，固定発生源（工場など）からの排煙は，総量規制対策が取られたことで汚染が軽減されたが，四日市公害裁判後に問題となった移動発生源である自動車による大気汚染問題は，長らく汚染が改善されなかった。そのなかで，各地で裁判（千葉，大阪西淀川，川崎，倉敷，尼崎，名古屋南部，東京）が提訴され，工場の排煙だけでなく自動車の大気汚染が争点となり議論されることとなった。各地の裁判が契機となってNOx・PM法が整備され，自動車の排ガス規制による改善がみえつつあるが，いまだにディーゼル車が原因となっているPM2.5の大気汚染問題が残っている。大気汚染の被害者救済に関しては，1988年に公害健康被害補償法による大気汚染公害の公害指定地域

（第一種地域）が解除されており，公害病の新規認定が打ち切られた。事情があってそれまでに認定申請を行えなかった人や，その後に発症した患者の救済は行われていない問題がある[2]。

　このように公害問題は今も終わっていないのであるが，現在において社会問題として大きく取り上げられることは少ない。また，地域にとってマイナスの情報である「公害」は，当該地のなかでも情報が錯綜しており，周知されていないことが多い。公害のイメージが四大公害裁判のみに限定されていることから，大阪や東京が公害指定地域だったことは知らなかったと教育関係者や環境NPO関係者に驚かれることも多い。それくらい現在の汚染の情報，救済の情報，予防の対策は一般的に知られていない。

　公害に対する事実と一般的なイメージの乖離がある状況を打開するためには，教育の力が必要である。無知からくる被害者や被害地への偏見を是正することだけでなく，持続可能な社会を担う未来世代が，現在の課題から考えることが重要だからである。

　しかし，公害反対運動をしている住民団体にとっては，汚染対策や救済制度の確立が第一義となっており，教育をすることが目的にはなりにくい。和解という場面を迎えることで，ようやく教育に取り組むこととなるが，和解といえども，いまだに課題が残されている状態である。残された課題を取り上げるか，問題を解決したものとして扱うか，ゴールをどこに設定するかで，内容が変わってしまう。公害教育がめざす目的が，主体によって多種多様になってしまう困難があり，公害が終わった・終わっていないと対立を生みやすい。

　このような，公害をめぐる混沌とした状況が，公害教育は「大事」といわれながら，取り扱うのはむずかしいと受け止められ，一般化されない状況が続いている。

⑵　公害教育のこれまで

　公害教育の誕生は 1960 年代後半の，公害が激甚な時期，社会問題化した時期にさかのぼる。それらの公害教育と公害反対運動が結びつき，三島沼津のコンビナート建設の計画を白紙にするなどの成果を上げてきた。また，西淀川公

害裁判の第2次訴訟の団長は，小学校の教員であった浜田耕助が担っていた。千葉川鉄公害裁判においても，千葉県立千葉高等学校の教員であった稲葉正が団長となっている。浜田は長らく西淀川公害患者と家族の会の会長を務め，全国の公害被害者団体で構成する公害被害者総行動実行委員

写真 3-1　四日市公害と環境未来館

会においても，代表委員を長年務め，総行動の顔の一人であった。各地の公害裁判の支援運動にも，教職員組合が加わる場合が多いことから，公害反対運動と教育が一体化していたといえよう。この時期の公害教育の目的は，公害の解決が第一義的に捉えられている。

　公害が社会問題化した1970年代においては，公害教育を行うことに抵抗はなかったであろうが，オイルショックを経て，公害対策が転換・後退していくなかで，公害反対運動が表舞台で活躍することはむずかしくなっていく。その情勢とともに，教育現場で公害教育を取り上げることは偏向教育と目され，取り上げにくくなっていく。

　1990年代になると，公害から環境という言葉に変わって語られるようになる。教育においても，公害教育から環境教育に切り替わる。行政の担当部局が公害から環境に名称変更され，法律も1993年に「公害対策基本法」から「環境基本法」へ改定することになった。公害反対運動を担う人たちは，公害という文字が消えることを危惧していたが，他方で新しい環境の波に乗ることを怠らなかった。1992年のリオ環境サミットにNPO/NGOとして公害患者が参加して，環境の波に乗じるしたたかさももっていた。また，自社さ連立政権が誕生するなかで，水俣病の政治解決が図られ，西淀川の大気汚染裁判が和解した。西淀川では国認可のまちづくりの財団法人（公害地域再生センター）が公害裁判の和解金を財源にして設立された。和解をきっかけに，公害教育に新しい動きが加

第3章　グローバルな文脈における公害教育の展開　39

わることとなった。

　現在につづく公害教育の大きな流れをつくったのは，公立の公害の資料館の設置である。1993 年には水俣市立水俣病資料館，2001 年に新潟県立環境と人間のふれあい館〜新潟水俣病資料館〜，2012 年に富山県立イタイイタイ病資料館，2015 年に四日市市によって四日市公害と環境未来館が設立されたことによって，各自治体が公害を学ぶ副読本を発行し，資料館への見学を制度化するかたちで，公害教育の一般化が図られることとなった。行政の公害教育の関与は，多くの人に公害を知ってもらうことに多大なる貢献があったといえよう。

　新潟県の新潟水俣病教師用指導資料集を作成した波多野孝は，新潟水俣病が社会問題となった時期に新潟で中高校生であったが，学校で水俣病の話題を耳にしたことがなく，京都の大学で学んで初めて新潟水俣病のことを知った。その後，小学校の教員となり，大学で学んだことを教室で取り上げようとするが，上の目がきつく，個人レベルでしか授業を展開することができなかった。1995 年の政治解決から学校の実践がはじまり，2001 年の資料館建設により学校で扱いやすくなったと語る[3]。また，富山県のイタイイタイ病の副読本作成に関わった水上義行は富山県の多くの教師にとって，イタイイタイ病が話題となった昭和 40 年代前半は重大な問題であるのに，自分たちの問題としてみることがなかなかできなかったが，県立のイタイイタイ病資料館ができてようやくどこの学校でも授業のできる体制が整ってきたと述べている[4]。水俣においては，副読本は公教育でみんなが広く使えるように意識してつくられているという。また副読本ができるまで水俣の公害教育を担ってきた水俣・芦北公害研究サークルが主催する「水俣病を伝えるセミナー」を教育委員会が後援するようになっており「今やっと，教育委員会とサークルと仲良くやっていっている」とサークルの代表である梅田卓治は語っている。

　しかし，教材づくりの葛藤として梅田は「サークルの活動としては，常に当事者から学ぶということ。公害には加害・被害の立場しかない，第三者の中立はないというのが先輩の考えだった。そして被害者側の立場に立とう，ということが我々のスタンス」であるが，「今後はもちろん市民のみんなの思いがどうなのか，みんなを巻き込んで考えていかなければいけないとはわかっている。

もやいなおしも熊本で始まっているので，今後僕らのサークルがもう少し，周りの人がどのように考えているか，つかんでいく必要があることを感じている（中略）もちろん小学校の学習計画に入っている通り，行政の立場を否定するということでもなく，合わせて考えていく，ということで取り組んでいる」[5]と，これまでの実践が被害者の立場を尊重する立場であったが，さまざまな人たちの声を拾うという新しい局面に対応するために変化していることを述べる。そのうえで「何を教訓にしなければいけないのか，チッソを責めるためのものではない。人間としてどういう風に，これから社会を作っていくのかということを見つけるために，水俣病を終わらせたらいけないという思いがある。被害者の立場をずっと守り続けていかなければいけないと思っている」と，悩みを吐露している。

　広く伝えることと，被害者の立場を守ることの両立は可能かという問いに，公害地域はいまだに揺れている。

(3)　まちづくりと公害教育

　公害には被害者，加害者以外に公害規制をする行政，住民など，さまざまな立場の人々が関わっている。いろいろな立場が関わる所以に，1つの立場で述べると必ず反発が伴う。広く伝えるためには，水俣の副読本のように統一した見解が必要となるが，統一した見解をつくり出すのは非常な困難を伴う。困難であれば，統一見解をめざすのではなく，それぞれバラバラでよいのではないかというコペルニクス的転回をもたらしたのは，ESD であった。ESD は公害の複雑な視点を逆手に取り，公害教育を展開させることを可能とした。

　和解後の民間側の動きとして，大気汚染の各地では地域再生のまちづくり組織が各地でつくられた。その先駆けとなったのが，1996 年に設立された大阪西淀川の公害地域再生センター（以下，あおぞら財団）である。これらのまちづくり組織は，公害裁判の和解金を基金として設立したために，公害被害者の立場に立っているが，決して公害被害者とイコールではない。あおぞら財団の設立趣意書に「行政・企業・住民の信頼・協働関係（パートナーシップ）の再構築」と掲げられているように，協働や対話がめざされており，さまざまな立場

をつなげるコーディネーター的な役割が求められていた。コーディネーターの役割は統一的な見解をつくることが目的ではない。それぞれの立場の人たちの話を聞き，対話の場をつくることが求められる。このまちづくりに教育の要素が加わることで，ESD が展開されることとなった。

写真 3-2　公害地域の今を伝えるスタディツアー（新潟）　阿賀野川の堤防から

　公害における ESD の留意点は，「視点のちがい」を明確化することにある。被害者である住民，加害者となった企業や国，公害を規制する行政，教員，マスコミ，弁護士，被害の当事者ではない住民など，さまざまな立場からみている公害がある。どれが正しいというものはない。また，それらの立場がおかれた状況も，現在とは違う。時間の経過を考慮しつつ，立場別の主張しつつ，互いに敬意をもって接することが重要となる。この留意点を考慮して，あおぞら財団が実施したのが「公害地域の今を伝えるスタディツアー」(2009-2011) であった[6]。さまざまな立場の人々にヒアリングし，地域の課題を把握して，現地に提案する学びである。

　この公害地域の今を伝えるスタディツアーは，富山 (2009)・新潟 (2010)・大阪 (2011) で実施した。原因企業や行政，公立の公害資料館の協力を仰ぎ，さまざまな立場の声を集めることが可能となった。公害の原因となった企業の声が，公害反対運動以外の場面で明らかにされるのは，このスタディツアーが初めてであった。

　ESD の概念が加わったことで，公害教育が悪者を探しだし，断罪して糾弾するものではなくなった。ヒアリングによって未来世代が先人たちの行為や努力から学ぶことが求められており，それぞれの立場の考えを正面から聞き出そうとする。それぞれの立場の話を聞くと，明確な悪者はいないという混沌とした課題がみえてくる。その現在に残る課題を捉えて，未来を考えるという，学

習者に考える余地がある教育に舵を切ったのである。

　副読本の教育というのは，統一した見解を伝えるという「環境についての教育」であり，知識偏重の側面をもっている。スタディツアーは教育者の知識を学習者に伝える形式ではない。現地でのヒアリングを行うことから，教育者に主導権が全権委任されない。教育者は場をつくり出す人であり，オーガナイザーでもあり，学習者と同等の立場に立ち，ともに学ぶ姿勢をもつこととなる。

　公害教育の困難さの1つに「公害が複雑すぎて，教えづらい」という意見がある。これは，公害を教えるためには，公害を知っていなければならないという前提に立っている。公害は，おそらく全体把握が不可能なくらい，地域ごとに事象はちがう。そのような複雑さのなかで，知識偏重の「知識のための教育」を標準に設定するのはハードルが高い。しかし，スタディツアーは教育者に公害の詳細を知らないことを許すことにつながり，教育者の負担を軽減する効果もある。

　スタディツアーでは，学習者の変化も促進できる。今まで知らなかった公害の現状を知り，社会問題と自分のつながりを自覚して当事者意識が高まり，社会課題に立ち向かう気持ちを育成することとなった。

　また，現地の関係性の変化も生み出した。行政上や裁判上で和解をしたとしても，現地では裁判以前から続く対立した関係（被害者対企業，被害者対行政など）の改善は劇的に変化するものではない。その半ばあきらめていた関係性のつなぎ直しが，このスタディツアーで可能となった。公害反対運動の交渉では明らかにならなかった，「企業の立場の主張がスタディツアーのヒアリングで明らかになったこと」「発表会という名でそれぞれのステークホルダーの主張を第三者である学習者から聞くことで，お互いの主張を聞きやすくしたという効用があったこと」「学習者の熱意がステークホルダーの気持ちを動かし，発表会に呼び寄せたこと」で，期せずして対話の場になったというサプライズを引き起こした。信頼関係が分断されている関係性をつなぎ直すには，同じ場所で語って共有することが大切になってくる。統一見解でなくとも，それぞれの考え方を知り，認めるというレベルで十分なのであるが，その対話の場に教育が有効だったことをスタディツアーが示すこととなった。

第3章　グローバルな文脈における公害教育の展開　*43*

この視点の変換は，海外からの公害を学ぶ人たちの意識変容に役立てられている。あおぞら財団は，中国の環境 NPO である環友科学技術研究センターをパートナーとして，中国の環境 NGO が日本の公害経験を学ぶ機会を提供している。環友科学技術研究センターの主任である李力は次のように述べている。

> 中国で様々なステイクホルダーが集まる「円卓会議」を開催していますが，これもあおぞら財団との交流の中で，企業や行政と対立するのではなく，相手の立場を理解し対話することが大事だと学んだことが役立っています。今までも，企業と対立する立場に立たないように試みてはしてきましたが，やはり民衆からは企業を責める声が強く，やりづらかった。あおぞら財団から学んだおかげで，こういうやり方が正しいと信じて続けることができ，今日の変容が見えてきたのです。毎年，新しい環境 NGO のメンバーを日本に連れてきて，あおぞら財団で研修を受けていますが「円卓会議はここから来たのね」と納得し，励ましあっています。[7]

　これらの，中国 NGO の研修は，基本的には公害スタディツアーと同様に，さまざまな人たちに話をうかがう形式を取っている。さまざまな立場の主張は知識として役に立ったのであろう。それ以上に中国 NGO の学びは，あおぞら財団がコーディネートし，さまざまな人たちが登場できるように骨を折った「学びの場の運営」をみて学んだのである。さまざまな立場の相克をいったん受け入れる「余地」をもつこと。ともに話し合う場をつくり出すこと。その場の運営が，日本の公害経験を経て，教訓から学んだことであり，その姿勢が，グローバルな文脈においても学ぶべき点として認識されたことは，特筆すべきことだろう。

　このように，ESD に軸足をおく公害教育は，これまでの公害教育の知識偏重とはちがう。「どの立場に立つか」という問題の解決の一方策となる可能性を秘めている。ESD の要素を取り入れたことで，持続可能な未来をつくるために，現在の課題を受け止めて，考えるという正解のない学びへ変化した。

　しかし，これらの動きは，いまだ全国的な動きとはなっておらず，さまざまな公害教育が混在する混沌とした状況となっている。

2 教育のなかの公害

(1) 差別と公害教育

　公害教育は，公害教育を行う立場によって，目的が変わる。公害は，被害者・加害者はもちろん，規制する立場や隣人，マスコミや医療関係者，政治家など，さまざまな立場が入り乱れ，それぞれに主張がある。そのむずかしさが，状況を複雑にしている。

　現在の公害教育に期待されている役割の１つに「差別の解消」がある。公害は，公害病への無理解から，差別を生み出してきた。公害病が遺伝や伝染病であるという誤解は，水俣病だけでなくイタイイタイ病，喘息をはじめとした大気汚染による呼吸器疾患，ヒ素中毒でも同じように日本各地で差別を生んだ。また，公害補償による「お金をもらっている」というやっかみから「ニセ患者」説が流布されるなど，どの公害地域でも同じような差別が生じている。これらの差別を解消するために教育が重視されており，公害は人権教育の分野で取り上げられることが多くなった。

　熊本県では「水俣に学ぶ肥後っこ教室」として，熊本県教育委員会が熊本県内の小学生と中学生が人権教育と環境教育を通じて水俣を学べるように体系化している。「水俣病」と「環境」について学び，学習の成果として「水俣病の正しい理解」から差別や偏見を許さない心情や態度を養い，「環境問題への関心」をもつことで環境保全活動への実践意欲や態度が養われるとされている。しかし，2010年に熊本県芦北町で中学校サッカー部の練習試合にて男子選手が，水俣市の中学校の選手に対し，再三にわたり「水俣病，触るな」などと暴言を吐いていたことが判明し，新聞報道され問題視されているように，水俣病の理解がこれらの教育で解消されているとはいいがたい現実がある。さらに水俣市の『環境白書』（2014年）の「水俣病に関する教育」の項目のなかで，「水俣病は未だに，『伝染する』とか『遺伝する』と思っている人が多く，水俣出身というだけでいわれなき偏見や差別を受けることもあります。これは水俣病が正しく認識されていないことにほかなりません。このことから，市内小中学校における水俣病教育の展開を強化し，市民も正しく水俣病を伝えていくこと，ま

第３章　グローバルな文脈における公害教育の展開　*45*

た，水俣病に関する社会教育教材づくり，水俣病資料館等の活動により，水俣病に関する理解促進を図っています」と書かれている。「正しい知識」が切望されており，啓蒙されなければならないというのである。

　ここで注意しなければならないのは，「公害」ではなく「水俣病」と限定されている点である。「病」に注目することで，被害がクローズアップされることとなる。公害の言葉がもつ社会への視点が薄れて，人がクローズアップされてしまい，個人の生き様から学ぶことに集約されていく。困難を乗り越えた個人から学ぶことは意義があり，貴重な経験となる。しかし，それらは，公害の経験を学ぶことのすべてではない。公害の一部であるといわざるを得ない。被害が注目されることで，公害がもつ社会の矛盾点を考えて，社会課題に立ち向かうという視点は生まれにくくなっている。

　これらの個人の経験から学ぶ傾向は，各地で公害資料館が建設されて，語り部制度が整備され，当事者からの語りを聞くことが制度化されたことと無関係ではないといえよう。

(2)　語り部と公害教育

　公害教育のなかで，公害病患者の語り部は重要な位置を占めている。「水俣に学ぶ肥後っこ教室」のなかでも，小学校5年生の水俣市立水俣病資料館訪問で語り部の話を聞くことが組み込まれている。また，新潟県立環境と人間のふれあい館，富山県立イタイイタイ病資料館，四日市公害と環境未来館でも，語り部の話が小学校5年生の社会科の授業で行われることが想定されている。公立の資料館に限らず，あおぞら財団付属西淀川・公害と環境資料館（エコミューズ）やみずしま財団でも，語り部が活躍している。

　公害の被害の当事者が生存しているなかで，当事者からの語りを聞くことは，力強いメッセージが伝わりやすく，学習者の感情への揺さぶりをかけやすい。聞き手の多くは，過去の悲惨な経験を繰り返してはいけないという思いを強くもつ。そのために，当事者の語り部に，公害教育は多くを依存しているといえよう。

　語り部の影響力の大きいために，個人の生き様を学ぶことに集約されて社会

構造を学ぶ目線をふさぐ危険性がある。また，被害の話を聞きたくないと耳を塞いでしまう拒否反応を示す人や，語り部を「すごい人」と礼賛する対象に引き上げてしまい，偉人化・聖人化してしまう原因にもなっている。

語り部を祭り上げ，「あの人だからできた」という反応

写真 3-3　公害の語り部（西淀川・公害と環境資料館）

は，「私にはできない」という感情の裏返しといえよう。耳を塞ぐ感情も，同じく「自分のこととして引き受けたくない」という意思表示といえる。公害教育に対して，拒否反応を示す人は一定数いる。「辛い話は聞きたくない」という自己防御が働いていることもある。それだけでなく，公害の話を拒否する理由は，自分の足下が否定されたと感じる人が多いことも一因である。現状の，科学技術が発達したことで豊かになった社会を批判されたと感じ，企業の利益を享受して生きている「私」が非難されているのではないかと，過剰に加害者意識を引き受けてしまう人は多い。福島原発事故後の原発再稼働に賛同する学生から「電気がない社会なんて生きていけない」と，異口同音で聞いた。公害教育が「文明社会」を否定しているという思い込みと，その「文明社会」で生きることが批判されているという早合点が，公害教育の誤解を生み出している。企業で働く人や，企業で働く人を親にもつ人などの多くが，このような反応を示すことが多い。

このような，早合点が起きる原因は，現状の課題点がみえていないことと関係があるだろう。公害の問題を「公害病」に集約してしまったがゆえに，公害を引き起こした社会構造を学ぶことができず，そのうえ，公害が発生した時期から法律も変わり，市民参加の枠も広がり，企業も国際基準を取り入れて，変化しつつあるにもかかわらず，そのことは専門知のレベルから一般知に消化されておらず，教育の現場で語られていないゆえに生じた公害に対する誤解なの

ではないだろうか。これらの変化とその変化の原動力を知ること，残された課題を知ることで，これからの未来を建設的に考えて行くことができるだろう。語り部の話だけでは得ることができない，公害発生時から現在との間を埋める情報を提供することが重要なのである。

(3)　環境教育と公害

　水俣では人権教育と環境教育の両方面から「水俣に学ぶ肥後っこ教室」が実践されているのであるが，環境教育はどのように展開されているのだろうか。

　『水俣市環境学習資料集』[8] のねらいには「環境モデル都市としての取り組みを進める水俣市についての理解を深め」ることが求められている。

　水俣病の発生の原因と食物連鎖，現在の環境モデル都市になるきっかけとなったゴミの処理と水俣市独自の環境 ISO の取り組みを学ぶこととなっている。水俣市が水俣病に向き合うと 1994 年の水俣病犠牲者慰霊式にて吉井正澄市長が述べた式辞が，水俣病の経験を学ぶことが制度化されるきっかけとなった。式辞のなかに「水俣病を体験した私どもは，環境がいかに大切であるか，健康を守るのがいかに困難なものか，努力を必要とするかを知りました。このことから，人類自ら犯そうとしている地球環境破壊などの愚かな行為を防止するために，他に先駆けて『環境と健康はすべてに優先する』という基本理念から環境創造のための新たな実践を試みる責務があります」とある。水俣で生じた公害の規制，被害者救済，予防対策の対策について学ぶ方向ではなく，「環境」を学ぶ方向を選択する。

　『水俣市環境学習資料集』の副題が「郷土水俣を誇れる子どもを育成する学習プログラム」とあるように，水俣の「誇り」の育成が重要視されており，その文脈で環境モデル都市が取り扱われている[9]。郷土を見直し，よいところを探すという水俣で根付く地元学は重要である。公害だけでない水俣を知り，誇りをもつことは尊重されることであるし，普遍的に重要なことである。しかし，「公害」を学んでいるのか。現在に残された残渣や水銀ヘドロを埋め立てた土地の管理や患者の救済問題といった，残された課題はどこにいくのか。公害問題の解決は，差別の解消だけではない。被害者となった人々の声が，尊重され

48　第 1 部　環境教育とは何か

ないなかで発生してしまった公害が再び起きないように，マイノリティの声が届くような社会をつくり出せているのか。課題は「地域の誇り」の妨げになってしまうのか。現状を直視できる力をどのように養うのか。

公害の問題は，個人の努力だけで解決されるものではない。市民の合意形成の積み上げで解決に導くものであり，誰かが解決してくれるものではない。地域への批判的な視点をもたせずに，学校 ISO やごみの分別といった個人の課題に環境教育が着地することは公害の教訓から導きだされたことなのだろうか。

エコロジカルな社会のための「環境持続性」「社会的公正」「存在の豊かさ」の 3 つの課題と，現状の環境教育の関係について井上有一は疑問を呈している。「日本においてよくみかける家庭の心がけの重要性を強調するばかりの〈環境教育〉の取り組みとは根本的に異なる性格のものにならざるをえない」という[10]。家庭の心がけ路線は日本において環境教育が脱政治化・脱社会化された流れによるものである。

この水俣病における環境教育において，本来であれば公害教育がもつ「社会的公正」への問いかけが消されているといえよう。

この社会への問いかけを取り戻すために，SDGs の視点が必要なのではないだろうか。

3 SDG sと公害

(1) 発生源対策

SDGs の 17 の目標（ゴール）は，すべての項目で公害とのかかわりがある。それらを 1 つひとつ列挙するわけにはいかないが，「こうあってほしい」という社会の理想像と，公害の課題が残る社会の現状を把握することで，未来と現状との距離を測り，理想に近づくための方策について考えることができる。

公害に関連する項目は，公害規制としての発生源対策，被害者救済，市民参加をあげることができる。

まずは，排出源対策として目標 6・7・12 をあげる。目標 6 は「すべての人々の水と衛生の利用可能性と持続可能な管理を確保する」[11]とあり，6.3 項に

「2030 年までに，汚染の減少，投棄の廃絶と有害な化学物・物質の放出の最小化，未処理の排水の割合半減及び再生利用と安全な再利用の世界的規模で大幅に増加させることにより，水質を改善する」と，水質汚濁についての記載がある。目標 7 では「すべての人々の，安価かつ信頼できる持続可能な近代的エネルギーへのアクセスを確保する」とエネルギーについて言及しているが，電力やガスなどのエネルギーと公害は大気汚染などと関係性が深い。また，原子力発電による放射能汚染も関連してくる。公害全般にかかわるのは目標 12「持続可能な生産消費形態を確保する」である。12.4 項に「2020 年までに，合意された国際的な枠組みに従い，製品ライフサイクルを通じ，環境上適正な化学物質やすべての廃棄物の管理を実現し，人の健康や環境への悪影響を最小化するため，化学物質や廃棄物の大気，水，土壌への放出を大幅に削減する」とある。生産から消費そして廃棄とリサイクルにいたるまで管理して，汚染物の排出を最低限にするということが，国際的にめざされることとなった。

⑵　健康被害とアメニティ

　被害者救済に関連する項目はいくつかある。それは，公害の被害と貧困が切っても切れない関係にあるからである。ここでは目標 1 と 3 について述べたい。

　目標 1 の貧困を終わらせることに，公害患者の救済の問題が含まれる。公害の健康被害は，病気によって仕事を失い，収入源を失う。そのうえに医療費の支払いが続き，家計を圧迫する。ただ，公害の被害は健康被害だけではない。アメニティ・環境の質の悪化につながる被害もある。1.5 項で「気候変動に関連する極端な気象現象やその他の経済，社会，環境的ショックや災害に暴露や脆弱性を軽減する」とある部分には地盤沈下がかかわってくるだろう。地盤沈下は公害対策基本法（現在は環境基本法）に定められた典型 7 公害の 1 つである。戦前からの工場地帯は地下水の汲み上げによる地盤沈下が進んでおり，津波や高波などの災害からの被害を受けやすい。それらの問題は，東京や大阪といった大都市はもちろん，新潟，千葉，川崎，名古屋，尼崎，西宮などの都市にみられる。公害の被害は，公害病患者だけの問題ではないのである。目標 3 の「あらゆる年齢のすべての人々の健康的な生活を確保し，福祉を促進する」は，公

50　第 1 部　環境教育とは何か

害による健康被害がない社会をあらわしている。そのうえ，3.9項には「2030年までに，有害化学物質，ならびに大気，水質及び土壌の汚染による死亡及び疾病の件数を大幅に減少させる」とあり，明らかに公害による健康被害をなくすことが掲げられている。

　アメニティの問題に引きつけると，目標11の「包摂的で安全かつ強靱（レジリエント）で持続可能な都市及び人間居住を実現する」は，公害がない社会の未来像の1つであろう。11.6項に「2030年までに，大気の質及び一般並びにその他の廃棄物の管理に特別な注意を払うことによるものを含め，都市の一人当たりの環境上の悪影響を軽減する」とある。大気汚染は，日本では都市部の問題となっており，主に自動車からの排ガスによる大気汚染が原因となっているのであるが，公害と生活環境の問題は密接につながっている。持続可能な都市となるために，公害対策を行い快適な人間居住空間を実現することがめざされている。

(3)　市民参加と情報

　市民参加は公害解決のために非常に重要な要素である。1992年の地球サミットで採択されたリオ宣言第10原則（「環境と開発に関するリオデジャネイロ宣言」環境省資料）のなかで，環境問題を解決するためには，あらゆる市民の参加が必要であるとうたっている。この理念はオーフス条約として具体化されている。オーフス条約は，①環境情報へのアクセス権，②環境に関する政策決定への参加権，③司法へのアクセス権という3つの権利を基本につくられている。ちなみに，日本はオーフス条約を批准していない。

　目標16の「持続可能な開発のための平和で包摂的な社会を促進し，すべての人々に司法へのアクセスを提供し，あらゆるレベルにおいて効果的で説明責任のある包摂的な制度を構築する」とある。司法アクセス権は16.3項の「国家及び国際的なレベルでの法の支配を促進し，すべての人々に司法への平等なアクセスを提供する」と明記されている。日本は，裁判という手法を使って環境政策を進めてきた。八方ふさがりな状況であっても，司法によって声を上げることができるという権利は，非常に重要なのである。環境情報のアクセス権

は，16.10 項に「国内法規及び国際協定に従い，情報への公共アクセスを確保し，基本的自由を保障する」とある。この場合の情報は環境の情報に限定していないのであろうが，市民が情報を得る権利がなければ，公害で不利益を被った際に，交渉に必要な情報を得ることができない。公害裁判は訴えた側が，公害を立証しなければならない。そのための情報は非常に重要な意味をもっている。この情報は行政がもつ情報でもあり，企業がもつ情報でもある。12.6 項では，企業の情報開示について言及しており，「特に大企業や多国籍企業などの企業に対し，持続可能な取り組みを導入し，持続可能性に関する情報を定期報告に盛り込むよう奨励する」とある。これらの情報の保存と公開が公害がない社会のために重要なのだ。

　そして，目標 17 は「持続可能な開発のための実施手段を強化し，グローバル・パートナーシップを活性化する」とあり，17.17 項には「さまざまなパートナーシップの経験や資源戦略を基にした，効果的な公的，官民，市民社会のパートナーシップを奨励・推進する」と，公害問題を巡る利害関係者が協働をしてパートナーシップを行うことがめざされるのである。市民が行政や企業に公害の対策をしてもらうのを待つのではなく，自らを企業や行政の対等な立場として，意見を述べて一緒に社会をつくることが大切となっていく。

⑷　SDGs の実現のために

　公害教育と SDGs の関係でいえば，2013 年から始まった公害資料館ネットワークの活動が，SDGs の達成のために寄与しているといえるだろう。

　前節①⑶で言及した公害地域の今を伝えるスタディツアーは，参加型学習の可能性を公害地域が実感する機会となった。そこから，もう一度あのような学習体験をしたいという願いから，公害資料館がネットワークをつくるという次の展開が望まれることとなった。2013 年度の環境省「地域活性化を担う環境保全活動の協働取組推進事業」（2014 年度から「地域活性化に向けた協働取組の加速化事業」）を活用して，新潟県立環境と人間のふれあい館の塚田眞弘館長とあおぞら財団から，公害資料館ネットワーク結成の呼びかけを各機関・団体に行い，2013 年 12 月 7 日に公害資料館ネットワークが結成された。公害地域ごとに，

立場ごとに主張がちがったとしても、「公害を伝える」団体が終結し、対話を重ねて、「公害教育」を広げるための方策を練るという方向性に舵を切った。協働ビジョンをつくり、立場がちがえどもともに手を取り合うパートナーシップを選択したのである。ここで重要な要素は「学び」で

写真 3-4　公害資料館ネットワーク会議にて協働ビジョンづくり

ある。公害資料館ネットワークは年に1回、公害資料館連携フォーラムという「オープンな学びの場」をつくっている。この場があることで、公害資料館が教育者という立場から、自らを学習者として、学び合うことが可能となった。学びによる発見が、地域を変える原動力となる。どのような正しいことを並べられても、行動する人たちの納得がなければ、行動には結びつかない。SDGsを実現するためには、公害資料館ネットワークのような組織をつくり、体験しながら進めていくことが鍵となるだろう。

　公害の教育は、そもそもが「環境についての教育」であり、知識偏重の側面がある。学習者を公害の知識をもたない「欠陥モデル」として捉えており、それらの知識を得ることで、差別や偏見が解消されると認識している。教育者の役割が「知の伝達」であるために、教育を行う前提として、教育者の知識量が必要とされる。複雑な公害事情に通じる教師が少ないなかで、この知識量が不足しているために「公害教育に取り組むのはむずかしい」と反応されることも多く、必然的に各地の公害資料館にお任せすることが多くなる。また、公害の知識や事実は、立場によってみえているものがちがう。そのような前提を共有しないままに、知識量を求められるのは、教育者にとっても負担といえるだろう。一方的な公害教育から、未来のためにともに考える公害教育へ、方向転換するためにSDGsが重要なのである。

　また、これまでの公害教育は、公害が発生したことと、再生されたことが伝

えられてきた。その再生を，完成されたものとして表現するか，まだ道半ばとしてとらえるかが，分かれるところである。どちらにしても，公害教育は「過去」と「現在」によって構築されていたといえよう。そこに，SDGs が加わることで，「過去」「現在」「未来」という軸に変化することができる。「未来」が加わることで，「現在」の認識が変わる。めざす目標と「現在」を照らし合わせることで，「現在」の課題が明らかになるだろう。教育の目的も，未来のためにはどうすればよいかという方向性になり，公害は過去の問題で，すでに解決したものと受け止めることはなくなるはずだ。

　SDGs という，世界共通のめざすべき目標があるということは，公害教育にとって好ましい状況である。公害はいろいろな立場の人たちの視点や意見があり，対立構造になりやすい。視点や意見にちがいがあるとしても，未来の目標が共通していれば，対立から一歩踏み出して協働することができる。SDGs は公害問題がもつ膠着状態を改善する可能性をもっているのである。この方向性は，日本だけではなく，世界にも通用するものである。

［林　美帆］

本章を深めるための課題

1. 現在に残された公害の課題を調べてみよう。
2. 市民として声を上げるには，どのような方法が有効であるか，議論してみよう。
3. 対立する立場の人々が対話できるようになるためには，どのようなことが必要か，考えてみよう。

注
(1) 牛山積『現代の公害法第二版』勁草書房，1991 年，19 頁
(2) 自動車の大気汚染問題が改善されないままでの公害地域指定解除に対して，全国公害患者連合会は反対運動を展開し，国会での審議において，「主要幹線道路沿道等の局地的汚染については，その健康影響に関する科学的知見が十分でない現状にかんがみ，調査研究を早急に推進すること」と附帯決議に記載させ，2005 年度より環境省に幹線道路沿道における局地的大気汚染と呼吸器疾患との関係について解明するため，2005 年度から幹線道路住民を対象とした大規模な疫学調査「局地的大気汚染の健康影響に

関する疫学調査—そら（SORA）プロジェクト—」を実施させた。2013 年の結果発表では学童の自動車排出ガスへの曝露とぜん息発症との間に関連性が認められることが指摘されたが，それ以降の被害者救済について対策は講じられていない http://www.env.go.jp/press/press.php?serial=13826（2017 年 4 月 1 日最終閲覧）。

(3)「第 4 回公害資料館連携フォーラム報告書」77 頁

(4)「第 3 回公害資料館連携フォーラム報告書」127 頁

(5)「第 4 回公害資料館連携フォーラム報告書」74-75 頁。もやい直しとは，水俣市が行った水俣病の発生などにより損なわれた市民の絆をつなぎ直すこと。「もやい直し」の「もやい」とは舟と舟をつなぎとめることをさす。「環境モデル都市」ももやい直しの 1 つ。

(6) 公害地域の今を伝えるスタディツアーの詳細は http://www.studytour.jpn.org/ を参照。林美帆「公害地域の『今』を伝えるスタディツアーが公害教育にもたらしたもの」『開発教育』63 号，開発教育協会，2016 年

(7)「中国環境 NGO のリーダー李力さんインタビュー」『りべら』143 号，公益財団法人公害地域再生センター，2017 年

(8) 水俣市教育委員会『水俣市環境学習資料集』2011 年

(9) 中学校 3 年生の学級活動「『水俣病の教訓を生かす』生き方について考えよう」で，「教訓を生かす」ことがどういうことかを考える時の指導上の留意点として「水俣病を負の遺産として終わらせず，『教訓』として前向きにとらえることの大切さを伝える」とある。前向きになれるものとしての「環境モデル都市」があげられている。

(10) 井上有一「環境教育の『底ぬき』を図る」井上有一・今村光章編『環境教育　社会的公正と存在の豊かさを求めて』法律文化社，2012 年，24-25 頁

(11) SDGs の訳文は，外務省訳文から引用

参考文献

宮本憲一『戦後日本公害史論』岩波書店，2014 年

小田康徳編『公害・環境問題史を学ぶ人のために』世界思想社，2008 年

除本理史・林美帆編著『西淀川公害の 40 年』ミネルヴァ書房，2013 年

「環境再生保全機構　記録で見る大気汚染と裁判ホームページ」http://nihon-taikiosen.erca.go.jp/taiki/（2017 年 5 月 17 日最終閲覧）

「公害地域の今を伝えるスタディツアーホームページ」http://www.studytour.jpn.org/（2017 年 5 月 17 日最終閲覧）

「グリーンアクセスプロジェクト　オーフス条約とは」http://greenaccess.law.osaka-u.ac.jp/aarhus（2017 年 5 月 17 日最終閲覧）

「公害資料館ネットワーク」http://kougai.info/（2017 年 7 月 3 日最終閲覧）

第4章
グローバルな文脈における自然保護教育の展開

KeyWords

☐国際環境ＮＧＯ ☐持続可能な利用 ☐野生生物取引 ☐絶滅危惧種 ☐ワシント
ン条約 ☐種の保存法 ☐密猟 ☐違法取引 ☐需要 ☐消費者意識

　私たちは自然の恩恵を受けて生活している。日本での普段の生活ではあまり意
識することはないが，毎日の食事，家屋・家具，化粧品など野生生物の恩恵にあ
ずからない日はないといってよいだろう。野生生物を持続的に利用できるように
することは，私たち人間がこの先も生きていけるようにすることにほかならない。
しかし，人間による過剰な利用が多くの野生生物を絶滅の危機に追いやっている。
　この章では，野生生物取引の現状とその課題の解決に市民の啓発と行動変容は
どう貢献するのか，具体的な例をあげながら考えていく。

1　国際環境 NGO・WWF と SDGs

　開発アジェンダである MDGs から開発・環境アジェンダである SDGs へと
その対象と目標（ゴール）の範囲が拡大したことに伴い，目標（ゴール）に向け
た取り組みに関与する関係団体の数は増大し，関与の程度も深化した。世界最
大級の環境保全 NGO である World Wide Fund For Nature（WWF：世界自然
保護基金）もそうした団体の１つである。WWF は，1961 年に世界の野生生物
を守ることをめざし，World Wildlife Fund（世界野生生物基金）としてスイスを
拠点に発足した。その後，活動の規模と範囲を広げ，地球環境の保全と持続可
能な社会の実現を活動のテーマに据え，団体の名称は現在の「世界自然保護基
金」へと変更された。「野生生物のために環境保全を始めた WWF は，その取
り組みが人間自身の未来のためのものでもあることを，より強く意識するよう
になった」ことを示す転換点といえる。現在は，50 カ国以上に拠点をおき，
100 カ国を超える国々で，森林，海洋，野生生物，食糧，気候変動とエネルギー，

56　第 1 部　環境教育とは何か

自然の恵み（生態系サービス）		
衣食住	医 療	文化・芸術
シルク，綿等の天然繊維の衣類 穀物・野菜・肉や魚介類等の食料 木材などの建材，薪，炭等燃料 etc.	動植物の成分による医薬品 遺伝子研究による最先端医学 　　etc.	地域の自然と一体になった伝統文化 自然美に触発された絵画，写真 自然に癒されるアウトドア体験 etc.
環境・防災		産業・経済
CO$_2$を呼吸し，酸素を生み出す植物 飲料水の確保や災害の軽減に役立つ森林 津波の被害を軽減するサンゴ礁 etc.		農業・林業・水産業 エコツーリズムなどの観光産業 　　etc.

図 4-1　生態系サービス

出典：外務省

そして淡水の6つの分野と分野横断的な金融，市場およびガバナンスという3つドライバーを主眼においた活動を実施している。

　なお，WWF は，MDGs において目標（ゴール）の1つとして設定されていた「環境の持続可能性確保」に対する国際的な動きが不十分であるとして，ポスト2015に向け積極的に働きかけを行った。

2 野生生物犯罪―密猟と違法取引

　国連薬物犯罪事務所（UNODC）は，野生生物犯罪を"国内法や国際法に違反して，動植物（動物，鳥，魚，植物，木）を採取，取引，輸出入，処理，所持，取得，消費すること"と定義する。野生生物犯罪は，年間2兆円規模ともいわれ，麻薬，銃器，偽ブランド品，人身売買と並ぶ五大違法取引の1つに数えられる。野生生物に関する犯罪が組織化され，規模が大きくなっていることは，近年の押収量が増大していることからも明らかである。たとえば，図 4-2 は象牙の押収量の推移を示したものである。全体の押収量の増加も大きいが，一回の押収が100kg を超える事例の割合が拡大していることが注目される。こうした大規模な密輸は個人ができるものではない。武装したレンジャーに守られているゾウを捕殺し，象牙を切り取り，集積場所へ運び，偽装して海外の目的

第4章　グローバルな文脈における自然保護教育の展開　57

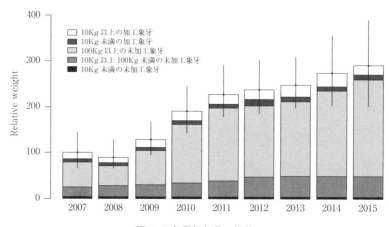

図 4-2 象牙押収量の推移

出典：CITES CoP17 Doc.57.6（Rev.1）Addendum ETIS データ
注：2007 年の押収量を 100 としたときの年ごとの形態・重量別相対値を示す。縦棒は 90％信頼水準。

地に向け輸送するためには，装備や輸送手段を確保するための資金や人員，密輸ルートを開拓する情報とコネクションが必要不可欠であり，シンジケートの存在は疑いようもない。シンジケートは，取り締まりが強化されると次々にルートを変えてより需要の高い消費国へと象牙を送り続けている（図4-3）。そして，密猟・密輸によって得られた利益は，別の違法行為や武器の購入に回され，一層の非合法勢力の拡大と治安の悪化を招くという悪循環に陥っている。今や，野生生物犯罪は環境問題ではなく安全保障や経済の重大な問題なのである。こうした認識の高まりは，2015 年に国連総会で初めて違法な野生生物取引の根絶に向けた決議「Tackling the illicit trafficking in wildlife（野生生物の違法取引への取り組み）」が採択された事実に反映されている。

(1) 国際社会と野生生物犯罪

犯罪の対象となるのはゾウに限ったことではない。角が滋養強壮や薬として高価で取引されているサイ，高級建材・家具の原材料であるローズウッドや香料に使用される沈香などの樹木，身肉は食用にウロコは伝統薬に使用されるセンザンコウ，日本でも需要の高いウナギ，ペットとして人気が高いリクガメな

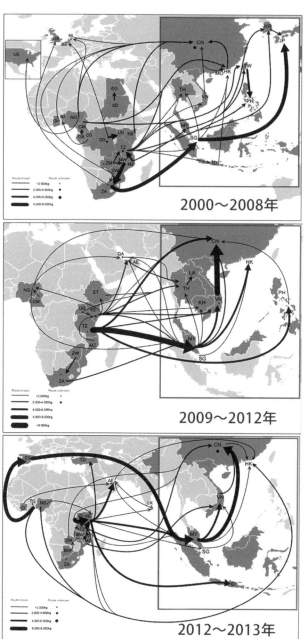

図 4-3 変化・複雑化する
象牙の密輸ルート

出典：CITES SC65 Doc.42.1
ETIS データ
注：押収事例から示された象牙の違法取引ルート。矢印線の太さは押収量を表す。

第4章 グローバルな文脈における自然保護教育の展開　59

どの爬虫類やオウムなどの鳥類と世界中の多岐にわたる野生生物がそのターゲットにされている。

　野生生物を過度な国際取引から守ることを目標とする「絶滅のおそれのある野生動植物の種の国際取引に関する条約（Convention on International Trade in Endangered Species of Wild Fauna and Flora；CITES またはワシントン条約）」において，当然，野生生物犯罪の撲滅は主要な課題である。生息国における密猟／漁，違法伐採，違法採集および違法取引の防止は，最も直接的な対策であるが，近年，中継国や消費国を含めたより多面的な取り組みが不可欠と認識されている。たとえば，取り締まりを強化し，密猟者を捕えたとしても，司法の力が弱くその行為に見合った罰則を与えることができなければ，密猟者は再び同じことをするかもしれない。違法に取引された野生生物製品を押収したとしても，警察官が賄賂に応じて押収品をブローカーに渡してしまえば，その製品は闇市場に流れてしまうだろう。これらを防ぐためには，ガバナンスの強化がなされなくてはならない。条約の意思決定機関である締約国会議は 2 〜 3 年に一度開催される。2016 年 9 月の第 17 回締約国会議では，汚職・政治的腐敗への対策や需要削減の必要性がクローズアップされ，それぞれに関する決議が採択された。需要削減についての決議では，「違法な製品への需要を削減する」ことの重要性が強調された。そして締約国に対しては，適切に対象を絞り，根拠を明らかにしたうえで，違法に獲られ取引された野生生物製品の利用に対し，消費者の行動を変えるよう求める。決議自体には法的拘束力はないため，条約の合意事項として締約国の自主的な取り組みがなされる必要がある。

　需要の高い野生生物は取引目的の密猟／漁・乱獲によってその生存を脅かされるが，同時にその生息地に住む人々も大きな不利益を被っている。世界には，野生生物を食料として，燃料として，そして薬として経験に基づく持続的な方法で利用している人々がいる。また，消費的利用以外にもエコツーリズムなど野生生物の存在が収入源となっている地域の住民がいる。密猟はそうした人々の資源を奪うことを意味する。

　UNODC 事務局長ユーリ・フェドートフは，「密猟と野生生物の不法取引は，地域社会，環境，治安に壊滅的な影響を及ぼします。…犯罪者は地域の暮らし

を破壊し，脆弱な生態系を乱し，社会的，経済的開発を妨げます。暴力と腐敗を助長し，法の支配を弱体化させます。また，野生生物犯罪は世代を超えた犯罪であり，現在の違反行為はこの美しい惑星の遺産が次世代に受け継がれることを拒否する行為であると認識するよう，私は国際社会に強く求めます。これはすべての人々を貧困化する行為です」と語っている。

(2) WWF の取り組み

WWF が行う活動の1つに Wildlife Crime Initiative（WCI；野生生物犯罪イニシアチブ）がある。これは，近年，著しく悪化増大している野生生物の密猟・違法取引に対処するため，WWF と野生生物取引の監視・調査を行う NGO であるTRAFFIC が共同で実施している活動で，2024 年までにターゲットとする種，すなわち，ゾウ，サイ，トラ，アフリカの大型霊長類，アオウミガメおよびタイマイ（2015 年現在）への野生生物犯罪の影響を半減させることを目標としている。野生生物犯罪のすべての段階，すなわち密猟，違法取引そしてそうした野生生物製品の消費に対して働きかけることに加え，国レベルおよび国際レベルでの政策の強化も求めることで確実な成果を狙うものである（図 4-4）。

①STOP THE BUYING

WCI の活動の柱の一本である "STOP THE BUYING" の主役は，消費者であるところの一般市民である。犯罪者が捕まる危険を冒して密猟・違法取引を行うのは，その商品が高値で売れるからである。逆にいえば，違法な野生生物製品を消費者が購入しないのであれば，犯罪の動機は減少するはずである。この活動では，違法な野生生物製品に対する購買意欲を削減し，消費者の行動を変容させることをめざす。

とくに経済規模世界第2位であり，国民の購買力が上昇している中国，富裕層・中間層の拡大著しいベトナム，そして 2013 年当時，世界最大の象牙取引の無法地帯の1つとされていたタイの3カ国を重要な市場と位置づけて，これらの市場で 2018 年までに対象とする野生生物製品への需要を3分の1以下にする目標を掲げている（表 4-1）。

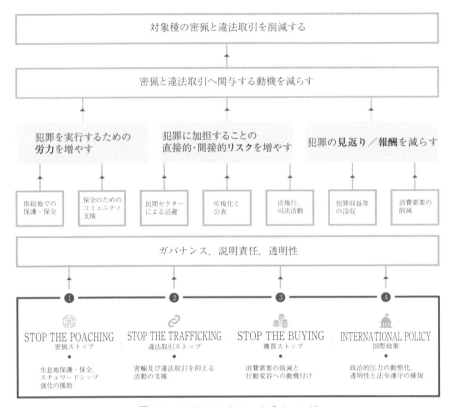

図 4-4　WCI のセオリーオブチェンジ

出典：©TEXT 2015 WWF AND TRAFFIC を筆者翻訳

② "Strength of Chi" キャンペーン

犀角（サイの角）は，ワシントン条約の発効当時から商業目的の取引が禁止されている。しかし，とくにベトナムにおいてガンの特効薬，二日酔い防止，滋養強壮剤，またステイタスシンボルとして需要が過去10年ほどで急騰している。需要の急増は，最大のサイの生息国である南アフリカ共和国において2014年に，2003年比9300％増という異常な密猟頭数の増加をもたらした（図4-5）。そもそも数万頭しか生息していないサイにとって毎年1000頭以上が殺されるのは，きわめて危機的である。限られた供給に対する高い需要は価格の

62　第1部　環境教育とは何か

表 4-1　STOP THE BUYING の主要対象国と野生生物製品

対象国	対象となる野生生物製品
中　国	象牙，ウミガメの甲羅，犀角（サイの角）およびトラの部位
ベトナム	犀角
タ　イ	象牙

高騰を招き，犀角は今や金よりも高価といわれる。こうした状況は，野生のサイのみならず，生息地外の動物園のサイが密猟されるという事件まで引き起こしている。2015 年は前年より減少しているが，近隣国での密猟数が増加しており，アフリカ全体では 1300 頭を超えたと推定される。2017 年 3 月現在，2016 年の近隣国のデータは示されていない。

"Strength of Chi（意志の強さ）"は，TRAFFIC がサイの保護を行っている NGO である Save the Rhino International とともに 2014 年のサイの日（9 月 22 日）からベトナムで実施している消費者の行動変容キャンペーンである。事前に行われた消費者調査により，犀角の主な消費者は，都市に住む，35～50 歳の男性で社会的地位も高く，犀角の薬効を期待するというより，ステイタスシンボルとして心理的な動機で購入していることが明らかになった。この層をターゲットとして従来の手法とは異なるアプローチをとった点が注目に値する。

通常の野生生物の保全に関するキャンペーンでは，野生の生き物が殺される写真や生息地を奪われる現状を取り上げて，市民に「かわいそう」「なんとかしなくちゃ」という気持ちを起こさせて，消費や選択行動の変化を促す。Chi キャンペーンでは，「自身の内なる強さをもって成功を得ることがすばらしい」「強い男は犀角などには頼る必要ない」という，ポジティブなメッ

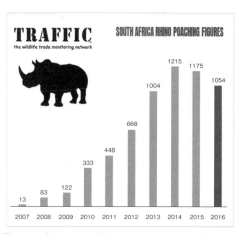

図 4-5　南アフリカ共和国におけるサイの密猟頭数
©TRAFFIC

セージを送り，「犀角の購入・使用はカッコ悪い」とイメージを変換させる（図4-6）。具体的には，ターゲット層に対するダイレクトメール送付，空港でのポスター掲示や動画放映，飛行機のビジネスクラス利用者への情報提供などである。これらは，ベトナムの伝統的な"Chi（意志）"の強さを重視する考えを利用したものである。

図4-6　キャンペーンイメージ「男らしさは内側から」
©TRAFFIC

"Chi"キャンペーン開始への反響は大きく，ウェブサイト開設から最初の6週間だけで，1500万件の訪問があった。上記の視覚的なメッセージを用いた啓発の働き掛けに加え，サイクリングイベントなどさまざまな手法を用いて，気づきと行動変容を促している。

③ "Wildlife conservation around you" キャンペーン

オンラインを利用した野生生物取引は，その情報伝達力と匿名性から違法なものも多く，大きな問題となっている。7億人以上と世界最大のインターネット利用者人口を誇る中国では，国内法で保護対象となっている野生生物のオンライン取引が規制されているにもかかわらず，非常に多くの違法取引が行われている。2014年に国際動物福祉基金（International Fund for Animal Welfare：IFAW）が16カ国を対象に実施した調査では，野生生物に関するオンライン広告の56％が中国のサイトに掲載されていた。

TRAFFICは，中国のインターネット市場でシェア80％を占めるアリババグループと協力して，ネットユーザーに対するキャンペーンを実施した。200以上のオンラインの小売業者が違法な野生生物取引に対してゼロ・トレランス（決して許容しない）という姿勢を明らかにし，またネットユーザー向けバナー広告を掲載して普及啓発を行ったものである。2015年4月に実施されたこのキャンペーンでは，50万件の閲覧と23万件のリツイートがなされた（図4-7）。

インターネット企業との連携の輪は広がり，2017年3月3日の世界野生生物の日には，大手3企業（Baidu, Alibaba, Tencent）がともに野生生物の違法取引と闘うとして，提携を組み，誓約書を公表した。3社のうちの1社であるTencentは，中国国

図 4-7　"Wildlife conservation around you" キャンペーン
出典：https://www.1688.com/

内で広く使用されている自社のSNSサービス，WechatおよびQQ上での啓発メッセージの発信や違法と思われる野生生物製品広告の通報システムなどを整備した。また，2016年秋の第17回ワシントン条約締約国会議では，中国政府やNGOとともにサイドイベントを主催するなど違法な野生生物オンライン取引をなくすべく積極的に活動しており，今後の成果が期待される。

④ "Chor Chang" キャンペーン

ゾウは，アフリカゾウとアジアゾウの2種に分類されている（アフリカゾウの亜種であるシンリンゾウを別種とする分類学者もいる）。いずれも絶滅のおそれがあり，現在，ワシントン条約で国際取引は原則禁止されている。アジアゾウの生息国であるタイは，古くから装飾品や装身具の材料として象牙を利用しており，国内に市場を有する。しかし，国内での取引は実質的に無規制であったことから，密猟されたアフリカゾウの象牙が大量に持ち込まれ，公然と販売されていた（表4-2）。こうした無規制市場の存在は，2009年以降急増しているアフリカゾウの密猟を助長するものとして，非難を浴びた。とくに2013年にワシントン条約締約国会議がバンコクで開催された際には，主催国として高いコミットメントが求められた。インラック首相（当時）は，これに応え，象牙の国内の取引を禁止する方向を打ち出した。

タイの国内規制強化と同じタイミングで行われたのが "Chor Chang" キャンペーンである。これは，タイ語のアルファベットを学ぶ際に誰もが耳にする

第4章　グローバルな文脈における自然保護教育の展開　65

表4-2　象牙の国内市場規模上位10カ国（2013年）

国	市場動向	違法レベル
1. 中国・香港	上昇	高い
2. 米国	安定	中程度
3. タイ	低下	高い
4. エジプト	低下	高い
5. ドイツ	安定	低い
6. ナイジェリア	上昇	高い
7. ジンバブエ	低下(?)	低い
8. スーダン	上昇	高い
9. エチオピア	安定	高い
10. 日本	低下	低い

出典：UNEP, Elephant in the Dust, 2013

図4-8　タイ王国軍次席広報官と有名女優の投稿
ⓒ WWF Thailand

フレーズで，「ぞうさんの"ぞ"」というようなものである。タイの象牙市場の存在がアフリカゾウの密猟と大きく関係していることを啓発する目的で若者を中心としたSNSユーザーを主な対象に行われたものである。キャンペーン参加者は，自身の名前，場所，看板などの記載から"Chor（ช）"の字を隠して写真をとり，ハッシュタグを付けてSNSに投稿したり，WWFの特設サイトに投稿したりしてゾウを守りたいというメッセージを伝える（図4-8）。著名人，芸術家，政府関係者やテレビ局の参加を得て，130万人もの賛同者を得，フェイスブックでは，500万のリーチ（表示回数）が記録された。国内規制の一環として創設された所持登録制度では，4万4000件，計220tの象牙製品の登録がなされたが，キャンペーンは新制度の周知におおいに貢献したと考えられる。

(3) 野生生物取引に関する普及啓発

　例をあげた3つのキャンペーンは，いずれもアジア地域における過剰な，そして時に違法な需要を削減する目的で行われたものである。しかしながら，需要は，単一の要因により変化することはまれである。北出ら（Kitade&Toko 2016）は，日本における象牙および犀角の需要が縮小した要因として，国際社会の圧力，景気の変動，社会構造の変化，社会保障制度の変化やマスメディア

および著名人による情報発信をあげている。したがって，WWF・TRAFFIC
では，綿密な調査を行うことで対象者を絞り，その対象者が最も受け取りやす
く，信頼する方法で啓発を行う"Targeted messaging"を意識している。また，
直接的な情報伝達に加え，メディアやインフルエンサー（影響力の大きい人など）
を適切に活用することが不可欠である。インターネットの普及で相対的な価値
が低下しているといわれるマスメディアであるが，一般市民への影響力は決し
て小さくない。また，人気スポーツ選手や歌手の発言が社会的に大きな動きに
なることも珍しいことではない。タイにおける事例でも，テレビ番組で取り上
げられ，著名人が参加したことで一層拡散した。こうした働き掛けの成果は，
2018年のWCIの報告によって示される予定である。

　消費という誰にでも関係する行為が密接にかかわる野生生物取引を，野生生
物の脅威にならない持続可能なレベルに保ちつづけることは容易ではないが，
SDGsの目標である海のゆたかさ（目標14）および陸のゆたかさ（目標15）を達
成するためには，持続的な消費形態の確立は絶対条件である。世界中のすべて
の人々が野生生物と共存できる未来をめざすよう社会を変えていくためには，
教育機関，政府，メディアそしてNGOをはじめとする市民団体が目標17に
掲げられているグローバルパートナーシップの重要性を認識し，協力して行動
変容につながる普及啓発を行いつづける必要がある。

［若尾 慶子］

本章を深めるための課題

1. 日本の消費が野生生物の生息に影響を与えている事例を探し，消費の形態，消費者層とその動機を調べてみよう。
2. SDGsでは，複数の目標で野生生物の持続的な利用がうたわれている。いっぽう，愛護的な視点から野生生物の利用自体を否定する声もある。大型哺乳類と水産利用される魚類を例に自分の考えを整理してみよう。

参考文献

外務省ウェブサイト http://www.mofa.go.jp/mofaj/press/pr/wakaru/topics/vol46/（2017
　年4月14日最終閲覧）

WWF (2015) Position Paper-Securing Our Future, http://wwf.panda.org/what_we_do/how_we_work/policy/post_2015/ (2017 年 4 月 2 日最終閲覧)

United Nations (2015) A/RES/69/314 Tackling illicit trafficking in wildlife, http://www.un.org/ga/search/view-doc.asp?symbol=A/RES/69/314 (2017 年 6 月 30 日閲覧)

Addendum to The Report on the Elephant Trade Information System (ETIS), https://cites.org/sites/default/files/eng/cop/17/WorkingDocs/E-CoP17-57-06-R1-Add.pdf (2017 年 4 月 3 日最終閲覧)

Elephant Conservation, Illegal Killing and Ivory Trade, https://cites.org/sites/default/files/eng/com/sc/65/E-SC65-42-01_2.pdf (2017 年 4 月 3 日最終閲覧)

CITES (2016) Res. Conf. 17-4 Demand reduction strategies to combat illegal trade in CITES-listed species, https://cites.org/sites/default/files/document/E-Res-17-04.pdf (2017 年 4 月 3 日最終閲覧)

World Wildlife Crime Report, http://www.unodc.org/documents/data-and-analysis/wildlife/World_Wildlife_Crime_Report_2016_final.pdf (2017 年 4 月 3 日最終閲覧)

McLellan, E.; Allan, C. (2015). Wildlife Crime Initiative Annual Update 2015. WWF and TRAFFIC, Gland, Switzerland

TRAFFIC (2016)「野 生 生 物 ニ ュ ー ス」http://www.trafficj.org/press/animal/n160930news.html (2017 年 4 月 3 日最終閲覧)

AFPBB (2017)「仏動物園に密猟者，シロサイ殺し角奪う『前代未聞』の事件に衝撃」http://www.afpbb.com/articles/-/3120526 (2017 年 4 月 3 日最終閲覧)

TRAFFIC (2013), Rhino Horn Consumers, Who are they? ,http://www.traffic.org/general-pdfs/Consumers_factsheet_FINAL.pdf (2017 年 4 月 3 日最終閲覧)

IFAW (2014) Wanted-Dead or Alive: Exposing Online Wildlife Trade,http://www.ifaw.org/sites/default/files/IFAW-Wanted-Dead-or-Alive-Exposing-Online-Wildlife-Trade-2014.pdf (2017 年 4 月 3 日最終閲覧)

松本智美 (2015)「日本におけるインターネットでの象牙取引：現状と対策」"http://www.trafficj.org/publication/15_The_Ivory_Trade_on_Internet_in_Japan.pdf" (2017 年 6 月 30 日最終閲覧)

Xiao, Y. and Wang, J. (2015), Moving targets: Tracking online sales of illegal wildlife products in China http://www.trafficj.org/publication/15_briefing_China-monitoring-report.pdf (2017 年 4 月 3 日最終閲覧)

Krishnasamy, K. and Stoner, S. Trading Faces: A Rapid Assessment on the use of Facebook to Trade Wildlife in Peninsular, http://www.trafficj.org/publication/16_Trading_Faces.pdf (2017 年 4 月 3 日最終閲覧)

Kitade, T and Toko, A. (2016) SETTING SUNS: The Historical Decline of Ivory and Rhino Horn Markets in Japan "http://www.trafficj.org/publication/16_Setting_Suns.pdf" (2017 年 4 月 3 日最終閲覧)

UNEP, CITES, IUCN, TRAFFIC (2013) Elephants in the Dust - The African Elephant Crisis (「消えゆくゾウたち―アフリカゾウの危機」) http://www.trafficj.org/publication/15_Elephants_in_the_Dust_J.pdf (2017 年 4 月 3 日最終閲覧)

小西雅子 (2015)「環境報道における NGO とメディアとの相乗作用の考察」『公共政策志林』No.5，法政大学公共政策研究科

第2部
環境理論

第5章
MDGsからSDGsへの変革と
その実施に向けた課題

第6章
持続可能性についての考え方

第7章
開発問題とESD

第8章
持続可能な開発と国際協力

第5章
MDGs から SDGs への変革とその実施に向けた課題

KeyWords

□変革　□認知　□目標ベースのガバナンス　□緑の多元主義

　2015 年 9 月，2030 年までの達成をめざす「持続可能な開発のための 2030 ア
ジェンダ」の中核として 17 目標，169 ターゲットからなる SDGs が採択された。
その基本理念は，「誰一人取り残さない」ことであり，アジェンダのタイトルにも
あるように，「我々の世界を変革する」ことである。2017 年夏現在，変革の息吹
は少しずつ感じられる。日本政府は「SDGs 実施推進本部」を設置，総理大臣が
その長となることで，省庁横断的な仕組みのかたちはつくられた。実際には，そ
の中身はいまだ縦割り行政の寄せ集めの感は逃れないものの，制度枠組みが仮に
も存在し，今後行動に広がりをもたせる余地を残す「実施指針」が採択されてい
ることの意義は大きい。より重要なのは，企業や自治体が，創発的に関心を高め
ていることである。企業の報告書や事業において SDGs 関連の活動が増加しつつ
あるのは，そこに利益を見いだす主体が増えていることを表している。自治体も，
SDGs への関心が高まりつつある。こうした多くの主体は，SDGs に潜在する「機
会」に目を向けており，それが今後の「変革」につながる可能性も感じさせるも
のとなっている。

　いっぽうで，SDGs の認知度はというと，もともと持続可能性や環境の問題に
関心をもつ人々には知れ渡ってきてはいるものの，SDGs という言葉がなじみに
くいこともあり，依然として一般の認知度はそれほど高くないのが現状である。

　本章では，まず MDGs と SDGs の違いを考察することで，SDGs の「新しさ」
と「革新性」とを認識する。そのうえで，この「新しい」仕組みで「変革」する
ためには，何よりも SDGs の認知を高める必要があるという前提に立ち返り，
2016 年秋に慶應義塾大学蟹江研究室で行われた「キャンパス SDGs」と称する社
会実験の取り組みを紹介しながら，SDGs の認知度を高めるための，こうした活
動をきっかけとして，教育の現場に SDGs を取り入れることの意義を考えること
とする。

1 持続可能な開発目標（SDGs）とミレニアム開発目標（MDGs）との違い

　SDGs の重要な起源の１つが，ミレニアム開発目標（MDGs）である。その取り組みやアプローチについて，実務・研究両側面から分析がなされている。たとえば国連システムからは，いくつかの国々で貧困レベル等の改善，開発援助の増進，多様なステークホルダーの参加を促進したといった評価がある。また，先進国および途上国において人間の福祉の向上や貧困撲滅などの課題に対して，これまでにない衆目を集めたと評価するもの（Langford　2011）や，異なるセクター間におけるリンケージ（たとえば健康問題と水質・衛生問題，栄養問題など）を強化したとの評価もある（Vandermoortele　2011）。さらに，具体的な MDGs の達成状況に関しては，先進国や援助機関において政府開発援助（ODA）の増加をもたらし，いくつかの途上国で貧困撲滅などに関する政策の優先順位を上げたなどの評価がある（Moss 2010；Pollard et al.　2010；Manning　2010；Verdermoortele　2011）。

　しかし他方，各国や各目標の達成度のギャップ，グローバル目標と国内目標の相対的な違い，あるいは，先進国内の問題を軽視しているといった課題も指摘された。そもそも具体性に欠け，画一的な目安しか提供しておらず，各国や各目標の達成度におけるギャップがあるという指摘は傾聴に値する。また，MDGs は途上国への援助を対象として設定されたことから，ドナー優先型の活動となっており，受益者のニーズが包括的に考慮されていないといった問題点も指摘された（Summer　2009；Sepherd　2008）。さらには，目標自体の実現可能性の問題や衡平性の観点から途上国の実際のニーズに合っておらず，また実施メカニズムの欠如や国レベルでの対策とのつながりがないといった課題も明らかとなっている（Verdenmoortele　2009；Clemens et al.　2007；Saith　2006；勝間　2008）。とりわけ，地域別にみれば，サブサハラ・アフリカ地域においてはほとんどその成果が得られなかったという評価もある（Agwu　2011；Paterson　2010；Easterly　2009）。また，気候変動問題や途上国における人権問題，グッド・ガバナンスといった重要な課題を含んでいないという批判もあった（German Watch　2010；Vandemoortele and Delamonica　2010）。MDGs の経験における教

訓をもとに出された2015年以降の「ポストMDGs」に関する提言の重要な論点は，以下の4点にまとめられよう（Poku et al.　2011；Moss　2010；Vandemoortele　2011）。

1. グローバルなベンチマークを設定したうえで，ボトムアップで各国の状況に即した現実的で明確な目標を設定する。
2. 行為主体間の連携や役割の強化，とくに指標設定の際にローカルレベルの声をグローバルレベルに反映させるような仕組みを強化する。その際，とくに途上国の声を反映させる仕組みを構築する。
3. 気候変動問題や人権問題などの重要課題も含めたユニバーサルな目標を設定する。現行のMDGsの枠組みでは，気候変動，エネルギー安全保障，生物多様性の喪失，防災およびレジリエンス（対応力）の強化といった課題に十分対応できていない。
4. 中間（intermediate）目標を定め，目標達成の基準を明確化する。

　結果としてSDGsは，上記4以外の諸点を取り入れることになった。SDGsは，これまでにみられなかった新たなグローバル・ガバナンス戦略の要素が豊富に盛り込まれている（Kanie and Biermann　2017）。それは，気候変動枠組条約や生物多様性条約といった，従来主流であった条約を中心とするさまざまな国際ルールの集積としての「国際レジーム」形成に基づく国際合意形成とは大きく性格を異にする。条約の下での合意は実施メカニズムが細かく決められるのに対し，SDGsは法的に定められた実施メカニズムをもたないし，そもそも目標自体に拘束力はない。また，前者は各国の法的事項の調整のための国際交渉に多くの時間が割かれるのに対し，目標によるガバナンスは国際社会全体としての野心レベルを示すための「ポジティブリスト」作成が最重要課題になる。そのためには科学的知見の貢献も重要であり，SDGs作成過程では，交渉期間の半分以上が科学者や専門家による「講義」と質問に費やされた。

　これまでこうしたアプローチは，「ミレニアム開発目標」のように，国際開発やそのなかでの特定課題へ向けた関心を向上させるため，発展途上国の開発問題のように限定的に使用されることはあったものの，それが普遍的に適用されるガバナンス戦略として使用されるのは，SDGsが初めてである。

72　第2部　環境理論

2 持続可能な開発目標（SDGs）とは

　SDGs は，貧困や保健などの開発に関する目標と，国内外の不平等の是正，エネルギーアクセス，気候変動の対策，生態系の保護，持続可能な消費と生産などをあわせた，合計 17 の目標から成り立っている。国連での議論当初から，17 という目標の数の多さは，SDGs の前身でもあるミレニアム開発目標（MDGs）の 8 目標と比べて多すぎるため，覚えきれないし，意味がないという批判もあったものの，他方で，課題を包括的に含む普遍的目標としての価値を見いだす論調もみられるものであった。

　構成については，MDGs と同様「目標，ターゲット，指標」という三層構造をもつ。発展途上国を主な対象としていた MDGs とは異なり，SDGs は普遍的に先進国を含むすべての国を対象としており，環境，社会，経済の 3 つの側面が統合されたかたちで達成されるべきことを強調している。その大きな特徴は，3 つの側面それぞれが不可分である性質をもつこと，目標の 1 つひとつがほかの目標分野とリンクしていることがとくに強調されている点である。リオ＋20 のころから，国連の文脈ではこれらの点が主張されてきていたが，それが SDGs という 1 つのかたちに結実したといってよい。

　2030 アジェンダは，目標の具体的な実施に関して，グローバルレベルで設定された SDGs をふまえつつ，各国政府が国内の状況や優先順位に鑑みて国内でのターゲット定めることを求めており，各国政府がグローバルなターゲットを具体的な国家戦略プロセスや政策，戦略に反映していくことを想定している。すなわち，すべての国が同一の手法で実施するのではなく，それぞれの国が異なったアプローチやビジョン，利用可能な手段があることを認識することで，多様性を尊重しているわけである。この点は，2030 アジェンダや SDGs を通じた重要な認識として一貫している。もはやトップダウンで実施するのではなく，めざすところは同じでも，そのやり方は多様であることを重視しているわけである。

　したがって，政府，市民社会，民間セクター，国連機関などの主体によるパートナーシップなしでは SDGs が達成できないことも強調されている。これに

より，知識，専門的知見，技術および資金源を動員することがめざされているのである。

このように，多元的に大きな目標へ向かって進むことを筆者らの研究グループでは「緑の多元主義 (green pluralism)」と呼んでいるが (Kanie *et al.* 2013)，SDGs はまさに緑の多元主義をすべての分野で実現するためのツールだといっても過言ではなかろう。

SDGs の進捗状況をはかる指標については，2030 アジェンダのなかには含まれていないが，SDGs 指標に関する機関間専門家グループから提出される枠組みを国連統計委員会が合意したのち，国連経済社会理事会および総会で採択される予定である。この国連で合意されるグローバルな指標によって進捗は図られ，各国や地域レベルで策定される指標によって補完されることとなる。2030 アジェンダは，各国のイニシアティブのもと，各国における SDGs の進捗をデータに基づき定期的で包括的なレビューを行うことを求めており，各国のレビュー成果が地域およびグローバルレベルでのレビューの土台となる。

このような自立分散協調による実現が SDGs の重要な側面となっていることを考えると，その認知がまず第一に重要な課題となる。

3 キャンパス SDGs の試み

上述した問題意識のもと，蟹江研究室では，2016 年 10 月 18 日～11 月 8 日までの期間に学生を対象として，SDGs の認知度の変化を測定すべく，慶應義塾大学湘南藤沢キャンパス (SFC) に在籍している学生を対象として「キャンパス SDGs プロジェクト」を実施した。その概要は以下の表 5-1 のとおりである。なお，以下キャンパス SDGs の記述に関しては，研究室学生のリーダーとしてこのプロジェクト実施の中心となり，最終的にその成果を卒業論文としてまとめた小池航正君の業績によるところが大きい。

表 5-1 「キャンパス SDGs プロジェクト」概要

実施期間	2016 年 10 月 18 日（火）〜2016 年 11 月 8 日（火）
主催共催	主催：慶應義塾大学 SFC 蟹江研究室 　　　慶應義塾国連アカデミックインパクト 協賛：伊藤園 後援：国連広報センター
目　的	SDGs を説明するステッカーやポスター，生協食堂のサイネージによる映像等を通して SDGs の認知向上に努め，合わせて理解の深化度や行動変化等の変化を測定する。
手　法	SDGs の目標やターゲットに関係のあるキャンパス内施設や学生が多く集まる場所などに，SDGs に関する 100 種類のステッカーを貼付。生協食堂のサイネージには，国連広報センターによる同目標の広報映像を流す。また，insta-gram などの SNS を用いて，キャンパス SDGs に関する情報をプロジェクト実施期間中，毎日発信する。こうした活動の前後にアンケート調査を行うことでプロジェクトがどのように SDGs の認知に繋がったのかインパクトを測る。
対　象	SFC の全学生と教員約 5000 人　（アンケートの対象者は，200 名程度）
実施場所	①目標・ターゲットと関連する場所 （例） ✓　2.1. 飢餓の撲滅→食堂 ✓　6.2. 衛生施設→トイレ ✓　メディアセンター（図書館）の本棚 ②人が多く集まる場所 （例） ✓　教室の机（参考：大教室教室×5，小教室×60）（→図 3） ✓　メディアセンター（図書館）の机 ✓　生協食堂の机，柱，デジタル・サイネージ
貼付物	ステッカー 100 種，ポスター 1 種

出典：小池航正「キャンパス SDGs プロジェクトの課題と考察」2016 年度卒業論文

■実施手法

「キャンパス SDGs プロジェクト」による認知向上は，ステッカー，ポスター，デジタル・サイネージ，SNS の 4 つの手法で実施された。

（1）ステッカー

　キャンパス SDGs プロジェクトでは，100 種類のステッカー約 2500 枚を「慶應義塾大学湘南藤沢キャンパス」の建物全体に貼付した。

表 5-2　ステッカーデザイン構造図

上　段
国連が作成した SDGs の目標毎のアイコンを採用。

中段左	中段右
上段に描かれたアイコンの目標番号に連なる SDGs のターゲットの番号とその内容を記載。	中段左で記載したターゲットの内容に即した世界あるいは日本の現状を記載。現状のデータは，一時データを使用し，2016 年のデータを採用。
例）：target:1.1 　2030 年までに，現在 1 日 1.25 ドル未満で生活する人々と定義されている極度の貧困をあらゆる場所で終わらせる。	例）： 　世界では，1 日 1.25 ドル未満で生活している人々が約 7 億 500 万人いる。

下　段
協賛会社名とプロジェクト中に更新を続けていた instagram, facebook のアイコンを記載。

出典：表 5-1 と同じ

　ステッカー（図 5-1）の貼付は，①目標・ターゲットと関連する場所，②人が多く集まる場所の 2 種類に分けて行われた。貼付のイメージと場所（キャンパスマップ上）は図 5-2 のとおりである。

①目標・ターゲットと関連する場所

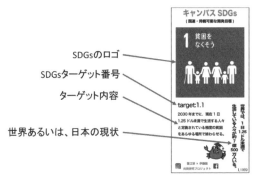

図 5-1　ステッカーデザイン

　たとえば，食堂には食料や食料廃棄物，トイレには水といったように，目標やターゲットに関連する場所に貼付した。

> 例）Target：12.4
> 　2020 年までに，合意された国際的な枠組みに従い，製品ライフスタイルを通じ，環境上適正な化学物質やすべての廃棄物の管理を実施し，人の健康や環境への悪影響を最小化するため，化学物質や廃棄物の大気，水，土壌への放出を大幅に削減する
> 　現状のデータ：日本での一般廃棄物発生量は約 4.5 万トン[1]

∥ 場所：校舎内のごみ箱

②人が多く集まる場所

　キャンパス SDGs プロジェクト自体の認知向上のため，ステッカーとその貼付場所に関連性をもたせず，キャンパス内で人が多く集まる場所（教室や図書館など）の机や椅子に貼付した。

　ステッカーは，事前アンケート実施後，2016 年 10 月 17 日 18 時以降から 18 日の第一限開始前の 9 時までの間，まさに夜討ち朝駆けで学生によってキャンパス内に貼られていった。

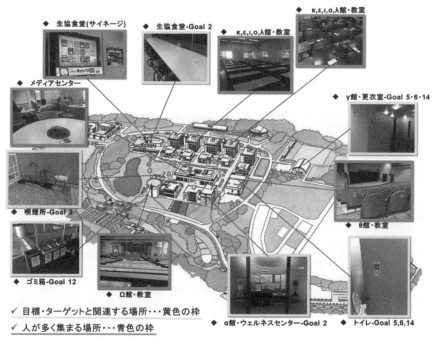

図 5-2　貼付イメージ図と貼付場所一覧

第 5 章　MDGs から SDGs への変革とその実施に向けた課題　77

表 5-3　ポスターデザイン

上　段		
SDGs のロゴ，ステッカー画像		
中　段		中段内容
SDGs の簡単な説明，ステッカー場所紹介		SDGs（国連・持続可能な開発目標，Sustainable Development Goals）とは，極度の貧困の撲滅など，世界の持続可能性のため 2030 年までに全世界で達成するべき 17 個の目標と 169 のターゲットです。あなたの関心のある分野もきっと含まれているはず！
下　段		
実施期間，主催，協賛など，SNS アイコン，検索ボタン		

出典：表 5-1 と同じ

(2)　ポスター（1 種類，約 20 枚）

ポスターは，1 種類，約 20 枚をキャンパス内の貼付可能な場所に貼付した（表 5-3）。

(3)　デジタル・サイネージ

プロジェクト期間中，国連広報センターの協力を得て，同センターによる SDGs の広報映像を生協食堂内のモニターに放映した（写真 5-1）。

写真 5-1　生協食堂のモニター

(4)　SNS (Instagram, twitter, Facebook)

SNS を利用し，学生が毎日 2 投稿を行った。インスタグラムの投稿内容をツイッターと Facebook にシェアするかたちで，これらの SNS が連動するようにし，実施した。その投稿内容は，①プロジェクト期間中の教室，ごみ箱，トイレなどにステッカーが貼られている写真，②SDGs の目標を 1 つずつ，ステッカーの画像を用い，目標の内容と現状データについての解説といったものであった。投稿はステッカーに興味をもった人向けに，SDGs についての知識

 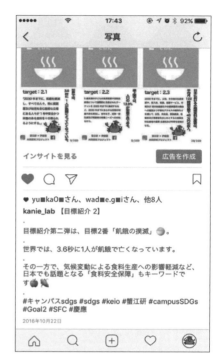

写真 5-2　SNS 投稿例　研究会所属以外の学生からの投稿もみられた

をさらに深めたり，キャンパス SDGs の詳細を知るためにアクセスすることを想定して発信していった。

実際には，プロジェクト期間中にステッカーが貼られている画像を研究会所属以外の学生が SNS 上に投稿するといった現象もみられたことから，SNS の利用には一定の効果があったことがうかがわれる。

■効果測定

「キャンパス SDGs プロジェクト」実施前後にアンケート調査を行い，効果を測定した。

①実施前の Web アンケート調査

実施前には，インターネットを用いた Web アンケート調査を行った。概要は以下のとおりであり，主な結果は図 5-3（左）のとおりであった。

第 5 章　MDGs から SDGs への変革とその実施に向けた課題　79

プロジェクト実施前には，82%（112人中91人）の学生がSDGsを知らないと回答している。

アンケート対象者

慶應義塾大学湘南藤沢キャンパスに在籍する蟹江研究会所属ではない学生205名（有効回答数：112名）

アンケート方法

Webアンケート（選択式，自由記述有）

アンケート内容

①属性（学籍番号，学年，性別，研究会，専攻分野）

②SDGsの認知（認知の有無，認知度合，認知媒体）

③個人の認識（個人の研究と関連する目標）

アンケート結果

図5-3参照

②終了後の事後調査アンケート

プロジェクト期間終了後には，2016年11月8日17時からステッカーを剥がすと同時に，翌日から事後調査アンケートを実施した。概要は下記のとおりであり，主な結果は図5-3（右）のとおりである。

アンケート対象者

慶應義塾大学湘南藤沢キャンパスに在籍する蟹江研究会所属ではない学生217名（有効回答数：217）

アンケート方法

Webアンケート（選択式，自由記述有）

アンケート内容

①属性（学籍番号，学年，性別，研究会，専攻分野）

②事前アンケート回答の有無

③SDGsの認知（認知の有無，認知度合，認知媒体）

④個人の認識（個人の研究と関連する目標）

80　第2部　環境理論

⑤「キャンパス SDGs プロジェクト」に関する質問（認知の有無，認知度合，場所，自由記述）

アンケート結果

図 5-3 参照

事後調査では，217 名（有効回答数 217）がアンケートに回答した（うち事前アンケート回答学生は 73 名（34.3%）。SDGs の認知に関しては，全体の 83% にあたる 182 名の学生が SDGs を知っていると回答し，内 120 名は校内に掲示されたステッカーにより SDGs を知ったと回答している。また，SDGs の詳細については，「国際的な取り決めである」あるいは「環境問題として」との回答が多数を占める一方，指標や「誰一人取り残さない」という理念まで認知している学生は，事前調査よりも増加したものの依然として限定されていた。また，ステッカーを見たあとに何かしらの行動に移した学生は 5 名であった。

アンケート結果を受け，さらに聞き取り調査を実施した学生によれば，なかには，「初日にステッカーを読んだものの，自分の研究や興味関心とは異なる内容だったため，それ以降目に止まったものの読むことはなかった」という学生もいたという。あるいは，ステッカーに掲載されているのと別のターゲットにも関心をもつ学生について，調べるきっかけがあれば調べたいと思ったが，それがなかったためそれ以上は調べなかったという回答があったという。こうした点は今後改善の余地があるといえよう。

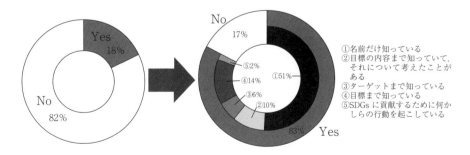

図 5-3　SDGs 認知度に関する事前と事後の変化

第 5 章　MDGs から SDGs への変革とその実施に向けた課題

4 SDGs実施へ向けた課題

　本章ではMDGsとSDGsとの相違を十分認識したうえで、SDGsの「新しさ」にはまずその認知を高めることから対応する必要があることから、「キャンパスSDGs」によるSDGsの実施の前提となる認知度向上についての課題をみてきた。キャンパスSDGsの結果をみるかぎり、SDGsのアイコン（図5-4）は一定の印象をみたものに残すことがわかり、そのことは、SDGsを知るきっかけを与えることができる。これは従来の国際目標にはみられなかったことであり、分散的実施をめざすSDGsにとっては1つの重要な利点である。そのことをいかに身近な行動や身近な関心に引きつけることができるか、そしてそのことを教育の現場やプログラムを通じて伝えることができるかは、今後の課題であろう。認知度向上に関しては、SDGsの広報に関する課題ではあるが、同時に、教育の課題でもある。

　目標4の教育に関するターゲット群は、認知向上の先にあるSDGs目標達成へ向けた実施方法を考えるにあたり、重要な柱となる。目標4に関する行動は、

図5-4　SDGsのアイコン

一度実施することになれば，多くのほかの目標とも関連してくる。その意味では，SDGs の真の意味を理解し，統合的実施にしっかりと目配りすることで，真の持続可能性を達成することが本質的には重要となる。しかし，本質的理解に及ぶためには，普遍的目標としての SDGs と，必ずしも普遍的課題とはなりえなかった MDGs との違いをふまえたうえで，すべての国のすべてのステークホルダーによる SDGs の理解促進という重要課題を達成する必要がある。残念ながら現状はそうした理解には程遠い。MDGs が SDGs の前身であるということは 1 つの事実ではあるが，本質的にこの両者は大きく違うということを理解しておく必要があるのである。

2019 年には国連総会のもとで，SDGs の実施状況のレビューを行うハイレベル政治フォーラム（HLPF）が実施されることになっているが，そのころまでに認知を向上し，制度枠組みも整えてスタートアップをし，その後，本格的な実施に入るというのが，SDGs 採択当初から多くの関係者が抱いていたロードマップである。そこまでの最低限かつ最重要の課題は，SDGs の認知度向上といってよい。そしてそれは，2030 年へ向けた教育の 1 つの重要課題であるという認識をもっておく必要がある。

「キャンパス SDGs」の試みは，一見すると，広報活動とそのインパクト評価にすぎないことのように捉えられるかもしれないが，SDGs の本質を考えたときには，それは重要な SDGs 教育なのである。

[蟹江 憲史]

本章を深めるための課題

1. 「持続可能な開発」とはどのようなことなのかをしっかりと考えながら，SDGs と MDGs の相違点はどこなのかを明らかにし，SDGs の本質はどこにあるのかをまとめてみよう。
2. 学術的に SDGs の本質を深めるために，ディシプリンを超えてステークホルダーとの協働を含めた知の創出をめざす「トランスディシプリナリティー（超学際）」研究のあり方を考えてみよう。

※本章の一部は，以下の論稿を書き換えたものである。蟹江憲史・小坂真理「SDGs 実施
　へ向けた展望」『季刊　環境研究』2016 年 3 月，No.181, pp.3-10 および，蟹江憲史「持
　続可能な開発目標とフューチャー・アース―トランスディシプリナリーな研究の試金石
　―」『環境研究』2013 年 7 月，No.170, pp.14-21。

注
(1) ごみ総排出量 4432 万トン（前年度は 4487 万トンであり，1.2 % 減となった）。

参考文献

Kanie, N. (2013) "Green Pluralism: Lessons for Improved Environmental Governance in
　the 21st Century" *Environment: Science and Policy for Sustainable Development*, Vol-
　ume 55, Issue 5, pp.14-30

Langford, M (2010) A poverty of rights: six ways to fix the MDGs, *IDS Bulletin* 41 (1)
　, 2010, pp.83-91.

Vandemoortele, J. (2011) If not the Millennium Development Goals, then what?, *Third
　World Quarterly* Vol.32, No.1, pp.9-25.

Moss, T. (2010) What Next for the Millennium Development Goals?, *Global Policy* Vol.1,
　Issue 2.

Pollard, A.; Sumner, A.; Polato-Lopes, M. and de Mauroy, A. (2010) What should come af-
　ter the Millennium Development Goals? Voices from the South. Presented at af-
　ter-dinner Roundtable discussion on 'The MDGs and Beyond 2015: ProPoor Policy in a
　Changing World' Wednesday 8 September, University of Manchester.

Manning, R. (2010) The Impact and Design of the MDGs: Some Reflections, *IDS Bulletin*
　Vol.41, Number 1 January.

Shepherd, A. (2008) Achieving the MDGs: The fundamentals, *ODI Briefing Paper* 43.
　London: ODI.

Sumner, A. (2009) Rethinking Development Policy: Beyond 2015, *The Broker* 14: 8-13,
　June.

Clements *et al.* (2007) The Trouble with the MDGs: Confronting Expectations of Aid
　and Development Success, *World Development* Vol.35, No.5, pp.735-751.

Saith, A. (2006), From Universal Values to Millennium Development Goals: Lost in
　Translation. *Development and Change* 37 (6) : 1167-1199

Agwu, F.A. (2011) Nigeria's Non-Attainment of the Millennium Development Goals and
　Its Implication for National Security. *The IUP Journal of International Relations* Vol.
　V, No.4.

Poku, N.K. and Jin Whitman (2011) The Millennium Development Goals and Develop-
　ment after 2015, *Third World Quarterly* Vol.32, No.1, pp.181-198.

German Watch (2010) *The Millennium Development Goals and Climate Change: Taking
　Stock and Looking Ahead.*

Vandemoortele, J. and Delamonica, E. (2010) Taking the MDGs Beyond 2015: Hasten
　Slowly, *IDS Bulletin* 41 (1) : 60-69.

Easterly, W. (2009) How the Millennium Development Goals are Unfair to Africa. *World*

Development Vol.37, No.1, pp.26-35.

Peterson, S.（2010）Rethinking the Millennium Development Goals for Africa. *HKS Faculty Research Working Paper* Series RWP10-046, John F. Kennedy School of Government, Harvard University

勝間靖（2008）「ミレニアム開発目標の現状と課題―サブサハラ・アフリカを中心として」『アジア太平洋討究』No.10

蟹江憲史（2015）「持続可能な開発目標（SDGs）：サステイナビリティへのクロスロード」季刊『環境研究』No.177，24－33頁

蟹江憲史・小坂真理（2016）「SDGs実施へ向けた展望」季刊『環境研究』No.181, 3-10頁

蟹江憲史編著（2017）「持続可能な開発目標とは何か：2030年へ向けた変革のアジェンダ」ミネルヴァ書房

第6章
持続可能性についての考え方

KeyWords

□人工資本　□人的資本　□自然資本　□強い持続可能性　□弱い持続可能性

　地球には，さまざまな環境問題が存在している。そして，その多くに対して，効果の有無は別にして，政策的な対応がなされている。もちろん，対応がなされていないものもあり，それにはそれぞれ理由がある。しかし，環境問題には，その強弱や，対応の早さに違いはあるが，何らかの対応がなされるのが普通であり，ときには，国際的な対応がとられることもある。

　こうした取り組みでは，何が目標とされるのだろうか。そんなことはいうまでもなく環境問題を解決することだろう，と思われることもあるかもしれない。それでは，なぜ環境問題を解決しなければならないのであろうか。この質問に答えるときに，必ず現れる言葉が，「持続可能性」あるいは「持続可能な開発（発展）」という言葉である。

　本章は，環境政策は何を目標とすべきか，また，どのように環境政策を考えなければならないかを，この持続可能性の概念を理解し，いくつかの具体的な環境問題に言及しながら述べていく。

1　なぜ環境問題は解決しなければならないのか─生態中心主義と人間中心主義

　まず，なぜ環境問題を解決しなければならないのかを考えてみよう。これには大別して2つの立場がある。1つは，どのような目的であれ地球環境が劣化することはよいことではなく，地球環境が損ねられる，いかなる行為に対しても反対するという考え方である。この考えでは，「地球環境の劣化は善くないことである」という理解が大前提である。

　この立場の代表的な考え方は，生態中心主義と呼ばれるものである。さらに

86　第2部　環境理論

は，ガイア主義と呼ばれるような，地球をガイアという，あたかも生物と非生物でつくられる1つの生命体であるかのようにみなす考え方もある。いずれにせよ，地球とそこに存在する生命の尊さを認識し，それを損なうような行動は認められないとする立場である。損なわれた地球環境に対しては，倫理的観点から速やかに改善することが求められるのである。

　もう1つの考え方は，対称的に，地球環境の劣化それ自体を問題にするのではなく，地球環境の劣化を通じた人間の状況が悪化することはよいことではないとする立場である。これは，人間中心主義と呼ばれる。この立場では，人間の福利に視点をおく。福利とは，人々の幸せさを表す言葉である。この立場では，地球環境の劣化が進んでも，人間の福利が向上するならば，原則的にはそれは悪いことではないと考えることができる。少なくとも，人間中心主義の観点からは，地球環境は，必ずしも守らなければならないものということではないのである。

　環境政策は，いずれか一方の立場を一貫してとるというものではない。たとえば，ある絶滅危惧種が実際に絶滅しても私たちの福利が大きく損なわれることはほとんどない場合でも，費用をかけてまで保護しようとするのは，地球倫理が反映されていることによる。いっぽうで，水質が工業排水で汚染されて，それを使用する人間に健康被害が生じている問題では，環境改善を行う理由は，そこに棲息する生物を守るよりも，この健康被害に対処するためである。明らかに人間の福利が重要視されている。

2 人間中心主義の拡張と世代間衡平性

　このように，多くの環境問題には，生態中心主義と人間中心主義の立場からの対応が考えられる。しかし，今日，政府が環境政策を導入し，継続していく根拠としては，人間中心主義に重きがおかれている。これは，現在のところは，当然ともいえることである。なぜなら，税金から保全費用を支出するうえでは，多くの納税者が納得のいく根拠が必要である。地球倫理に基づく根拠は，残念ながら，多くの支持を集めえないのが現状である。いっぽうで，人間社会への

第6章　持続可能性についての考え方　*87*

影響に基づく根拠は，生活に直結したものだけに，理解を得られやすい。

　さて，これまで人間中心主義という言葉を使ってきた。しかし，影響が及ぼされる人間がどの範囲の人々なのか，定めてはこなかった。もちろん，今日生存している人々（現世代）は，環境問題の影響を受ける対象となるため，人間中心主義を考えるとき，最も重要なものである。では，はるか将来に深刻な被害が顕在化する問題はどうであろうか。じつは，地球温暖化問題はこの性質をもつ典型的な環境問題である。

　今でこそ，海水温の上昇や，北極での氷面積の減少，感染症の北上など，さまざまな地球温暖化の影響が顕在化してきているが，この問題が実際に国際問題として検討された当初（1990年代）は，温暖化の影響は目に見えるものではなく，影響が現れるのは，はるか先で，当時地球上にいる人間が死んだあとだといわれていた。そしてこのとき，対策をとることの是非の議論のなかには，「自分たちに無関係な将来での影響を緩和するために，なぜ私たちは対策費用を負担するのであろうか」という疑問が必ずあったのである。

　このような疑問への回答を考えてみよう。生態中心主義の立場からは，環境問題に対策をとることとその根拠は同じものである。影響が現在であろうと将来であろうと，地球環境が悪化するならば，それを改善するのは倫理的に当然だからである。

　いっぽう，人間中心主義の観点からは，新しい視点が加わることになる。それは，世代間の衡平性と呼ばれる，将来世代への配慮である。この配慮は，人間中心主義の範囲を，まだ生まれていない人間の福利へも及ばすことから，人間中心主義の拡張と考えられる。

　世代間の衡平性を受け入れると，現世代のみではなく，将来世代の福利も考えたうえで，地球環境の劣化を評価する必要が生まれる。そのため，現世代に影響のない環境劣化であっても，将来世代に影響があるならば，環境劣化は好ましくないものとして判断される可能性は高まるのである。

　もちろん，将来世代にも，何ら直接には影響を及ぼすとは考えられない環境劣化も存在する。たとえば，絶滅危惧種のなかのごく少数が実際に絶滅しても，将来世代が大きな不利益を被ることにならない可能性も大きい。いっぽう，同

88　第2部　環境理論

じ生物でも，ミツバチなどの送粉昆虫が絶滅すれば，将来の農業生産には甚大な被害が発生するだろう。しかし，いずれにせよ，人間中心主義を将来世代に拡張することは，現実の社会において環境政策の必要性を著しく強めるものである。

　持続可能な発展は，多くの環境政策で取り上げられ目標にされる概念であるが，その重要な理念には世代間衡平性があるのである。

3 福利をより正確に定義する

　さて，このように遠い将来まで考慮する人間中心主義に立脚して考えてみても，まだ，解決しなければならない問題が多く残されている。これらを，以下でみていこう。

　環境政策の実施にあたっては，将来世代の福利の改善まで考慮する必要があることがわかった。次に考えることは，こうした人間中心主義の立場に立ったときに，本当に環境改善を行うべきかどうかを，また，行うのであればどの程度の環境改善を実現しなければならないか，つまり，今，私たちは環境改善にどれだけ力を注ぐ必要があるか，ということをどう決定するかである。まず，人間中心主義で，福利とは何かを簡潔に定めよう。

　人間の幸福が依存するものは，さまざまである。たとえば，民主主義の成熟度や女性の地位などの政治的環境もある。しかし，経済学では，大きく「経済的豊かさ」と「自然の豊かさ」を福利に決定的な影響を与える要因として想定している。経済的豊かさは，単にどれだけの財やサービスを購入することができるかを表すだけではなく，もっと広い概念である。教育を受ける機会や，医療を受ける機会も，すなわち消費・教育・医療水準は経済的豊かさで表されると考えられるだろう。「人間開発指数」は，所得・識字率・平均寿命で決定される各国の国民の発展度合を表す代表的指標だが，これらは，広い意味での経済的豊かさに含まれると考えられる。さらには，より多くの人々にこうした豊かさが配分される度合を表す，経済的平等性も経済的豊かさに含まれるだろう。

　いっぽう，自然の豊かさは，空気の清浄さや緑の多さを通じて人間の健康に

第6章　持続可能性についての考え方　*89*

影響を与える。また，加えて，生物や水の利用可能性を通じて消費水準にも影響を与えるものである。さらに，健全な生態系があることで，社会は必要なインフラを建設する必要がなくなるものもある。たとえば，森林があることで，ダムや浄水場を建設する費用が節約でき，より国民の福利を向上させるもののために支出を行うことができるようになる。

4 持続可能な発展とSDGs

人間中心主義に立ったとき，持続可能な開発（発展）は，「経済的豊かさ」と「自然の豊かさ」そして「世代間衡平性」に依存するものであり，この観点から表現されると考えてよい。持続可能な発展に関して提言をまとめた国連ブルントラント委員会（1987年）では，「将来の世代の欲求を満たしつつ，現在の世代の欲求も満足させるような発展」と定義しており，現在と将来の世代間衡平性が強調されている。図6-1はそのイメージを表している。

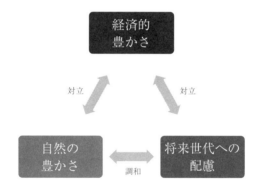

図6-1　持続可能な発展論の考え方

　現世代の経済的豊かさを追求することは，自然の豊かさ・将来世代への配慮と対立することが多い。今日，自然の豊かさを追求することが所得を増やすシステムが拡大しており，対立（左）を緩和している。これは，間接的に将来世代への配慮につながっている。
出典：筆者作成

ここでは，SDGs（持続可能な開発目標）をみて，このことを確認してみよう。SDGs は下記の 17 の目標を掲げている（外務省仮訳　2015）。

目標 1：あらゆる場所のあらゆる形態の貧困を終わらせる
目標 2：飢餓を終わらせ，食料安全保障及び栄養改善を実現し，持続可能な農業を促進する
目標 3：あらゆる年齢のすべての人々の健康的な生活を確保し，福祉を促進する
目標 4：すべての人に包摂的かつ公正な質の高い教育を確保し，生涯学習の機会を促進する
目標 5：ジェンダー平等を達成し，すべての女性及び女児の能力強化を行う
目標 6：すべての人々の水と衛生の利用可能性と持続可能な管理を確保する
目標 7：すべての人々の，安価かつ信頼できる持続可能な近代的エネルギーへのアクセスを確保する
目標 8：包摂的かつ持続可能な経済成長及びすべての人々の完全かつ生産的な雇用と働きがいのある人間らしい雇用（ディーセント・ワーク）を促進する
目標 9：強靱（レジリエント）なインフラ構築，包摂的かつ持続可能な産業化の促進及びイノベーションの推進を図る
目標10：各国内及び各国間の不平等を是正する
目標11：包摂的で安全かつ強靱（レジリエント）で持続可能な都市及び人間居住を実現する
目標12：持続可能な生産消費形態を確保する
目標13：気候変動及びその影響を軽減するための緊急対策を講じる
目標14：持続可能な開発のために海洋・海洋資源を保全し，持続可能な形で利用する
目標15：陸域生態系の保護，回復，持続可能な利用の推進，持続可能な森林の経営，砂漠化への対処，ならびに土地の劣化の阻止・回復及び生物多様性の損失を阻止する
目標16：持続可能な開発のための平和で包摂的な社会を促進し，すべての人々に司法へのアクセスを提供し，あらゆるレベルにおいて効果的で説明責任のある包摂的な制度を構築する
目標17：持続可能な開発のための実施手段を強化し，グローバル・パートナーシップを活性化する

　目標 1~4 および目標 7~11 は経済的豊かさに包含される。いっぽう，目標 13~15 は自然資本の豊かさを意味する。こうした直接的な目標と並んで，目標 5 は，ジェンダー間でこうした経済的豊かさが異ならないようにするための目標であり，目標 6 は，自然の豊かさを保障したうえで，経済的不平等を是正す

第 6 章　持続可能性についての考え方　*91*

ることで実現されるものである。目標 12 は，自然の豊かさを維持するための目標である。目標 16 と 17 は，こうした経済的および自然の豊かさを実現する基盤となる平和や国際協力を築き上げることとみることができる。

このように，SDGs の目標の多くは，経済的豊かさ，自然の豊かさ，およびそれらを実現するための手段として理解できる。

5 資本アプローチ―強い持続可能性と弱い持続可能性

こうした理解のもとで，持続可能性についての，直観的にわかりやすいアプローチに，資本アプローチがある。ここで，資本ストックとは，何らかの恩恵（サービス）を私たちに与えてくれ続けるものをさす。たとえば，道路，工場，通信網などは，さまざまな経済活動や社会活動を可能にしてくれる，人工資本ストックの例である。人工資本ストックは，経済成長あるいは経済的豊かさと強く結びついているものであり，経済成長を目標とする途上国をはじめ，各国政府は人工資本ストックの蓄積を経済政策のなかで重視している。

いっぽう，森林，サンゴ礁，魚，湿地，河川，湖沼，地下水，石油，鉱石などは，自然資本ストックと呼ばれるものに含まれる。自然資本ストックは生物および非生物に分けられる。森林・サンゴ礁・魚は生物資源であり，再生可能な資本ストックである。湿地，河川，湖沼，地下水は，非生物資源であるが，自然の水循環のなかで再生可能である。石油や鉱石は，非再生可能資源であり，使用すれば減少する資源である。

これらは，すべて，自然資本ストックであるのだが，その恩恵は個別の自然資本ごとに多様である。たとえば森林は，木材を提供してくれるだけではなく，集水域として水を供給し，洪水を緩和してくれる。サンゴ礁は，漁場を形成したり，防波堤としての役割を果たしたりしてくれる。地下水や河川は，人間の貴重な水供給源である。石油は，いうまでもなく，主要エネルギー源として消費される。つまり，物的な恩恵だけではなく，無形の恩恵も与えてくれる存在である。

さらに，人間社会には，過去から蓄積されてきた有用な知識や技術が存在し

92　第 2 部　環境理論

ている。この知識・技術は，さまざまな有用な経済活動や社会活動を可能とすることで，私たちの社会に大きく貢献していることはいうまでもない。自分に知識や技術が体化されていなくとも，社会に蓄積された知識や技術によって恩恵を受けるのである。以前ならば，不死の病気であっても，今日では治癒に至るのも，医学的知識や技術が蓄積されたからである。したがって，知識・技術のストックからの，無形の恩恵を受けている。その意味で，人間に体化された知識や技術のストックを資本ストックとみなすことができる。実際，こうした，資本ストックを人的資本ストックと呼ぶ。

　人間は，教育によってこうした知識や技術を獲得することができる。逆にいうと，こうした何らかのかたちでの獲得や伝承がないと，知識や技術は次世代に伝わらず，消滅してしまう。文化に関わる技術のなかには，後継者がおらず教育の機会がないため消滅してしまうものもあることは，教育・伝承が重要であることを物語っている。

　このように，3つの種類の資本ストック（それぞれが個別資本ストックを包含している）のさまざまな恩恵が日々人間社会に与えられている。そして，経済的豊かさと自然の豊かさに依存して，人間の福利水準が定まる。すなわち，人間の福利水準は，＜人工資本ストック，自然資本ストック，人的資本ストック＞により定まると考えられる。

　持続可能な発展における資本アプローチとは，この資本ストックをベースにして，現世代がどのように将来世代に遺贈するかの方針を確立することである。この背後には，いかなるものであれ資本ストックを減らしてしまったら，将来世代の福利が低下してしまう，という考え方がある。この資本アプローチにおいて，個別自然資本ストックをどのような形態で将来世代に渡すかを考えることが，どの程度環境改善を行えばいいか定めることになる。

　では，どのように将来に遺贈すればいいのだろうか。すぐに思いつく考えは，現在世代が受け取った資本ストックを減らすことなく，将来に遺すことである。この方針を徹底することは，どの世代も同一以上の福利を享受する可能性を与えられることになる。

　しかし，この方針は問題あることがすぐわかる。自然資本ストックのなかに

は，利用を控えないかぎりその減少を止められないものがある。石油や石炭，鉱石などのような非再生可能資本ストックがそうである。もし，こうした資本ストックを減少させずにいようと思えば，使用を停止するしかない。しかし，たとえば，石油のような非再生可能資本ストックを現世代が使用することをやめれば，私たちは十分なエネルギーを使用できなくなるし，日常のあらゆる場面で消費しているプラスチックも使うことができなくなってしまうだろう。この不都合性はすべての世代にとって同一なので，このすべての自然資本ストックを減らさずに遺すことを持続可能なポリシーと見なすことに，直観的に同意することはできないであろう。自然資本ストックを減らさないことにこだわることで，すべての世代の経済的豊かさが低下してしまうからである。

　それでは今度は，このような非再生可能資源を各世代が使ってもいいことを考えてみよう。すると，現世代は石油を使うことができるため，十分なエネルギーやプラスチックを消費できることになる。しかし，このポリシーを認めると，いうまでもなく，将来にある世代ほど受け継ぐ石油は少なくなってしまい，十分な福利を享受することはできなくなるだろう。私たちは，ジレンマに陥ってしまう。

（1）　弱い持続可能性

　この解決策は，もう一度人間中心主義に立ち返ることである。なぜ個々の資本ストックを将来に遺さなければならないかは，将来世代の福利を問題にしているからである。この立場からは，現世代が，ある資本ストックを減らしてしまっても，将来世代に福利が減らないように補償してやれば問題は生じないことになる。

　上述の石油の例で考えると，現世代が石油を十分に使用すると，将来世代はエネルギーを十分に使用できなくなることで，十分な経済的豊かさを享受できなくなるだろう。しかし，エネルギーを将来世代が十分に使用できるほどの，代替エネルギーの技術や資本ストックを遺してやれば，石油があるのと同じ水準の経済的豊かさを得ることができるだろう。このようにして，将来世代の福利を十分な水準にすることを実現することができる。これは，人工資本ストッ

クや人的資本ストックを増大させることを意味する。

　このように，ある資本ストックを減らしてしまっても，ほかの資本ストックを増大させることにより補うことで持続可能性が保証されるという考え方を，「弱い持続可能性」と呼ぶ。原則的に，弱い持続可能性では，自然資本ストックとほかの資本間の代替が可能であると考える。代替の程度をどれほどにしなければならないかの基準は，将来世代の福利を損なわないほど十分にほかの資本ストックで補償することである。この場合，経済的豊かさを維持してやれば十分なものもある。たとえば，石油のような自然資本ストックについては，それを減らしてしまっても，エネルギー供給をほかの手段で補い減らさないことで，弱い持続可能性を実現できる可能性は高いだろう。

　いっぽう，自然資本ストックが，森林やサンゴ礁，CO_2濃度が健全な状態の大気のようなものであるとき，地球環境が劣化・減少するときはどうであろうか。こうした地球環境の劣化は，それ自体が人々の福利を減少させてしまう。したがって，自然の豊かさが減少したときに，経済的豊かさが上昇しないなら，将来世代の福利は低下してしまう。こうした地球環境が劣化するケースでも，弱い持続可能性の考え方は，十分に高い経済的豊かさを保証してやることで，将来世代の福利を損なわないようにすることができるというものである。このことが可能であれば，自然の豊かさを経済的豊かさで代償するかたちで，世代間衡平性が実現されるだろう。もし，地球環境が劣化を続けていくならば，それと並行して，経済的豊かさが上昇していく必要がある。こうした条件を満たすことは，いずれにせよ人工・技術資本が十分蓄積されれば，可能であると考えるのが弱い持続可能性である。

　しかし，このことが果たして本当か，ということはもう少し吟味する必要がある。じつは，この実現可能性の背後には，人工・人的資本と自然資本は，代替関係にあるという理解がある。代替関係というのは，私たちの経済でよくみられる。たとえば，工場で，人間の労働と機械を使って生産活動を行っているとき，高い技術の設備が増えれば，労働が減っても生産量を増やすことができるだろう。このとき，設備・技術（人工・人的資本ストック）は労働と，生産において代替関係にあるという。

第6章　持続可能性についての考え方　95

弱い持続可能性は，経済的豊かさを保つことにおいて，自然資本が減少しても，人工・人的資本で代替すれば可能であるという理解である[1]。技術が向上すれば，少ない自然資本利用のもとで高い経済的豊かさを維持しつづけることができる。すなわち，生産において人工・技術資本と自然資本利用が代替関係にある。この前提があると，自然資本が少なくなっても，人工・技術資本ストックが十分増えてくれれば，生産は増えることになる。このことをもっと詳しく考えてみよう。

（2）　強い持続可能性

　先述のように，再生可能エネルギーの設備と技術は，石油という自然資本とエネルギー生産において明らかに代替関係にある。しかしいっぽうで，生産量を増やすには，人工資本とともに自然資本ストックの利用水準も増えていくものもある。たとえば，農業生産を増やそうと思えば，水の使用量を増やす必要がある。もちろん，さまざまな設備や技術を用いて水の節約を実現することは可能だが，農業には水使用は不可欠であるため，ほとんどの場合は，生産とともに水の使用量は増大するだろう。このとき，人工・人的資本ストックと自然資本ストックは，補完関係にあるという。補完関係にあるときは，人工・人的資本ストックが増大してこれらを利用しようとすれば，必然的に自然資本利用も増えることをさす。この場合，自然資本ストックを少ししか利用できない状況に直面してしまえば，いくら人工資本が蓄積されたとしても，生産量は増えない。このように，自然資本のなかには，人工・人的資本と補完関係にあるものも存在する。すると，それを減らしてしまうことは，人工・人的資本で代替できず，将来世代の福利を必然的に損なうことになってしまう。したがって，持続可能性のためには，少なくともその資本ストックを維持する必要がある。このように，いくつかの自然資本ストックを維持してこそ，将来世代の福利が保証され，持続可能性が実現されるという立場を「強い持続可能性」という[2]。

　強い持続可能性では，生産を別にしても，自然資本ストックにより直接人間が受ける福利が，経済的豊かさにより代替可能ではないか，代替するのに甚大な費用がかかってしまう，という立場をとる。たとえば，森林は，木材を提供

するだけではなく，酸素の主要な供給源でもある。光合成の過程で酸素が放出されるからである。また，集水域と呼ばれる自然のダムとして，水を集め，さらにそれを浄化する役割も果たしてくれる。森林がなくなれば，それ自体，私たちの福利は大きく低下してしまうだろう。

　大気も自然資本ストックである。適度な水準を超えるCO_2濃度は，温室効果を過剰に高め，平均気温を上昇させながら異常気象を引き起こしてしまう。産業革命以前より，すでに大気中CO_2濃度は393ppmと113ppm上昇し，地球の平均気温を0.85度上昇させてしまっている。地球の平均気温上昇が2度を超えると，きわめて甚大な被害が起こる可能性が高いといわれている。

　このように，人間の福祉にとってその存在がきわめて本質的で重要な自然資本ストックを「クリティカル自然資本ストック」と呼ぶ。強い持続可能性の立場では，このクリティカル自然資本ストックを減少・劣化させないで，将来世代に遺すことが不可欠である。そのため，弱い持続可能性のように，自然資本ストックの減少を認められるケースに比較して，より強い制約が経済活動にかかってくることになる。図6-2は弱い持続可能性と強い持続可能性のイメージを表したものである。

　では，クリティカル自然資本とはどのようなものがあるのだろうか。上述の健全な大気，森林，あるいはサンゴ礁は，多くの人の認めるクリティカル自然資本である。食糧となる農業生産に欠かせないという意味では，健全な土壌も

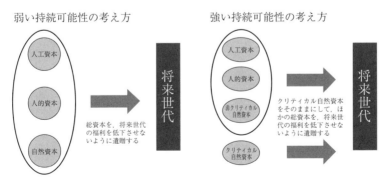

図6-2　弱い持続可能性と強い持続可能性のイメージ
出典：著者作成

第6章　持続可能性についての考え方　　97

含まれるかもしれない。しかし，その明確な定義は存在しておらず，どの自然資本がクリティカルかそうでないかという定義は，人によって異なっている。

　たとえば，野生動物はどうであろうか。読者は，「現世代は動物を絶滅させずに将来に遺す義務を負っている」と考えるだろうか。たとえば，シロナガスクジラ，アフリカゾウ，クロサイは絶滅の危機にあるが，これらについてはどう思うだろうか。保護すべきで将来に遺すべきだと思う人は少なくないはずである。その雄大な姿に審美的感動を覚える人も多いからである。また，絶滅の危機にある生物を保護すべきであるという要求を反映して，多くの国で生物の保護法が確立されている。そして，こうした生物を保護しようとする範囲を広げるほど，経済活動は制約を受ける。このことを表すのが，無名の小さな魚の保護をめぐって，米国で大きな議論になった事件である[3]。

　1973年秋，テネシー大学の生物学者デビット・エトナイアー博士は，スネール・ダーターという10cmにも満たない特徴もない小さな魚の新種を，米国のテネシー川の支流リトル・テネシー川で発見した。この川にはテリコ・ダムという，長い間計画が検討されていたダムの開発が進行中であった。以前から，このダムの建設をめぐっては，地元住民や保護団体から，その建設に強い懸念が示されたが（水没する土地には，アメリカ先住民にとっての聖地も含まれていた），最終的に1966年建設が許可されていた。このダムが建設されると，水力発電により，巨大な電力が供給され，さらに洪水の予防も可能となる。また，リトル・テネシー川で航行が可能となり，開発も期待された。

　スネール・ダーターは，リトル・テネシー川にだけ生息しており，ダム建設が進めば絶滅の可能性が高いことがわかった。米国絶滅危惧種法（絶滅危惧種法のリストに記載された種の生息地の開発は，強く規制される）に基づき，スネール・ダーターは，米国の絶滅危惧種のリストに記載され，ダムの建設の中止を求める訴訟が，環境保護団体から起こった。そして，その後，このダムの建設は迷走する。

　1978年，最高裁判所は，テリコ・ダム建設停止を決めた。また，議会では，「絶滅危惧種委員会」が設置され，スネール・ダーターの保護がダム建設に優先することが決定された。ところが，翌年，絶滅危惧種委員会で，テネシー州

98　第2部　環境理論

出身の委員が，テリコ・ダムを絶滅危惧種法から外す条項を予算案に入れ，僅差で可決されることになった。テリコ・ダムの建設が行われることになったのである（その後，別の川でスネール・ダーターの一群が発見されるという結末がある）。

　読者は，強い持続可能性のもとでは，ダムの建設は諦めなければならないことを念頭に，スネール・ダーターがクリティカル自然資本に含まれると考えるだろうか。この例から，クリティカル自然資本の範囲を拡大するほど，さまざまな経済的な恩恵がもたらされる計画を実施できない可能性が高まることがわかる。そのため，どの範囲までクリティカル自然資本を定めるかということと，経済活動の自由度は，一般にはトレードオフ関係にあると考えられる。換言すれば，強い持続可能性のグリーンの色が濃いほど，経済活動の自由度は低まることが予想される。

（3）　強い持続可能性の実現戦略

　現在，環境政策には，さまざまなかたちで強い持続可能性が反映されてきているとみなすことができる。たとえば，SDGs は，その目標に森林・大気・海洋の保護を含めることで，これらの自然資本を重要視している。また，UNFCCC（気候変動枠組み条約），FAO（国連食糧農業機関），UNEP（国連環境計画）は，こうした自然資本を保護する個々の環境政策を打ち出している。また，2010年に採択された生物多様性の愛知目標は，陸域と海域で保護区の面積を拡大する数値目標を掲げている。

　とくに，明確な政策目標を掲げているのが地球温暖化にかかわる大気の安定化である。パリ協定（2015 年）は，大気の CO_2 濃度を，産業革命以前と比較して 2 度以内に抑え安定化させると明記している。現在の水準の CO_2 濃度で安定化するのは不可能であるので，可能なかぎり健全な大気を将来に遺そうとしている。もちろん，この目標は経済活動における温室効果ガス排出削減とセットであり，2050 年までに，総排出量をマイナスにする（すなわち，トータルで温室効果ガス吸収を排出より大きくする）目標を立てている。

　このように，環境政策は，その濃淡はあれ，強い持続可能性を意識している。一般に，強い持続可能性を実現するためには，どのような原則で経済活動を運

営していくことが望まれるのだろうか。以下で，この点をみていこう。

（4）　強い持続可能性原則

本章では，ハーマン・デイリーが提唱した強い持続可能性を実現するための三原則[4]を拡張し，本章での人工・人的資本ストックとクリティカル自然資本ストックの観点から，以下のように2つの原則に分けて示す。

原則1.　再生可能なクリティカル自然資本ストックは，持続可能な範囲で利用されなければならない。

持続可能な利用とは，再生可能な自然資本が自然のなかで増殖する量の範囲内で利用するということである。これによって，自然資本ストックは減少・劣化せずに，維持していくことが可能となる。利用とは，自然資源を採取するだけではない。汚染した廃物を浄化してもらうために環境に廃棄することも意味する。漁獲資源が減少するのは採取が過剰になるためだが，廃棄が過剰になって生息水域が汚染されてしまうことにもある。地球温暖化は，大気への廃棄が浄化を超えて行われてしまうことで起こった。

原則2.　非再生可能自然資本ストックの利用は，将来世代の利用可能性を補償して行うこと。

利用可能性を補償するとは，代替技術を高めるために，人工・人的資本ストックを蓄積することで，その資源から得られる便益が低下しないようにすることである。石油のケースでは，将来の再生可能エネルギーの利用可能性を高めることで，この原則を実現することは可能である。また，鉱物資源であるならば，リサイクルを促進して，より資源の利用可能年数を延長させることも，この補償に含まれる。

この原則2.では，現代世代に，非再生可能自然資本を使用することは，将来世代への何らかの補償とセットにならなければならないことを示している。石油を使用したら，それによる利益の少なくとも一部は，再生可能エネルギー技術や設備への投資に支出されなければならない。

原則2.に関して，興味深い事例がある[5]。非再生可能自然資本のなかに，リンがある[6]。リンは，窒素とカリウムと並んで，生物にとってきわめて重要

100　第2部　環境理論

な栄養塩であり，動物は，ほかの動植物を摂取することで，そのなかのリンを体内に取り込む。農作物を育てるときにもリンは必要で，肥料として与える。しかし，リンは非生物であり自然のなかで増加することはなく，また，人間は人工的につくり出すことはできない。歴史的には，排泄物（リンが効率よく含まれている）や生物遺体を利用して，含まれるリンを回収してきたが，現在は，リン鉱石を採掘し，そこから採取するのが主である。

南太平洋に，1968年，イギリスから独立した，ナウル共和国という小さな島がある。島の全周が19kmで，人口が1万人ほどの，きわめて小さい島国である。かつて，ナウルには，リン鉱石がふんだんに埋蔵されており，イギリスは，自国の農業生産に，このリン鉱石を利用してきた。独立後，このリン鉱石販売の権利はナウルに入ることになった。そして，巨額の販売収入を毎年手にしたナウルは潤った。国民は無税であり，医療も無料で，しかもリン鉱石販売収入を配分された。ユートピアのような世界であった。

しかし，いっぽうで，ナウルは将来のための社会基盤形成の投資を怠った。また，リンを豊富に消費できたのにもかかわらず，自国の土壌を劣化させないで維持することを放棄し，農産物を輸入するようになった。公平を期していえば，ナウルは，海外投資を行い，将来の財政基盤を構築しようとはしていたが，投資先を精査せず，元本の多くを失ってしまった。その結果，やがて，リン鉱石の採掘量が減少し，ナウルは，21世紀には財政破綻に陥り最貧国に転落してしまったのである。

この歴史的結末は，原則2.が，持続可能な社会をつくるための重要性を示している。ナウルは，リン鉱石が枯渇したときにも経済的豊かさを保障するよう，その多くを高等教育や将来に対する投資に支出するべきだった。また，再生可能資源である土壌を保全し，農業生産も維持していくことが望ましかった。この点は，原則1.の観点からの政策ができなかったことを示している。

6 濃いグリーンを帯びた強い持続可能性を実現するために

より多くの種類の自然資本ストックを維持することは，経済活動に対してよ

り強い制約をかけることと考えられる。しかし，このことは，経済における総所得である GDP，すなわち本節では経済的豊かさの重要な要素を減少させ，いわゆる経済成長を否定することを意味するのだろうか。最後に，この点を簡単に考えてみよう。

　経済成長を実現するためには，もう一度，自然資本と生産の関係に立ち返らなければならない。人工・人的資本ストックと自然資本利用の補完性が強い場合には（農産物と水のように），より自然資本利用を節減する技術の蓄積により，従来と同等の自然資本利用でより多くの生産が可能となる。また，関係が代替的な場合には，弱い持続可能性の立場から，人工・人的資本ストックを蓄積することが効果的である。

　生産には直接関係ない自然資本ストック保全では，どのようなことが可能か。人間の福利にとってプラスの生態系サービスを提供してくれる場合は，そうしたサービスに対して利用者が支払を行うこと（生態系サービスへの支払が実現されれば），有料になることで利用者の効率的利用を促して持続的利用を促進するだろう。この点を考えるために，森林が提供するミツバチによる授粉サービスを例にとろう。農業での授粉サービスは，野生のハチに依存する場合もあるが，米国では，養蜂家から巣箱を借りて畑に放すことが多い。これらが同じ水準のサービスを提供するとしたとき，農家にとっては，野生ハチを利用することから，養蜂家からハチを借りるようになることが，生態系サービスへの支払が行われることになることと等しい。

　このとき，農家の生産費用は増加するが，養蜂家に支払が行われ，そして養蜂家が収入をすべて支出するなら，経済全体での総需要は増えることになる（生態系サービスへの支払収入はすべて何らかのかたちで支出され，貯蓄に回らないと想定している）。また，生態系の保全では，エコツーリズムを通して，保全が経済的収入に結びつく可能性もある。

　このように，さまざまな工夫により，より濃いグリーンを帯びた強い持続可能性を実現しようとすることは，経済所得の増大と対立しないようにすることができるだろう。

7 環境政策のもう1つの課題―人口問題からの視点

　本章では，環境政策の目標を，資本アプローチに基づく持続可能性の観点から論じてきた。この資本アプローチは，抽象的ではあるが，多くの環境目標をカバーし，環境政策の基盤としての役割を担う。実際，実体の経済での弱い持続可能性については，国や地域の人工・人的資本と一部の自然資本ストックを，何らかの手法で金銭換算して足し合わせ，その水準のトレンドをみることで，持続可能性を満たしているか否かを評価する方法が発展している[7]。いっぽう，強い持続可能性を総合的に評価する手法は発展していない。

　最後に，持続可能性について，本章では言及しなかった重要な点にふれる。それは，人口のことである。人口規模は，自然資本利用に大きく影響を与える。たとえば，人口が大きいほど，水の使用量は大きくなる。また，食糧生産需要が増えるため，土地利用を農業に転用する必要があり，多くの場合，森林や草地などの生態系を転換する。このことは，自然資本により大きく依拠する貧しい人々の状態をさらに深刻なものとする。ダスグプタ (2003) は，このように，「人口増大・環境・貧困」の3つの悪循環が起こる可能性を指摘している。

　国連は，2017年現在で，世界人口を75億5000万人と推測している。ここ50年で約2倍になった。世界人口は，このまま増えつづけ，2050年には97億7000万人に達すると予測されている。とりわけ，自然資本の豊かな発展途上国で，人口の伸長が著しく，自然資本を重視する強い持続可能性は実現できない可能性が高い。デイリー (1990, 1999) は，人口と人工資本ストックが一定であって，しかも自然環境への処分水準が低い経済である「定常経済」を提唱し，この経済こそが，地球システムの資源供給および廃物吸収能力の制限内に経済活動が収める強い持続可能性を実現するものであるとしている。

　人口問題は，重要な問題だがセンシティブな問題でもある（たとえば，SDGsには一切含まれていない）。しかし，人口を強制的に抑制しなくとも，子どもをより少なくするようなインセンティブを与えることができる。たとえば，女性の教育水準を高めることで，出産開始時期を遅らせ，また，労働により高い対価を受けられるようになることで，子育ての機会費用を上昇させ，結果として

第6章　持続可能性についての考え方　*103*

出生数が低くなることが知られている。多くの手段を工夫して，出生数を適正
に減らす政策が必要であろう。　　　　　　　　　　　　　　　　　［大沼あゆみ］

本章を深めるための課題

1．人工資本・人的資本・自然資本は，それぞれ経済的豊かさと自然の豊かさにど
　のように関わっているか，自身で例をあげて述べなさい。
2．本章の持続可能性についての考え方を用いて，歴史的建造物や芸術品のような
　「文化建造物・財」と人間の福利との関連を説明しなさい。また，なぜ将来に
　遺そうとするのかも述べなさい。

注
(1) こうした弱い持続可能性に立って，世代間衡平性を実現する人工資本の蓄積と枯渇性
　資源の利用ルールを導出したのが Hartwick (1977) である。
(2) 人工資本と自然資本利用の代替可能性については，Neumayer (2003, ch.3) が詳細な
　展望を行っているが，代替か補完かという断定的な結論は得られないとしている。
(3) スネール・ダーターをめぐる歴史および関連文献については，大沼 (2014) 第2章を
　参照。
(4) 強い持続可能性に立つハーマン・デイリーは，三原則 (① 再生可能自然資本ストック
　の利用は，その再生速度を超えないこと，② 非再生可能自然資本ストックの利用は，
　再生可能資源の持続可能な利用で代替できる範囲を超えないこと，③汚染物・廃棄物
　の排出に関しては，環境がそれを吸収・浄化することのできる速度を超えないこと)
　を提示している。デイリーは，きわめて強い持続可能性の立場に立ち，自然資本スト
　ックを保持することを実現することを提唱している (Daly　1990；Daly　1999)。デイ
　リーの三原則にそった定常経済を実現するためには，その規模を十分小さなものにし
　なければならない。
(5) 以下のナウル共和国をめぐる説明は，フォリエ (2011) によっている。
(6) リンは，厳密には，非生物だが再生可能資源である。陸上で使われたり，排泄物・生
　物遺体にあるリンは，陸上で回収されないものが海に流入する。流入したリンは，魚
　の体内に入り，人間や海鳥により陸上に回収されるか，海底に沈殿したものがきわめ
　て長い期間で隆起することで，再び利用可能となる。
(7) いわゆる包括的富がそうである。United Nations University International Human Di-
　mensions Programme (2012) を参照。

参考文献
Daly, H.E. (1990) "Toward some operation principles of sustainable development", *Eco-*
　logical Economics, 2, 1-6.
Daly, H.E. (1999) Steady-state economics: avoiding uneconomic growth, in J.C.J.M. van

den Bergh (ed.), pp.635-42.

Dasgupta, P. (2003) "Population, poverty, and the natural environment", in K.G.Mäler and J.R.Vincent eds. Handbook of Environmental Economics, vol.I., Elsevier Science B.V.

フォリエ，リュック／林昌宏訳 (2011)『ユートピアの崩壊　ナウル共和国―世界一裕福な島国が最貧国に転落するまで』新泉社（原著は 2009 年刊行：*Nauru,l'île dévastée, La Découverte*）

Hartwick, J. (1977) "Intergenerational equity and investing of rents from exhaustible resources," *American Economic Review*, 66, 972-974.

Neumayer, E. (2003) *Weak versus strong sustainability*, Edward Elgar.

大沼あゆみ (2009)「地球環境と持続可能性―強い持続可能性と弱い持続可能性」宇沢弘文・細田裕子編『地球温暖化と経済発展』東京大学出版会

大沼あゆみ (2014)『生物多様性保全の経済学』有斐閣

United Nations University International Human Dimensions Programme (2012) Inclusive Wealth Report 2012,（植田和弘・山口臨太郎訳『国連大学　包括的「富」報告書：自然資本・人工資本・人的資本の国際比較』明石書店）

van den Bergh, J.C.M. (ed.) (1999) *Handbook of Environmental and Resource Economics*, Edward Elgar.

第7章
開発問題とＥＳＤ

KeyWords

□国連開発の10年　□オルタナティブな開発　□人間開発　□社会開発　□参加型開発　□持続可能な開発　□ミレニアム開発目標　□環境教育　□開発教育

　本章では，開発問題の歴史とさまざまな開発概念についてまず解説したい。国際的な開発の文脈のなかで持続可能な開発の理念について考察する。つぎに，ＥＳＤ（持続可能な開発のための教育）の目的，内容，方法，カリキュラムについてみていく。最後にＳＤＧｓとの関連で今後のＥＳＤの展開と課題について言及する。

１　開発問題の歴史と概念

(1)　開発問題の歴史

　「開発」という多義的な用語が，世界規模の経済社会的な格差を是正するための国際間の営為として広く使用されるようになるのは第二次世界大戦後のことである。とくに，1961年に，国連総会が1960年代を「国連開発の10年（United Nations Development Decade）」とするように提唱したことから国際的に広く使用されるようになった[1]。

　「国連開発の10年」の目的は，開発途上国の経済発展を早めることで貧困を解消することであった。そのために技術と資金を先進国から途上国に移転すること，すなわち投資や国際協力によってこれを実現しようとした。しかしながら，国連開発の10年が終わってみると，一部の国には経済発展が促されたものの，先進国と途上国の間の経済格差はむしろ拡大し，しかも途上国内部の貧富の格差も増大するという結果を残した。

　1960年代の「国連開発の10年」の不成功の原因には，「経済成長イコール開発」という考え方にあった。そこで開発とは経済的側面だけでなく，社会的，政治的，文化的側面を含むものとして捉えなければならない，という開発観の

106　第2部　環境理論

見直しが行われた。また，開発途上国に顕在する貧困の責任は，途上国やその民衆の側のみにあるのではなく，先進国とその国民の側にもあるという認識が広まった。すなわち，多国籍企業の経済活動が途上国の健全な発展をゆがめたり，先進国の人々の生活様式が途上国の資源を枯渇させたりするなどの事例が認められたからである。

1970年代後半には，従来の経済開発一辺倒の開発理論に対抗するかたちで「オルタナティブな開発（Alternative Development）」が提唱された。この議論は1977年にスウェーデンのダグ・ハマーショルド財団が発表した『もう一つの開発―いくつかのアプローチと戦略』により注目を浴びることになった[2]。同報告書では「もう一つの開発」を次の5つの特徴をもつものであると指摘した。すなわち，①基本的ニーズを充足する，②内発的である，③自律的である，④エコロジー的に健全である，⑤経済社会構造の変化を必要とする，である。オルタナティブな開発については，主として民間開発団体であるNGOの開発戦略において採用され，その実現がめざされた。

従来の経済成長中心の開発観に代わって，人間そのものそして社会の開発に焦点があてられたのが「人間開発」「社会開発」の考え方である。UNDP（国連開発計画）は1990年に『人間開発報告書』を公表し，人間開発を1990年代の開発戦略の中心に位置づけることを提言した[3]。社会開発の考え方は人間開発が可能となるような社会条件を整備することに主眼がおかれたものである。社会開発の理論の基礎となるのは，人間優先の開発分野の重視であり，食料，飲料水，識字，教育，保健医療，雇用，環境などの分野に重きをおく。そして，性差，民族などによる差別をなくし，社会的弱者に権利の擁護とエンパワーメント（能力，権限の獲得）の促進をめざす。社会開発は1995年にコペンハーゲンで開かれた世界社会開発サミットにおいて国際的に認知された。ここでは「コペンハーゲン宣言・行動計画」が採択されて，1996年からの10年間を「貧困根絶の10年」とし，各国政府は公共支出のうち少なくともその20％を社会開発に向け，またODAの20％を社会セクターに向けるべきという「20：20協定」が合意された。人間開発・社会開発の理念は人権の擁護や社会制度の変革の必要性を提起したのである。

第7章　開発問題とＥＳＤ　*107*

OECD の一機関である DAC（開発援助委員会）は 1989 年に「1990 年代の開発協力」を発表して，1990 年代の開発協力を主導する理念として「参加型開発 (Participatory Development)」を提唱した。参加型開発とは，開発の受益層自身が開発の意志決定プロセスに参加すること，そしてより公平にその恩恵を受けることが含まれる。これは民主的なシステムの確立と公平な分配を保証する概念でもある。この場合の参加は強者の参加ではなく，社会的弱者の参加である。社会的弱者とは都市のエリートに対する農村の住民，男性に対する女性，大人に対する子ども，支配民族に対する少数民族や先住民族などである。ILO など複数の国連機関は共同で調査を委託し，参加型開発の現状，方法，そして課題をまとめて『民衆と共にある開発』を 1991 年に発表した[4]。

(2) 持続可能な開発の理念

「持続可能な開発 (Sustainable Development)」の概念は，1987 年にブルントラント委員会より出された『我々の共通の未来』という報告書のなかで明確にされた[5]。報告書のなかで，持続可能な開発は「将来の世代が自らのニーズを充足する能力を損なうことなく，現在の世代のニーズを満たすような開発」と定義された。これは従来のように開発と環境を対立的に捉えるのではなく，地球の生態系が持続する範囲内で開発を進める考え方である。現在の世代が将来の世代のための資源を枯渇させぬこと（世代間の公正＝環境問題）と，南北間の資源利用の格差すなわち貧困と貧富の格差を解消すること（世代内の公正＝開発問題）をめざしている。

持続可能な開発は，もともと海洋資源の保護をめぐる「最大維持可能漁獲量」という考え方から始まっていて，環境保全の文脈において成立した概念である。ブルントラント報告は「持続可能な開発」を環境と開発とを統合する概念として提起したところに特徴がある。1992 年の国連環境開発会議（地球サミット）においては，持続可能な開発の理念が国際的に共有されて，具体的な行動計画として「アジェンダ 21」が採択された。持続可能な開発は，1990 年代に行われた国連会議，国際会議において中心的なテーマとなり，次第に地球社会がかかえている課題の相互関連性が明らかにされることとなる。それらの会

108 第 2 部 環境理論

議は，世界人権会議（ウィーン），国連人口開発会議（カイロ），世界社会開発会議（コペンハーゲン），第4回世界女性会議（北京），国連人間居住会議（イスタンブール）である。これらを通じて，人口，貧困，環境，ジェンダー，居住，人権などの課題が国境を超えた地球規模の問題であるだけでなく，それらは相互に深く関連していること，そしてその解決には国を超えた国際協力とともに参加型市民社会が不可欠であるということが表明された。

　このように環境保護や貧困の解消や人権の擁護に向けて国際会議などでさまざまな合意がなされるなか，経済のグローバリゼーションという別方向の動きが顕著となったのも1990年代の特徴である。ウルグアイ・ラウンドの合意により，1995年にはGATTを引きつぐかたちでWTO（世界貿易機関）が発足した。WTOは物品，サービスなどの貿易の自由化を目的とした諸協定の実施と管理を行う国際機関である。これにより世界の貿易は一層促されることになる。また，金融や投資についてはその促進や規制についての国際的な協定が未整備ななかで，事実上国境を超えた投資が広範に行われていく。経済のグローバリゼーションはこのように，カネやモノの取引が国境を超えて広く行われ，ボーダーレスの経済となる傾向をさしている。これは世界規模の市場経済を発展させる一方で，貧富の格差を世界的な規模で増大させる結果を生む。多国籍企業や国際金融機関による開発プロジェクト融資が，現地住民の生活破壊や環境破壊を引き起こす事例もみられる。世界各地で起こっている広汎な経済のグローバリゼーションの陰で，果たして「持続可能な社会」は可能なのか，という深刻な問いが現在まで投げかけられている。

② ESD の理念と展開

(1) ESD の起源

　持続可能な開発のための教育（Education for Sustainable Development：ESD）の根拠は「持続可能な開発」がキーワードとなった1992年の地球サミットに求めることができる。その行動計画であるアジェンダ21では，第36章において「教育，意識啓発及び訓練の推進」が扱われる[6]。その第3節で「教育は持

第7章　開発問題とＥＳＤ　*109*

続可能な開発を推進し，環境と開発の問題に対処する市民の能力を高めるうえで不可欠である」と述べられている。さらにその後段で，「教育はまた，持続可能な開発にそった環境および倫理上の意識，価値と態度，そして技法と行動様式を達成するために不可欠である」と記されている。

アジェンダ21を受けてユネスコは1997年12月に，ギリシャのテサロニキにおいて「環境と社会に関する国際会議—持続可能性のための教育と意識啓発」をテーマに会議を開催した。その最終文書である「テサロニキ宣言」では，「環境教育を『環境と持続可能性のための教育』と表現してもかまわない」（第11節）と表現している[7]。そして，「持続可能性という概念は，環境だけではなく，貧困，人口，健康，食糧の確保，民主主義，人権，平和をも含むものである。最終的には，持続可能性は道徳的・倫理的規範であり，そこには尊重すべき文化的多様性や伝統的知識が内在している」（第10節）と述べられている。テサロニキ宣言における特徴は，環境教育を「環境と持続可能性のための教育」として発展させることの確認が行われたこと，そして持続可能性の内実は環境と開発問題にとどまらず，民主主義，人権，平和，文化的多様性を含む幅広い概念として捉えたことである。

1997年7月にドイツのハンブルグで行われた第5回国際成人教育会議において採択された「成人学習に関するハンブルグ宣言」では，1990年代のさまざまな国際会議・国連会議の決議や行動計画を総括するかたちで，地球的課題群と成人教育の課題について提起している[8]。ハンブルグ宣言は地球的諸課題として，貧困・南北格差の解消，地球環境問題の解決，平和で民主的な社会の達成，被差別者・弱者（女性，障害者，先住民，高齢者など）の権利としての学習の保障をあげている。これらの解決のためには人間中心の開発と参加型社会が必要であり，そしてそのためには成人教育こそ必要不可欠であるという基本認識がある。このことは第2項で「生涯にわたる学習は，年齢，ジェンダー平等，障害，言語，文化的経済的格差といった要因を反映した学習内容への変革を迫っている」として生涯学習の内容論の再考を求めている。

成人教育という営みは，弱い立場に立たされた人々が自らを解放するための学習活動としても重要である。たとえば，被抑圧者自身が自己のプライドと自

110 第2部 環境理論

信を回復し，自らの状況を改善するための諸能力を獲得することである。これは「エンパワーメント（力の回復，獲得）」と呼ばれ，ジェンダー論やオルタナティブな開発論においてもキーワードである。エンパワーメントのための学習は，識字教育，職業訓練にとどまらず，それらを通して抑圧的な社会構造を理解したり，また被抑圧者どうしが連帯し声を上げたりしていくための人間関係訓練や組織経営法なども含まれる。

(2) ミレニアム開発目標（MDGs）

2000年9月にニューヨークで開催された国連ミレニアム・サミットにおいては，21世紀における国際社会の目標として国連ミレニアム宣言が採択された。1990年代の上記の国際会議で議論された国際的な開発目標と行動計画を統合して，1つの共通の枠組みがまとめられた。ミレニアム開発目標（Millennium Development Goals：MDGs）である[9]。ここには21世紀前半の地球社会がかかえる課題とその解決に向けての具体的な目標（ゴール）が明確にされている。それらは8つの目標と21のターゲットから成る。MDGs は，先に述べた1990年代の国際会議での主要な達成目標を統合したものである（図7-1）。

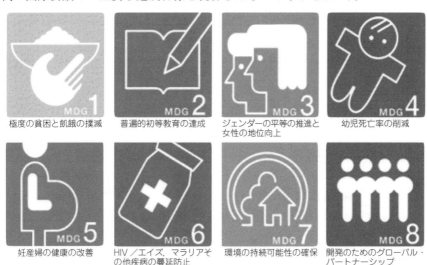

図7-1　MDGs の8目標
出典：(特活) ほっとけない　世界のまずしさ

第7章　開発問題とＥＳＤ　　*111*

MDGs の目標 1 は「極度の貧困と飢餓の撲滅」である。貧困と飢餓の撲滅は人類の悲願でもある。目標 2 は「普遍的初等教育の達成」である。教育はすべての課題解決のための基礎である。目標 3 は「ジェンダーの平等の推進と女性の地位向上」である。目標 4 〜 6 は保健医療に関する目標群である。目標 7 に「環境の持続可能性の確保」が出てくる。持続可能な社会づくりのためには狭い意味での環境問題のみならず，8 つのすべての目標の達成が必要となる。

(3) 持続可能な開発に関する世界首脳会議

1992 年の地球サミットの提言と行動計画「アジェンダ 21」を検証するための会議が 2002 年に南アフリカ共和国のヨハネスブルグで開かれた。会議の正式名称は「持続可能な開発に関する世界首脳会議」といい，ヨハネスブルグ・サミットと呼ばれている。この会議はそれまでの地球環境をめぐる国際会議同様，先進工業国間の対立 (とくに米国対 EU)，そして南北間の対立が前面に出て，会議の成果については不満を残すものとなった。そのなかでも期待をもたせる提言として「持続可能な開発のための教育 (ESD)」の提唱がある。これは，2005 年からの 10 年間を国連「ESD の 10 年」とし，世界レベルで持続可能な開発に関する教育活動を展開しようというものであった。この提案は，同年末の第 57 回国連総会において全会一致で採択される[10]。

国連における ESD の 10 年の採択にあたっては，日本政府や日本の民間組織が果たした役割が大きかった。日本の環境教育などの NGO で組織された「ヨハネスブルグサミット提言フォーラム」が同サミット前後に各国に対して盛んにロビー活動を行った。また，日本政府は ESD の 10 年決議の共同提案国として中心的な立場を担っていた。ESD の 10 年の実施にあたってはユネスコがその主導機関となり，2005 年にユネスコは「国際実施計画」を策定した。ESD についてはさまざまな機関や研究者により定義づけが行われている。以下は，ESD の主導機関であるユネスコによる ESD の説明である[11]。

> 持続可能な開発のための教育は，すべての人々が持続可能な未来を形成するのに必要な知識，技能，態度，価値を獲得することをめざすものである。ESD は主要な持続可能な開発課題を教えかつ学ぶものである。それ

112 第 2 部　環境理論

らは例えば，気候変動，防災・減災，生物多様性，貧困削減，持続的な消
費である。ESD は，参加型の教授と学習の方法を求めるものであり，そ
れは学習者が持続可能な開発のための態度変容と行動を促しエンパワーす
るものである。ESD は最終的には，協同的な営みにより，批判的な思考，
想像力豊かな未来創造，意思決定を行う能力（コンピテンシー）を促進する
ものである。

③　日本における ESD の展開

　日本において，ESD はどのように展開されてきたであろうか。ESD につな
がる教育実践は環境教育と開発教育のなかで長くなされてきた。環境教育と開
発教育の歴史的な展開をみるなかで，それらがどのように ESD につながった
のかを明らかにしてみたい。

(1)　環境教育と ESD

　日本の環境教育には「自然保護教育」「公害教育」「野外教育」の 3 つの教育
のルーツがある。これらの教育活動が展開された背景には，1950 年代後半か
ら 1960 年代の高度経済成長期に起きた急速な都市化とそれに伴う自然破壊と
がある[12]。

　自然保護教育は，自然破壊を食い止めて環境を保全することを目的とする教
育活動であるが，その起源は 1950 年代の自然保護活動に求めることができる。
尾瀬沼（群馬県・福島県），三浦半島（神奈川県），高尾山（東京都）などで自然を
守る会が結成され，その啓発活動として自然観察会が催された。これが自然保
護教育の原点となっている。1957 年には日本自然保護協会が文部大臣に「自
然保護教育に関する陳情書」を提出している。

　公害教育は，高度経済成長期に深刻化した公害問題を理解し，公害を防止す
るための教育として発展した。日本では，高度経済成長期に四大公害といわれ
る水俣病，四日市ぜんそく，イタイイタイ病，新潟水俣病により多数の健康被
害者が出た。これに対して公害反対の住民運動が起きるとともに，学校教育で

第 7 章　開発問題とＥＳＤ　*113*

もこの問題を扱う教員が増える。日本教職員組合が行う教育研究集会では「公害と教育部会」が設置されて，多数の実践報告がなされている。1971 年改訂の学習指導要領からは公害問題学習が関連教科に位置づけられ，すべての公立学校で教えられるようになった。

　野外教育は，社会教育団体であるボーイスカウトや YMCA によって戦前から行われているが，学校教育でも広く実施されるようになったのは 1960 年代以降である。文部省や地方自治体の施設として青年の家や少年自然の家の設立が増加して，学校教育のプログラムとしてもキャンプや野外体験活動が容易になった。野外教育にはキャンプのみならず，動植物や天文の観察，自然の素材を生かした工作活動，登山やハイキングなどが含まれる。野外教育が盛んになった背景には，都市化により子どもたちが自然と触れあう機会が減少したことがある。

　環境教育に関する国際会議の影響を受けながら 1980 年代には「環境教育」という名称が定着していった。環境教育に転機が訪れたのは，1992 年の地球サミットである。この前後に文部省は『環境教育指導資料』を刊行して，全国の学校における環境教育の推進を行った[13]。1990 年代の環境教育の主流は，自然体験学習やリサイクル型の学習であった。

　しかしながら，1990 年代の環境学習は，理科中心で，自然を体験することが目的化する傾向があり，社会問題から離れてしまう（脱政治化）という限界があった。そのため 2005 年からの ESD は自然のみならず，社会，経済，政治的な文脈のなかでの環境問題の解決をめざしている点で，環境教育に新たな方向性を与えるものであった。

⑵　開発教育と ESD

　日本の開発教育は 1980 年代に始まった教育活動で，当初は開発途上国における貧困や飢餓といった「低開発」を問題として，その解決のために先進工業国の住民としてできること，してはいけないことを考えるための学びをめざすものであった。したがって初期の主要テーマは貧困，南北格差，そして国際協力などであった。この時期の開発教育の特徴は，その知識や情報の多くを「南」

の国々で活動しはじめた青年海外協力隊や国際協力 NGO によっていたことである。このころの NGO の活動は，主にアジアの「途上国」の貧困問題を解決すべく現地で支援活動を行い，開発教育はそれらの NGO から集まる情報や彼らの経験をもとに日本の子どもや一般の人々に「南」の世界の現実を知らせ，国際協力の必要性を訴えるという活動を行ってきた。国際協力活動と開発教育とは車の両輪のように手をたずさえて，国外と国内の「開発」をめぐる問題意識をつなぎ，課題解決に向けて役割を担ってきたといってもよいであろう[14]。

1990 年代に入って一連の国連・国際会議での議論を受けて，開発教育は環境，人権，平和，ジェンダーなどのグローバルな課題との関連性を意識するようになる。日本で開発教育を推進する担い手によって設立された開発教育協会（以下，DEAR）では，成人学習に関するハンブルグ宣言が出された同じ年の 1997 年に，発足以来使用してきた「開発教育」の定義を改訂する。このときから DEAR は ESD の活動を実質的に開始していたということができる。その後，DEAR は「総合的な学習の時間（総合学習）」の導入をにらみながら，参加型学習の手法づくり，開発問題のカリキュラムづくり，学校・NGO・地域の連携に関する研究会を立ち上げて，それらの研究成果をもとにハンドブックづくりなどに取り組んできた。

DEAR では，開発教育を「私たちひとりひとりが，開発をめぐるさまざまな問題を理解し，望ましい開発のあり方を考え，共に生きることのできる公正な地球社会づくりに参加することをねらいとしている」と説明したうえで，具体的な教育目標として「文化の多様性の理解」「貧困と南北格差の原因の理解」「地球的諸課題の関連性の理解」「自分と世界とのつながりの気づき」「問題解決への参加の能力と態度」の 5 項目をあげている。

DEAR では，2005 年の「国連 ESD の 10 年」の開始を受けて，次の 3 つが実施された。① 開発教育の観点から ESD カリキュラムを構想する，② 国際的な課題のみでなく，地域課題にも向き合うファシリテーターの養成，③ ESD にかかわるアジア・太平洋の教育機関や NGO とのネットワークづくりを推進する。このうち，「ESD・開発教育カリキュラム」については次節で述べる。

第 7 章　開発問題とＥＳＤ　*115*

⑶ 日本における ESD の実施

　ユネスコによる 2005 年の国際実施計画の策定を受けて，2006 年には日本で
も「持続可能な開発のための教育の 10 年関係省庁連絡会議」によって国内実
施計画が策定された[15]。このなかでは，ESD を「私たち一人ひとりが，世界
の人々や将来世代，また環境との関係性の中で生きていることを認識し，行動
を変革することが必要であり，そのための教育」であると定義している。また，
ESD の 10 年の実現に取り組んできた日本の民間団体が集まり，「持続可能な
開発のための教育の 10 年推進会議（ESD-J）」を組織した。

　ESD の事業は多くの省庁にまたがっているが，そのなかでも文部科学省と
環境省がより多くのかかわりをもっている。文部科学省の関連では，2011 年
度の学習指導要領の策定にあたって，持続可能な社会の構築や ESD について
各教科領域に多くの文言が採用された。実際にはユネスコ・スクールにおいて
ESD を推進していて，2017 年 3 月の時点で全国 964 校のユネスコ・スクール
が指定されている。また，大学など高等教育機関においても ESD が推進され
ていて，全学共通カリキュラムや専門課程のなかに，環境教育，持続可能な社
会づくりなど関連のテーマを意識的に採用する大学が増えている。

　環境省は，ESD 促進事業（2006-08 年度）によって全国 14 カ所の地域をベー
スにした ESD の取り組みをモデル事業として評価し，その成果の普及をはか
ってきた。これらのなかには，岡山市のように公民館をベースにして全市的に
ESD に取り組んでいる自治体もある。ESD の 10 年の最終年度にあたる 2014
年には，愛知県・名古屋市と岡山市で ESD ユネスコ世界会議が開かれた[16]。

4 ESD のカリキュラム

⑴ ESD・開発教育カリキュラム

　それでは，ESD を実践するにあたってはどのような学習が行われるのであ
ろうか。SDGs のように複雑で広範な地球的課題や経済のグローバリゼーショ
ンの構造を理解し，自分たちの問題としてつなげていくことは決してやさしい
ことではない。学習方法の観点からみたとき，ESD の内容である地球的課題

116　第 2 部　環境理論

の学習には先のユネスコの説明にもあるように次のようないくつかの特徴がある。それは，①問題解決的であり，②未来志向であり，③知識の獲得だけでなく態度の変容が求められていることである。そのためグローバルな課題の学習を行う際には，学習者自らが主体的に参加して自己変革を行うような学習活動が求められる。このような学習方法の1つが参加型学習と呼ばれていて，その具体的な学習形態としてワークショップ形式がある。

参加型学習は地球的課題のように答えそのものが多様であり，答えを見いだすプロセスを重視する学習活動において有効である。参加型学習は，日本では1990年前後から用いられるようになった用語であるが，その系譜はイギリスの開発教育やグローバル教育，パウロ・フレイレによる識字教育や課題提起教育，さらにはジョン・デューイによる問題解決学習や新教育運動における実践などにもさかのぼることができる。これらの学習活動は「学習者（子ども）の興味関心」「体験・経験」「対話」「参加」などのキーワードが共通している[17]。

DEARでは，参加型のワークショップについてイギリスのグローバル教育の事例などに学びながら1990年頃から研究を進めてきた。その成果が2000年の『参加型学習で世界を感じる―開発教育実践ハンドブック』である[18]。ここでは，参加型学習の手法として「フォトランゲージ」「ロールプレイ」「ランキング」など11の手法が紹介されている。また，「食」「環境」「貿易」「識字」「難民」「国際協力」「在住外国人」などのテーマを題材とした12のカリキュラムが教材とともに掲載されている。ここで採用されている参加型の教材に『ワークショップ版　世界がもし100人の村だったら』がある[19]。これは，教室の子どもたちが世界のどこかの住民となり，文化や言語の多様性を体験する。また大陸ごとに分かれることにより，人口の偏りや貧富の格差を体験する。世界の現実を可視的に体験できる教材である。

2002年からの公立学校における「総合的な学習の時間」の導入に伴い，国際理解や環境がテーマとして採用され，参加体験型の学びが強調された。そのため，DEARの教材は全国各地の学校や社会教育，あるいはNPOなどで幅広く活用されてきた。しかしながら，この間の現場での実践をみたときにいくつかの問題点があったと考えている。たとえば，多くの実践の場で「参加型学習」

の意味が狭く捉えられる傾向があったことである。参加型学習における「参加」は、本来学習者が将来的に社会に参加し、世界の課題解決への参加をめざしていた。ところが、開発教育協会の教材が授業やセミナーで一時的に使用されるだけで、将来につながりにくいという課題をかかえていた。

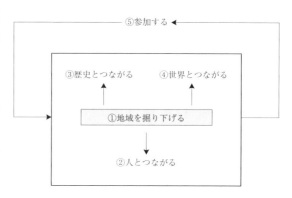

図7-2　地域を掘り下げ、世界とつながるカリキュラム
出典：『開発教育で実践するESDカリキュラム』44頁

いわば授業の一時的な「ネタ」として、それらの教材やワークショップが「消費される」傾向にあったのである。

　この点の反省から、DEARでは2010年に開発教育で実践するESDカリキュラムを発表している[20]。このカリキュラムは「地域課題を深く掘り下げながら、世界とつなげる」という特徴をもっている。学習者個人や地域の課題とグローバルな課題とをつなげることに力点がおかれている。カリキュラムは、図7-2のような構造をもつ。まず「①地域を掘り下げる」観点であるが、地域を調査する手法としてはアクション・リサーチがある。ここにおいて大切な観点は、第一に実際に地域を歩いて課題を発見すること、第二に、地域がかかえる問題点だけではなくその地域の「よさ」を見いだすこと、第三に、「地元の目」と「外部の目」の双方の視点をもつことである。

　「②人とつながる」観点は、「①地域を掘り下げる」観点と表裏一体といってもよい。なぜなら、地域を掘り下げるためには、外部（学習者）の視点だけでなく、内部（地元の人）の視点が必ず必要だからである。また公共政策に関連するテーマの場合、行政の担当部局へのヒヤリングや、その問題を扱っているNGO・NPOや個人など民間セクターへのヒヤリングも欠かすことはできない。「③歴史とつながる」も、人とのつながりの延長線上で考えられる。「歴史」というと多くの生徒にとっては暗記するだけで、自分とは直接かかわりのない世

界と思われている。しかし，地域や年長者の具体的な話を聞くことで，歴史が
より身近なものとなり，歴史に対する見方も変わってくるであろう。

「④世界とつながる」であるが，世界へのつながり方は以下のようにさまざ
まである。

(a) 地元に外国人がいる。―たとえば，地元に住んでいる在住外国人や難
民など。

(b) 地域の問題が世界につながる。―たとえば，TPP による貿易や関税
の自由化と，地元の農業や地場産業との関係など。

(c) 外国の問題と比較対照する。―例としては，日本のホームレスの問題
とバングラデシュのストリート・チルドレンの問題を比較して考える
など。

(d) グローバルな課題を扱う。―たとえば，難民問題，地球環境問題な
どグローバルな課題と自分たちとのつながりを考える。

地域学習を表面的な調べ学習に終わらせずに，より広い視野から考えさせる
ためには，それぞれの課題を「④世界とつながる」ようにすることが有効であ
る。従来の地域学習にはこの観点が必ずしも十分ではなかった。

ESD カリキュラムは，最終的には「⑤参加する」ことが目標となる。児童・
生徒の参加を促すためには，まず自分が発言したことや行動した結果が社会に
影響を与えることができるという「効力感」をもつことが大切である。効力感
とは，何をしてもどうせ世の中は変わらないという「無力感」の反対語である。
そして，社会に何らかの働きかけをするためのスキルも必要となる。それは，
発言する力，プレゼンテーションする能力に始まり，社会のさまざまなリソー
スを活用する技能までさまざまである。最後に学習成果の発表会を行い，児童・
生徒どうし，そして地域の大人や行政に対して学習成果を報告し，よりよい社
会に向けての具体的な提案を行うことは有益な方法であろう。このプロセスを
とおして，児童・生徒たちは社会に働きかけるためのさまざまなスキルを身に
つけることができる。それこそが今後推進されるべき ESD であり，市民教育
であるということができよう。

第 7 章　開発問題とＥＳＤ　*119*

⑵ 環境教育の観点からの批評

　開発教育の観点からの ESD・開発教育カリキュラムは，ESD のもう 1 つの柱である環境教育の観点からはどのように評価できるであろうか。まず，環境教育と開発教育との関連性と独自性についてみてみたい。

　阿部治は，かつて環境教育を「自然系」「生活系」「地球系」に分類した[21]。このうち，地球系は開発教育，平和教育をはじめグローバルな諸教育活動を含んでいる。生活系には，リサイクル教育，消費者教育，エネルギー教育など分類される。さらに自然系は，自然保護教育，農林業体験，ネイチャー・ゲームなどが例示されている。これらの環境教育の広がりのなかで，地球系と生活系の環境教育の学習論は，開発教育などほかの教育活動（人権，ジェンダー，多文化など「人」を扱う教育活動）と共通する要素が多い。いっぽうで，自然系の環境教育は「人間と自然との関係性」を課題としていて，ほかの教育活動では扱われないか副次的な扱いであり，環境教育独自の分野である。そこでは，人間非中心主義の理念や生態系の概念をもち込まねばならず，環境教育がほかの教育活動とは違うユニークさを主張すべき点がある。

　ESD・開発教育カリキュラムは地球系，生活系にはそのまま通ずるものの，自然系には必ずしも通用しない。なぜなら，自然系の環境教育は「人間と自然との関係性」を課題としているからである。環境教育の立場から ESD に寄与すべき固有の教育論・学習論を 2 点あげておこう。

　1 つは「感性」である。レイチェル・カーソンは『センス・オブ・ワンダー』のなかで，自然に対する驚き，神秘さ，畏敬の念は幼少期から養われる必要がある，と述べている[22]。人間が大自然のなかではほんの 1 つの種にすぎないという感覚を育てることは環境教育の出発点といってもよいであろう。開発教育においても感性は大切であるが，この場合は弱者，非抑圧者に対する「共感」が重視される。

　2 つ目は生態系の理解である。生態系は環境教育の中心的なテーマである。公害や地球温暖化の問題を考える際には，近代化以降の文明が循環性を無視して汚染を広め，環境悪化を招いたことが理解されねばならない。また，それによって種の多様性が失われたことも知る必要がある。「循環性」と「多様性」

120　第 2 部　環境理論

の理解が中心的な課題となる。開発教育には「循環性」の概念は乏しく，また多様性は「文化・民族・言語の多様性」として理解されている。図7-2のESD・開発教育カリキュラムに対して，これら2点の環境教育の視点を加えることで，トータルなESDカリキュラムへの展望が開けてくるであろう。

5 SDGs と持続可能な社会

　2016〜2030年まではMDGsのあとを受けて，国連・持続可能な開発目標（SDGs）が設定されることになった。SDGsの17の目標は大きく3つのグループに分類することができる。最初の6つの目標はMDGsを引き継ぐ開発目標であり，主に開発途上国を対象としたものである。ここでは①貧困，②飢餓，③保健，④教育，⑤ジェンダー，⑥水・衛生，の6つの目標がある。つぎに，地球サミット以来の狭義の環境問題として，⑬気候変動，⑭海洋資源，⑮陸上資源の3つの目標がある。残りの7目標が「持続可能な社会づくり」に関する開発目標である。⑦エネルギー，⑧成長・雇用，⑨イノベーション，⑩不平等，⑪まちづくり，⑫生産・消費，⑯平和と公正である。

　SDGsの特徴は「持続可能な開発」ないし「持続可能な社会」をイメージしやすくなったことである。いくつかの目標をつなげて，持続可能なまちづくりとして「雇用があり，公正で，生産と消費に責任をもち，ジェンダー平等なまちづくりを考える」というような学習活動が可能である。

　教育に関しては，SDGs目標4の第7項で次のようなターゲットが掲げられている。

　　2030年までに，持続可能な開発のための教育及び持続可能なライフスタイル，人権，男女の平等，平和及び非暴力的文化の推進，グローバル・シチズンシップ，文化多様性と文化の持続可能な開発への貢献の理解の教育を通して，全ての学習者が，持続可能な開発を促進するために必要な知識及び技能を習得できるようにする。

　2020年から採用される学習指導要領にはSDGsとESDへの言及が各所でなされているので，各教科，各領域でSDGs実現のためのESDを実践していく

ことが求められよう。

［田中 治彦］

本章を深めるための課題

1．「持続可能な開発」の理念を，さまざまな開発の概念と比較しながら説明しよう。
2．ESD の教育・学習の特徴について，従来の学習論と対比しながら述べなさい。
3．自身が過去に受けた教育の経験のなかから ESD につながる学習活動を探して
　みよう。その学習活動と図 7-2 のカリキュラムとを比較して考察しよう。

注

(1) 湯本浩之（2016）「さまざまな開発論」田中治彦ほか編『SDGs と開発教育―持続可能
な開発目標のための学び』学文社，75-95 頁。
(2) M.Nerfin ed.（1977）*Another Development: Approaches and Strategies*，Uppsala: Dag
Hammarskjold Foundation.
(3) UNDP，*Human Development Report*，1990－（国連開発計画『人間開発報告書』国際
協力出版会）。
(4) Peter Oakley et al.（1991）*Projects with People - The Practice of Participation in Ru-
ral Development*，ILO.（P. オークレー編（1993）『国際開発論入門―住民参加による開
発の理論と実践』築地書館）。
(5) World Commission on Environment and Development（1987）*Our Common Future*，
Oxford University Press.（大来佐武郎監修（1987）『地球の未来を守るために―環境と
開発に関する世界委員会』福武書店）。
(6) Agenda 21 Chapter 36 *Promoting Education, Public Awareness and Training*，Unit-
ed Nations Conference on Environment and Development，Rio de Janerio，3-14 June
1992.
(7) *Final Report*，International Conference on Environment and Society: Education and
Public Awareness for Sustainability，Thessaloniki，Greece，8-12 December 1997.
(8) *The Hamburg Declaration on Adult Learning*，UNESCO Fifth International Confer-
ence on Adult Education，Hamburg，14-18 July 1997.
(9) ミレニアム開発目標については外務省，および国連開発計画（UNDP）のホームページ
で詳しくみることができる。MDGs の達成状況や 2015 年以降に向けた動向も知ること
ができる。http://www.mofa.go.jp/mofaj/gaiko/oda/doukou/mdgs.html（外務省）．
http://www.undp.or.jp/aboutundp/mdg/（UNDP）（2017 年 4 月 10 日最終閲覧）。
(10) 「国連持続可能な開発のための教育の 10 年　国連総会決議（仮訳）」http://www.mofa.
go.jp/mofaj/press/release/15/rls_1224b_2.html（2017 年 4 月 10 日最終閲覧）。
(11) http://www.unesco.org/new/en/education/themes/leading-the-international-agen-

da/education-for-sustainable-development/（2010 年 5 月 1 日最終閲覧）。

(12) 新田和宏（2002）「環境教育が直面する最大の課題―グローバリゼーションと持続不可能な社会」日本環境教育学会『環境教育』第 22 号，15-25 頁。

(13) 文部省『環境教育指導資料』中学校・高等学校編（1991），小学校編（1992），事例編（1995）。

(14) 開発教育の歴史的展開については以下を参照のこと。田中治彦（2008）『国際協力と開発教育―「援助」の近未来を探る』明石書店，116-153 頁。

(15)「わが国における『国連持続可能な開発のための教育の 10 年』実施計画」http://www.mofa.go.jp/mofaj/press/event/pdfs/esd_copy_keikaku.pdf（2017 年 4 月 10 日最終閲覧）。

(16)『国連持続可能な開発のための教育の 10 年（2005～2014 年）ジャパンレポート』「国連持続可能な開発のための教育の 10 年」関係省庁連絡会議，2014 年 10 月。

(17) 田中（2008）同上書，154-170 頁。

(18) 開発教育協会（2003）『参加型学習で世界を感じる―開発教育実践ハンドブック』。

(19) 開発教育協会（2003）『ワークショップ版　世界がもし 100 人の村だったら』。

(20) 開発教育協会編（2010）『開発教育で実践する ESD カリキュラム―地域を掘り下げ，世界とつながる学びのデザイン』学文社。

(21) 阿部治（2002）「『持続可能な未来』を拓こう」『季刊エルコレーダー』第 12 号。

(22) レイチェル・L・カーソン／上遠恵子訳（1996）『センス・オブ・ワンダー』新潮社。

参考文献

今村光章編（2016）『環境教育学の基礎理論－再評価と新機軸』法律文化社

動く→動かす編（2012）『ミレニアム開発教育目標　世界から貧しさをなくす 8 つの方法』合同出版

鈴木敏正・佐藤真久・田中治彦編（2014）『環境教育と開発教育：実践的統一への展望―ポスト 2015 のＥＳＤへ』筑波書房

田中治彦編（2008）『開発教育－持続可能な世界のために』学文社

田中治彦・杉村美紀編（2014）『多文化共生社会におけるＥＳＤ・市民教育』上智大学出版・ぎょうせい

田中治彦・三宅隆史・湯本浩之編（2016）『ＳＤＧｓと開発教育―持続可能な開発目標のための学び』学文社

TANAKA, Haruhiko（2017）"Current State and Future Prospects of Education for Sustainable Development（ESD）in Japan", In Educational Studies in Japan International Yearbook , No.11, pp.15-28

日本環境教育学会編（2014）『環境教育とＥＳＤ』東洋館出版社

日本社会教育学会編（2015）『社会教育としてのＥＳＤ』東洋館出版社

第8章 持続可能な開発と国際協力

KeyWords
☐国際協力　☐開発協力　☐開発アジェンダ　☐ケイパビリティ　☐国際協力機構（JICA）　☐政府開発援助（ODA）　☐環境社会配慮　☐パートナーシップ　☐開発の脱政治化　☐双子の基本問題

　国際協力は途上国で持続可能な開発を実現していくために必要不可欠である。国際協力をめぐる認識はSDGsにおいて大きく変わりつつある。ODAだけでなく、企業や市民社会の多様なアクターのパートナーシップが重視されるようになった。本章は、環境・社会・経済の関係性の視点を念頭において開発の歴史を概観したあと、ODAをはじめとする国際協力の概要、持続可能な開発を考えるうえで重要だと思われるイシューを概説する。

1 全人類共通目標の誕生

　宇宙から夜の地球を眺めると図8-1のような光景が映るという。あくまでも

図8-1　宇宙からみた夜の地球

出典：NASAウェブサイトより

124　第2部　環境理論

イメージ上の話だが，南北格差の表象としてたびたび引き合いに出される写真である。都市化，産業集積，自然の賦存分布についてさまざまなことを考えさせられる。最も裕福な2%の人々が世界の全資産の半分以上を所有し，下半分の50%の人々が所有するのは1%にすぎないという極端な富の偏在がある。エネルギー起源のCO_2の6割が途上国から排出される一方，1人当たりの排出量は先進国が途上国の30倍である（下村　2016a：279, 2016b：151）。

　冷戦期，ポスト冷戦期を通じて，開発をめぐるさまざまなアジェンダが生まれ消えてきた。それは人類，国際社会の試行錯誤の歴史であり，開発概念の多様化の現れである。同時に国際機関，先進国政府，途上国政府，多国籍企業，NGOなど開発の諸アクターの利害と関心のせめぎ合いの歴史でもあった。アジェンダの光芒（元田　2007）を超えて人類共通の地球的目標としてオーソライズされたのが「持続可能な開発」概念である。

　開発協力，人道支援，平和構築のための国際機関，政府，企業，NGO，地方自治体，市民団体の取り組みが国際協力として存在する。国際協力の定義は一様ではないが，本章は「途上国の開発の営みに対する国際社会からの支援」という定義を共有する（廣里　2016：114）。

　持続可能な開発と国際協力について考える際，いわゆる環境案件だけに限定することは適当でない。地球上の森林消失やCO_2排出の多くは途上国で起きているが，産業育成，社会開発，貧困対策，教育等のすべての分野が持続可能な開発に直結している。さらには，日本国内の地域づくりや市民一人ひとりの生活実践すら，広義の国際協力といえる。

② 経済・社会・環境の関係の変容

　持続可能な開発の3要素としての環境，経済，社会の概念の関係性，埋め込み具合を図に示した。最初に自然環境が存在し，そこで人間生活の営みから地域固有の歴史風土が形成された（図8-2）。本来人間社会は環境の多様性に規定された多様で地域固有な存在だった。その社会に埋め込まれるかたちで経済の営みが誕生した。自然環境は母であり，人間（社会）は子であり，経済は孫で

図8-2　環境・社会・経済の関係（かつて）　　図8-3　環境・社会・経済の関係（現在）
出典：図8-2, 8-3とも北野（2014:189）

ある。図8-3では地球全体にグローバル経済が展開され、効率・合理性に基づく競争が支配的原理となる。人間社会はグローバル経済のなかで存在することを余儀なくされる。人間社会や文化の多様性は減少し、好むと好まざると画一化が進む。かつての母なる自然環境は経済的価値に照合して、開発するか／残すか（ex.観光資源として）の選択がなされる。経済的価値に照らした環境の資源化が当たり前になる。

　大雑把にいって、世界各地で3つの円の重なりが、環境＞社会＞経済から、経済＞社会＞環境へと移行した。それぞれの地域で、いつどのようにして重なりの順序が入れ替わったか、興味がある国にあてはめて考えてみるとよい。端的にいえば、この移行プロセスが近代化であり狭義の開発である。安易な単純化はできないが、主にこの変化の原動力は工業化（のちに国際貿易）であり、変化の推進主体は長らく国家および大企業であった。国際フェアトレード認証制度の産みの親であるフランツ・ヴァンデルホフ神父は現代の多国籍企業が国家の意思決定までもコントロールする現状を憂い「経済のために人間が存在するのではない、人間のために経済が存在するのだ」と述べている（北野　2016：123）。

③ 開発論の展開と持続可能な開発

(1) 近代化論と従属論

　いわゆる第三世界の国々において，現実の国際関係や東西冷戦，さらには，その枠組みのなかで展開される開発援助，民間投資，技術革新，資源確保にかかわるビジネスによって，この3つの輪の入れ替わりという変化（経済発展，社会変容）は加速化された。1950年代，農業国から工業国への段階的移行，GNPの増大が唯一の道という単線的な進化を開発と考える近代化論が支配的だった（郭　2010：9）。のちにウォルト・ロストウの『経済成長の諸段階』(1960) に結実したこの種のシンプルな考えは，次のようなたとえ話で説明すればわかりやすい[1]。世界の国々を教師，先輩，後輩に置き換えれば，アメリカは教師，復興後の西欧と日本は先輩，当時第三世界と呼ばれた数多くの途上国は後輩に相当する。運動部でも音楽サークルでもいい。教師は競技のルールやトレーニング方法，演奏の仕方を教え，それを忠実に会得した先輩がいる。教師や先輩は何も知らぬ後輩に対して自分たちのやり方を真似るようにあれこれと指導を行う。厳しい練習もあるだろう。先輩は後輩に「俺たちも，同じように厳しい練習をしてきたんだ。俺たちと同じぐらいがんばれば，君たちもきっと俺たちのようになれる」と言い，後輩はその言葉を信じて健気に練習に打ち込む。途上国が先進国のようになれないのは，単純に何かの経験や蓄積が足りないということになる。1947年の国連憲章では経済成長こそが唯一の目標とされた。

　1960年代になると，なかなか縮まらない南北間の経済格差を「第一次国連開発の10年」のイニシアチブの下で「開発とは，経済成長に加え社会的，文化的，経済的変革」であり「量的な変革であると同時に質的な変革でもある。開発のコンセプトは，何よりも人々の生活の質的向上でなければならない」という開発における経済と社会の統合の考えが現れる（郭　2010：9）。だが，経済成長年率5％を達成するという究極目標の下位概念であり，1950年代の考え方に若干の修正を加えたにすぎない。

　1970年代，途上国側とりわけラテンアメリカ諸国の経済学者らが，世界経

第8章　持続可能な開発と国際協力　*127*

済の「中心⇔周辺」権力構造こそが南北格差が縮まらない理由とする従属論を示し，単純な近代化論への批判となった。教師・先輩・後輩のたとえ話で説明すると「俺と同じようにがんばれれば同じようになれると先輩は言うが，果たして本当だろうか」という疑念が後輩の間に広がり始める。なぜなら先輩が入部したときにはその上の先輩はいなかった。今では自分たちがいかに練習しようと，その上には先輩や先生がいて差は縮まらない。この場合，先生や先輩が引退する可能性はない。だから先輩後輩関係は常に存在し，先生・先輩による後輩の支配は構造化され，変わらない。植民地制度のころにさかのぼってみれば，中心諸国が周辺地域を統合支配し，独立後も格差を温存・拡大させるような制度や関係性が形成され低開発性が再生産されてきた（鈴木　2001：16-20）。先輩後輩間の競争は最初から不平等なものである。しかし従属論は，有効な政策を提示できなかったこと，1980年代以降，途上国のなかでも工業化と経済成長を達成する国々が出現したことなどから急速に萎んでいく。

(2)　さまざまな試行錯誤

　同じ1970年代，経済的な尺度だけではない開発アプローチを模索する動きがさらに顕著になった。ローマクラブ『成長の限界』(1972) に加え，第2次国連開発の10年に社会的公正，人間の潜在能力などの要件が盛り込まれた。「社会が最貧層に設定すべきミニマムな生活水準」の保証を優先するBHNアプローチ（Basic Human Needs：栄養，健康，教育，水と衛生，住居），内発的発展論に関する初の国際的文書といえるダグ・ハマショールド財団『もうひとつの発展』(1975) などが登場する。これらは，環境・資源の有限性，人口増加，際限なき工業化への警鐘，所得の再分配を市場だけに頼らないことなど，近代化論への批判的視座を共有していた。教師・先輩・後輩の話にたとえれば，後輩は先生や先輩が要求する練習メニューに対して消極的あるいは拒否するようなケースもありうる。練習に遅刻した者に腕立て伏せ100回のペナルティが課せられたことに対して，「こんなことに意味があるのか」と疑念を抱く者もいる。先生や先輩は，「練習をしないと試合（コンクール）で勝てないぞ」と言う。だが，後輩がその競技（あるいは楽器）をやろうとした理由は，試合やコンクールに出

128　第2部　環境理論

場し勝利することではなく，単に「趣味として楽しみたい」だったらどうだろう。最初は緩い動機で始めても，だんだんと興味が湧き，練習に本気になり，時間はかかっても，実力をつけていく可能性もある。

「開発の失われた10年」と呼ばれた1980年代は，経済のグローバル化，新自由主義の勃興と主流化がみられた一方，1982年のメキシコ，ブラジル，ベネズエラなどのラテンアメリカ諸国の債務危機，サブサハラ諸国の累積債務問題，さらには1990年代のアジア通貨危機など，経済破綻あるいは運営が立ち行かなくなる国が続出した。ラテンアメリカ，アフリカの多くの国で構造調整（SAP：Structural Adjustment Policy）と呼ばれる政策パッケージが世界銀行・国際通貨基金の指導により導入された。背後にはワシントン・コンセンサスと呼ばれる貿易や金融の自由化や規制緩和を絶対是とする新自由主義的な考えがあった。SAPによる政府・行政のスリム化，非効率な国営企業の民営化，保護主義的な補助金の撤廃，金融自由化により，国際自由貿易体制への「組み込み」による立て直しが期待された。いっぽう，国内各産業部門における競争原理の貫徹と社会的セイフティネットの撤廃により，多くの国々で貧富の差の拡大がみられた[2]。

1990年代はマクロレベルで新自由主義的開発政策が展開された一方，人間開発概念の主流化，社会開発，参加型開発等，理念手法において，経済成長一辺倒でない要素の重要性が引き続き認識された。世銀報告書『東アジアの奇跡』は急速な工業化と経済成長が始まっていた韓国，シンガポール，台湾，香港，インドネシア，タイ，マレーシアを取り上げ，経済成長と比較的平等な富の分配が実現されたのは，教育や基礎インフラなど基礎の条件整備の重視，政府の一定の介入下での輸出振興によるとした（世界銀行　1994）。

(3)　人間開発と貧困概念の転回

1990年代は貧困概念に大きな転回がみられた時代でもある。貧困を問うことは開発を問うことである。一日1.25ドルを貧困ラインとして，それ以下で生活する人々を極度の貧困状態にあると分類することが一般的だが，あくまでも便宜的な分類である（世界銀行は2015年に絶対的貧困の基準を1.9ドルに引き上

第8章　持続可能な開発と国際協力　*129*

げた）。先進国の貧困層はこのライン以下の生活をしているとは限らないが，非人間的な状況にあることは変わりない。貧困には絶対性と相対性がある。ノーベル経済学賞を受賞したアマルティア・センは所得という経済的な尺度でなく「容認できる程度の生活を送るための選択の機会」（リスター　2011：32）が剥奪または否定されていることを貧困と定義した。

　人間開発は，人間の選択肢を広げるプロセスである。人間が社会の成員として正当かつ自由に使用できる財・サービスの組み合わせ，集合のことを entitlement（権原）と呼ぶ。Entitlement の情況はその個人の基本的活動を規定する。基本的活動とは「十分な栄養をとること，早死を防いだり，病気の際に適切な医療を受けたりすること，(略)自尊心をもったり，幸福であったり，地域生活に積極的に参加したり，他人に認められたりする」（西川　2000：302-303）ことであり，一人の人間にとっての doings（何かをすること），beings（何かであること）を意味する。つぎに，capability（潜在能力）は，その人の可能性として「できる何か」すなわち「その人間に開かれた選択の範囲」（リスター 2011：33）であり，達成可能な基本的活動の集合である。人間は基本的な活動の選択を通じてよりよい生活（well-being）を実現する自由を有している。センは開発を「人々が享受する様々の本質的自由を増大させるプロセス」（セン　2000：1）と定義し，貧困を「一定の，最低受容できる水準に達するための基本的な潜在能力の不足」（リスター　2011：33）と定義する。個々人の capability の発揮と自由を増大させ，開発の持続可能性を高めるには，経済と社会と環境の3つの柱における公正性が不可欠となる。

(4)　持続可能な開発とは

　2000 年代以降，持続可能な開発は光芒する開発アジェンダという次元を超えて，人類共通の目標となった[3]。外務省のウェブサイトでは，1987 年のブルントラント報告『我々の共通の未来』を引用するかたちで「『将来の世代の欲求を満たしつつ，現在の世代の欲求も満足させるような開発』のことを言う。この概念は，環境と開発を互いに反するものではなく共存し得るものとしてとらえ，環境保全を考慮した節度ある開発が重要であるという考えに立つもので

ある」と紹介されている。SDGs の文言に持続可能な開発の定義は見当たらず，自明のこととして扱われている。前文において「持続可能な開発の三側面，すなわち経済，社会及び環境の三側面を調和させる」（外務省仮訳，以下同様）とされ，この「三位一体」はいくどとなく SDGs のなかで言及される。めざすべき世界像のなかで「我々は，すべての国のために強固な経済基盤を構築するよう努める。包摂的で持続可能な経済成長の継続は，繁栄のために不可欠である。これは，富の共有や不平等な収入への対処を通じて可能となる」と経済成長の重要性を強調し，教育や貧困対策等の基礎的な分野だけでなくインフラ整備，工業化推進への支援・投資を渇望する途上国の要求を代弁するが，包摂性と分配の平等の必要性が一応担保される。

　グローバル・パートナーシップについては「世界的連帯，特に，貧しい人々や脆弱な状況下にある人々に対する連帯の精神の下で機能する」として「全面的にコミットする」としている。グローバル・パートナーシップとは，開発協力のアクターを国際機関やドナー国政府および国際 NGO に限定せず，多国籍企業，ローカル NGO，さらには，ドナー国，被援助国の双方の市民団体，協同組合，中小企業，地方自治体など，官民のありとあらゆる団体・組織がパートナーになりうるというきわめて開かれた世界観に基づく関係性である。そして，「ODA を含む国際的な公的資金の重要な活用は，公的及び民間の他の資源からの追加的な資源を動員する触媒となる」とする。これには多国籍企業による開発輸入のための投資や開発事業，BOP ビジネス（後述）やフェアトレードも含まれる。公的資金はあくまでも触媒であり，その先のビジネス・ベースでの活動に期待が寄せられる。

　文化の多様性については「我々は，文化間の理解，寛容，相互尊重，グローバル・シチズンシップとしての倫理，共同の責任を促進することを約束する。我々は，世界の自然と文化の多様性を認め，すべての文化・文明は持続可能な開発に貢献するばかりでなく，重要な成功への鍵であると認識する」とする。

(5)　SDGs がめざすべき道

　前項の文言はどれも重要な事項ではあるが，非常に総花的である。先進国の

貧困者も含め「誰一人取り残さない（Leave no one behind）」とうたう SDGs は先進国も対象にしている。グローバル・サウスとしての最貧国に経済成長は不可欠だが，すでに成熟した先進工業国の一層の経済成長も必須ということになる。貧困者・脆弱状況下にある弱者との連帯，分配の公正，文化の多様性をうたう一方，グローバル・パートナーシップの主要な担い手としての多国籍企業の役割におおいなる期待が寄せられる。

　厳（2013：15）は，持続可能な発展には多国籍企業，外部からの技術導入による大規模工業化──工業的農業も含み得る（北野）──による外生的発展と地域固有の精神性や自然資源のメンテナンスを重視する内生的発展があり，前者はより弱い持続性，後者はより強い持続性を有し，長期的には前者から後者への移行をめざすべきだとする。だが，環境や文化の多様性が十分に担保されず，何らかの政治的判断により前者が先行的に実施された場合，コンフリクトが起きるリスクがある。

　現場では，経済成長と環境や社会の持続性が共約的な win-win 関係ばかりではない[4]。伝統的な生産形態や暮らしを望む非共約的な自由（文化の多様性）への要求が多国籍企業・ドナー国・被援助国政府の意向と合致せず win-or-lose 関係になることもある。被援助国政府も渇望する大規模開発や多国籍企業のビジネス展開がすべて収奪的で悪ではないにしろ，ありとあらゆるパターンが「持続可能な開発」の名の下で実行される可能性はないか。この概念が不可避的に有する二義性──開発＝経済成長の持続化 vs 自然と社会の持続化（文化，自然の多様性）──の矛盾が開発の現場において，いかに解決されるか，あるいは権力構造下で特定の立場に回収されるか，環境社会評価と市民社会による監視も必要だろう。

　SDGs においても，開発の究極目標が経済発展（成長）であることは変わりない。経済成長を社会的公正と環境的公正の下にいかに実現するのか（古沢2014：84）という命題を矢印で示したのが図 8-4 である。結果次第では，SDGsは「条件付きの近代化論（＝経済成長）」にすぎなかった[5]ということにもなりかねない。図 8-5 は SDGs が想定する地球システムの境界（一番外側の太実線）を意識したうえでの環境・社会・経済のあるべき関係性を示したものである。

132　第 2 部　環境理論

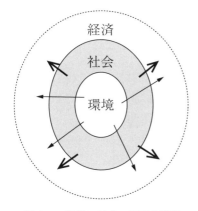 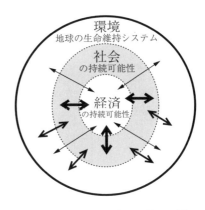

図 8-4　環境・社会・経済の関係　　　図 8-5　環境・社会・経済の関係
（環境的社会的公正からの働きかけ）　　（地球システムの境界内での社会と経済）

出典：図 8-4, 8-5 ともに蟹江（2017:14）を筆者修正

双方向の矢印は三者の相互規定性およびそれぞれのレジリエンスを示している。狭義の開発でなく真に"持続可能な"開発のために国際協力はどのようにあるべきか。2030 年に私たちは，いかなる持続可能性と開発を求めるのだろうか。

4　国際協力と開発協力

　図 8-6 は国際協力および関連する諸概念の重なり具合を示したものである。確認しておきたいのは，国際協力には軍事的な国際貢献は含まれないということである。「PKO 協力法」（1992）さらには「安保法制」（2015）による「駆けつけ警護」に定められた（「国際平和協力」としての）自衛隊活動を「軍事的な貢献」ではないとして国際協力の内に分類するか，外に分類するかは議論があるところだが，本章はこの分類（廣里　2016：115）を踏襲する。非軍事的貢献としての国際協力は下位概念の経済協力に近いが，経済協力開発機構（OECD）開発援助委員会（DAC）の分類では，開発協力には，ODA に加えてそのほかの公的資金の流れ（OOF），民間資金の流れ（PF），NGO による協力が含まれる。日本政府は歴史的経緯から，長らく経済協力という言葉を開発協力に相当する行政用語として用いてきた。2015 年の開発協力大綱において，開発協力とい

図 8-6　国際協力に関連する諸概念

出典：下村（2016c：4）；廣里（2016：115）より筆者修正

う概念が公的にうたわれるようになる。本章では，経済協力と開発協力は"ほぼ同意"という立場をとる。

　日本の開発協力および ODA は「途上国の開発問題の解決と持続的な成長」（外務省　2015：6-7），そして途上国の安定と発展を通じた国際環境の形成を通じた日本国民の利益の増進のために実施されることが 2003 年の改訂 ODA 大綱，同年の国際協力機構法以降，うたわれるようになった。誤解をおそれずにいえば，開発協力，ODA は外交の一手段であり，究極の目的は広い意味で日本の国益のためということになる[6]。

5　政府開発援助

　政府開発援助（ODA）は，①政府または政府機関によって供与され，②開発途上国の経済開発や福祉の向上に寄与することを主たる目的とし，③資金協力については，供与条件のグラント・エレメント（贈与率）が 25％以上の 3 要件を満たした援助国政府から途上国政府への資金の流れである（国際機関経由含む，JICA ウェブサイト）。ただし 2018 年以降（2019 年公表分），後発開発途上国と低所得国への贈与率が 45％，下位中所得国が 15％，上位中所得国が 10％という新基準に移行する予定である（OECD ウェブサイト）。日本はかつて世界最大の

供与国だったが，財政事情等により，1990年代後半に比べると規模は縮小した（図8-7）。いっぽう，米国，英国，ドイツはミレニアム開発目標の期間に大幅にODAを拡大した。また，中国の台頭が目覚ましい（DAC非加盟のため推計値）。日本の援助先はアジアが多いが，中東・北アフリカ，サブサハラ・アフリカの割合が増加している（図8-8）。なお，ODA新基準および新集計方式では，日本のODA実績は米国に次ぐ2番目の規模になると見込まれる（浜名　2017：193）。

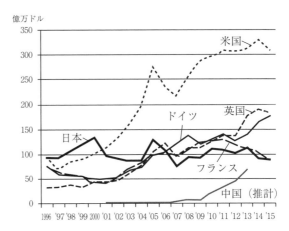

図8-7　主要ドナー国のODA実績（支出純額ベース）
出典：「2016年度版開発協力白書　図表」Kitano and Harada (2014: 16) から作成

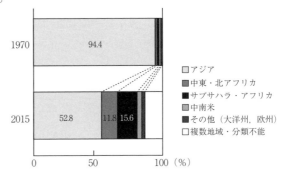

図8-8　日本の二国間ODAの地域別配分
出典：「2016年度版開発協力白書　図表」から作成

図8-9に援助スキームの分類を示す。二国間援助と多国間援助としての国際機関に対する出資，国際機関が実施するプロジェクトなどへの拠出がある。後者は外交政策としての国連重視・国際協調路線の考えにも合致し，援助の中立性を担保できる特徴を有し，ODA総額の3分の1程度を占める（2015年度，支出純額ベース，以下同）。

二国間援助は贈与と政府貸付等に大別できる。贈与のうち，無償資金協力は近年多様化しており，かつて，いわゆる「一般無償」（食料援助，貧困農民支援以外，水産無償，文化無償を除外する考え方もある）と呼ばれたスキームは図にみ

第8章　持続可能な開発と国際協力　　135

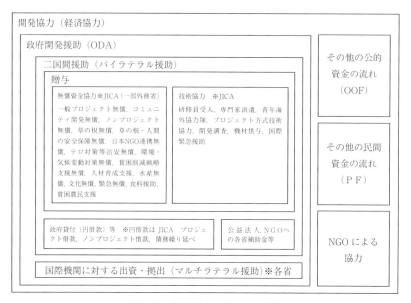

図 8-9　開発協力・ODA の分類
出典：北野（2011：7），国際協力用語集（2014）をもとに作成

るように 10 種類に細分化され，プロジェクト型，調達・実施代理型，財政支援型，国際機関との連携の 4 つの実施方法がある。食料援助は食料不足の国に対し穀物を購入するための資金協力，貧困農民支援はかつて食料増産援助と呼ばれていたもので，農業機械や肥料を購入するための資金協力である。ODA 総額の 3 分の 1 弱が無償資金協力に充てられている。

　贈与のもう 1 つの柱は技術協力である。研修員受入，専門家派遣，プロジェクト方式技術協力，開発計画調査，機材供与などを含み，考え方では，青年海外協力隊もこのカテゴリーに含められる。技術協力は「開発途上国の社会・経済の開発の担い手となる人材を育成し，日本の技術や技能・知識を途上国に移転し，あるいは，途上国の実情にあった適切な技術などの開発や改良を行い，開発の障害となっている課題の解決を支援するとともに，自立発展のための制度や組織の確立・整備」（国際協力用語集　2014：66）に役立つことが期待される。一般的な国際協力のイメージは現地で活躍する専門家・協力隊員の姿であり，

最も“露出度”が高い協力スキームである。ODA総額の4分の1程度を占める。

有償援助の政府貸付の多くは円借款である。途上国政府に対して円建てで貸し付けを行う。金利，返済期間，据置期間がきわめて緩いものとなっていることからDACの基準でODAとして認定されている。プロジェクト型借款，ノンプロジェクト型借款がある。前者には，交通インフラ，発電所，かんがい設備，ダムなど比較的規模の大きな経済社会インフラ（プロジェクト借款），プロジェクトのための調査設計などのための資金の融資（エンジニアリングサービス借款，セクターローン），被援助国の金融機関への貧困対策などのための資金供与（開発金融借款／ツーステップローン）がある。後者には，開発政策借款，商品借款，セクタープログラムローンがある。返済義務があり，近年ではJICAを通じた相手国との綿密な政策対話を伴うものが少なくない円借款は「相手国の自助努力支援」ということで，インフラ整備と運営能力向上に貢献する，とされている（国際協力用語集　2014：27-28）。かつて有償援助は日本の二国間援助の7割（1980年）を占め内外の批判を受けていた（ヌシュラー　1992：88）が，近年はODA総額の1割強，二国間援助の2～3割程度である。

6 環境社会配慮の重要性

持続可能な開発を考える場合，環境案件以外の開発協力プロジェクトについても環境や社会への配慮が必要なことはいうまでもない。だが，何らかの開発介入（援助＝近代化）が行われた場合，そこでは「環境と貧困のジレンマ」（経済発展を優先し環境劣化を許すか，環境保全を優先し経済発展を制限するか）が往々に起きる。伝統的な文化や社会構造を犠牲にしても経済発展を望むか否かというジレンマも同様である。

JICAでは環境社会配慮ガイドラインを定めており，環境社会配慮として「大気，水，土壌への影響，生態系及び生物相等の自然への影響，非自発的住民移転，先住民族等の人権の尊重その他の社会への影響」（JICA　2014）を対象にしている。これは，JICAの有償援助，無償資金協力，技術協力のすべての事前調査に適用され，影響がでそうな場合は要請段階からの情報公開，代替案の検

討，住民等との協議を行うことが盛り込まれている。第三者による審査諮問機関や異議申し立て制度も設けられた。本制度は，世界銀行などで定められた手続きを研究してつくられた（国際協力用語集　2014：59）。

　ガイドラインや異議申し立て制度の矛盾を指摘するいくつかの研究がある。まず，途上国の現場〜援助国政府（機関）〜援助国内の納税者・寄付者といった意思決定チェーンのなかに下向きのアカウンタビリティ（受益者に対する責任）と上向きのアカウンタビリティ（ドナーに対する責任）が併存しており，往々にして後者が勝ってしまうという指摘がある（元田　2007）。NGO においても，同様のジレンマが存在する（Suzuki　1997）。つぎに，組織内の目に見えない権力構造を指摘する研究もある。世界銀行を事例にした松本（2014）によれば，組織内の異なる専門性・職種（エコノミスト vs 社会学者・人類学者）で用いられる尺度・基準（松本の言葉では「はかり」）には違いがあり，非自発的な住民移転を伴うダムや大規模開発プロジェクトで環境社会影響調査をしても，組織内のオーソライズ，マネジメントの過程で数値化しやすい経済的タームに翻訳され経済的尺度が優越することを指摘する。世銀内での昇任処遇面でも専門性で差がでる[7]。

　世銀と JICA では組織・手続き・文化が異なり，一概にこの議論を当てはめることはできない。かつてメディアを賑わせた「ODA 批判」が激減したことを外務省のアカウンタビリティ向上とメディアのもともとの認識不足に帰する向き[8] もあるが，事はそれほど単純ではないだろう。外交の一部として国益や現場のさまざまな利害が絡み合う開発プロジェクトに，本来トラブルやコンフリクトはつきものだ[9]。問題があればオープンな議論をして次善の策を練る。これが環境社会配慮のあるべき姿であり，プロジェクト次元での環境・社会・経済という 3 つの持続性（SDGs の精神）を保証することにつながるのではないか。

7 多様化する国際協力とパートナーシップ

　国際協力の担い手は ODA だけではない。SDGs が重視するグローバル・パートナーシップには企業や市民社会の多様なアクターが含まれる。プロジェク

トを超えた多国間による援助協調，南南協力や三角協力，ODAと先進国のNGO，途上国ローカルNGOや地域の諸組織（CBO），ODAと日本の地方自治体や大学，ODAと民間投資，さらに，ボランティアや日常の生活実践や購買行動を通じた一般市民の参加など，ありとあらゆる連携がある。

(1) 非政府非営利団体

　非政府非営利団体（以下，NGO・NPO）は，市民社会のエージェントとして，ODAの下請け的補完機能に甘んじることなく，積極的な存在意義を有している。実際のプロジェクト（人道支援，開発プロジェクト），アドボカシー活動（政策提言），市民への情報提供や啓蒙啓発（開発教育，環境教育），さらには，ファンドレイジングのための活動，フェアトレードなど多様な業務を行っている。一般に，NGO・NPOが実施するプロジェクトは住民密着型で規模が小さく，政府行政を経由しないためさまざまな意味でフレキシブルな活動ができる。

　日本のNGOの活動地域別団体延数の内訳は，アジア68.1%，アフリカ15.9%，中東4.9%，中南米4.7%，国別活動団体数はフィリピン63，カンボジア52，ネパール48，タイ40，インドネシア36，スリランカ31の順となっている（外務省・JANIC 2016）。東日本大震災を機に多くの国際協力NGOが被災地支援も行うようになった。

　欧米に比べ歴史が浅く小規模な日本のNGO・NPOには，財政基盤が脆弱な団体が多い。欧米との寄付文化の違い，助成団体が十分に発達していないなどの理由から，ODAを含む公的資金に依存せざるをえない状況にある。これはNGO・NPO活動の独立性にも影響を与えかねず，ODAとNGO・NPOとの建設的な相互補完関係が十分に機能しなくなることが懸念される。

写真8-1　JICA資金によるNGOの持続的農業・環境教育プロジェクト（カンボジア）

出典：筆者撮影

第8章　持続可能な開発と国際協力　　*139*

(2) 民間資本（民間企業，ビジネス）

　ODA だけでは途上国の資金需要を満たすことは到底できない。ODA など の公的資金の一定程度は後発開発途上国（LDC）や貧困対策や教育など基礎的 部門を優先する必要がある。実際には多くが債務救済にまわされる。経済成長 という点からは ODA は触媒であり，その後の民間資本の役割が期待される。 主力は通常の利潤目的のための民間直接投資（FDI：foreign direct investment） である。1990 年代以降にある程度の経済成長を達成したアジアやラテンアメ リカの国々の経験が開発の重要アクターとして民間投資，ビジネスの役割を認 識させた。DAC 諸国とは異なる枠組みおよび動機で「経済協力」に参入して きた中国，ブラジルなど新興ドナーは公的資本と民間資本の線引きを曖昧にす るとともに，その役割が無視できないものになってきた（下村　2016a：290- 291）。このほか，BOP（Base of the Pyramid）ビジネスという 1 人当たり年間所 得 3000 ドル未満の層（推定 40 億人）の購買力を支援するあるいは引き出すよう なインクルーシブ（包摂的）なビジネスのあり方（生活実態に適した商品開発や販 売の仕方を含む）も注目され，市場規模は 5 兆ドルともいわれている。

(3) 国際協力と地域振興

　まちづくり，ツーリズム，祭りなどの行事や地域文化財の保全など，先進国 において，住民の生活に密着した領域での「開発＝地域振興」を直接的に支 援・運営してきたのは，地方自治体である。地方自治体は経験とノウハウの宝 庫である。ヨーロッパでは住民同士の学び合いという観点も含め，CDI（Com- munity-based Development Initiatives）として，国境を越えた自治体・住民同士 の win-win 関係が期待され，重要性が認識されている。日本でも「政府開発援 助に関する中期政策」(1999) 以降，自治体国際協力，国民参加型国際協力とし て位置づけられるようになった。多くは JICA 事業との連携での研修員受け入 れや専門家派遣といったかたちで行われるが，（アジア農民交流センターなど） NGO・NPO が仲介役となる農家間交流などの活動もある。受け入れ自治体の メリットとして，閉鎖的になりがちな地域への外部の視点の導入，地域アイデ

ンティティ・誇りの醸成，グローバル・リテラシーの醸成，深刻な過疎化に悩む農山村や離島の地域経済の活性化があげられる（西川　2009）。途上国側にとっても，一方通行の援助ではない学び合いの観点，行政官と住民との関係，参加型開発の実践の意味において，自治体国際協力が果たす役割は大きい。

(4) 国際協力と市民社会

　国際協力というと使命感，語学力や専門技術をもった特別な人々が地球の裏側に出かける仕事，一般人にはとても「できない」というイメージがある。だが，身の回りを点検してみれば「できる」ことはことのほか多い。私たちは日常生活を送るなかで，可能な範囲で国際協力に参加できるし，現に多くの人は参加している。フェアトレード商品を購入することによって途上国の農民や労働者の自立，環境保全に協力できる。購買行動を通じて，地産地消や被災地支援に参加できる。海外ボランティアやスタディツアーを通じて，開発問題，環境問題へのリテラシーを高める若者も多い。社会的責任（CSR）を重視する企業の商品を積極的に購入し，ブラック企業の商品の購入を意図的に避けることもできる（倫理的消費）。株主として社会的責任投資（SRI）をすることもできる。

　ODA，FDI，NGO 活動に比べて一般市民にできる事柄は金額的には微細かもしれないが，自身のグローバル・リテラシーを高め，生活のなかで持続可能な開発について考え学ぶことは，ESD につながる。それは，政府セクター，市場・企業セクターとの相互補完機能を本来的に有し，資本主義と民主主義の監視役を担い，既得権益や国家間の利害関係，利潤のための競争原理とは別の次元から，地球および地域における人間の営みとしての開発を司る市民社会（civil society）セクターの潜在的な力を涵養することである（北野　2008a）。環境問題や貧困問題にもはや国境はない。長期的には，先進国 vs 途上国というステレオタイプ的な世界観を超えて，地球市民・地域市民としての意識を育むことが真の国際協力といえる。

第8章　持続可能な開発と国際協力　*141*

8 ESD を学ぶ者にとっての論点

　最後に，国際協力と環境教育とりわけ ESD の視点から論点を 3 つ提案したい。

　第一は，技術やノウハウの一方通行的移転，可哀想な人々への慈善という発想から，価値創造・学び合いの国際協力へという流れをいかに自覚するかである。本章では詳述できなかったが，プロジェクトの現場における住民参加のあり方，日本の開発経験やまちづくりにおける人づくりの経験，新興国を含むほかのドナー国の開発手法の研究など，さまざまな次元での学び合い，経験の共有が求められている。現代の日本が直面する貧困やホームレスの問題，震災の被災地支援や原発災害避難者の問題，ダムや基地建設をめぐる住民と政府のコンフリクトなどを考えるうえでも，世界の経験の共有から学べることはたくさんある。

　第二は，私たちのリテラシーの前に立ちはだかる開発の脱政治化（北野2011）という認識論的障壁をどう克服するかである。本来，開発とは自分たちの暮らしや社会をどうよりよいものにするかという価値創造的・価値選択的な人間的営為である。他方，国家が狭義の国益や外交上の権力行使，企業が利潤追求から 100％逃れることができないように，実際の開発協力活動はきわめて政治的なものである。政治性を否定するのではなく，権力関係や利潤追求とは別の論理（人道，連帯，相互扶助，共生など）からのチェックと働きかけが必要である。私たちは国際関係や開発経済を学べば学ぶほど，高度に脱政治化された価値中立的な専門用語で世界の現実を語るようになり，政治的なものを政治的だと考えなくなる。メディアがほとんど取り上げない途上国の現場の情報を得ることは容易でない。私たちの ESD 的リテラシーを制度的に担保することは現時点では困難である。だが，ESD が果たすべき役割は計り知れない。それは SDGs の実行という意味でも必要なことである。

　第三は，貧困・社会的排除問題と地球環境問題の同時的理解である。従来，環境と開発は対立的な存在であった。環境問題とは人間と環境の関係であり，開発問題とは人間間の問題として考えられてきた。だが，途上国先進国に共通する貧困・社会排除，貧困ゆえの環境破壊問題，先進国の大量生産大量消費型

142　第 2 部　環境理論

生活，それをめざす新興国の台頭など「人間社会を持続不可能にする諸要因」が明らかになるにつれ，環境問題と開発問題が実は「双子の基本問題」であり，両者の同時的解決なしに，持続可能な開発は実現しないことはもはや自明である（鈴木　2014）。この問題意識のなかで，国際協力と本書の主題である環境教育の関係について，読者一人ひとりが思考をめぐらせ，地域や学校での活発な議論と活動が展開されることを期待したい。

［北野　収］

本章を深めるための課題

1. 開発プロジェクトで，①日本人の利益と被援助国住民の利益が両立する（win-win），②前者が優先され後者が損なわれる（win-lose），③後者が優先され前者が損なわれる（lose-win），④両者とも損なわれる（lose-lose）場合を想像してみよう。②や④にならないためにどうしたらよいか，SDGsの観点から話し合ってみよう。
2. 中国やインドのような新興経済発展国かつ人口大国が，将来にわたって持続的な経済成長を続け，国民1人当たりの経済水準が現在の先進国並みになったとしたら，天然資源，食料，CO_2排出などの面でいかなる事態が想定されるか。日本を含む先進国の人々は，新興国の人々が生活水準を先進国なみに高める権利について，何かをいう立場にあるか，ないか。それぞれの理由も含め話し合ってみよう。
3. 国際協力は一部の特別な人々が行う仕事ではなく，国民参加・市民参加していくべきものという理解を深め広げていくためには何が必要か話し合ってみよう。

注
(1) 以下は，鈴木（2001）にある別のたとえ話に着想を得て，授業やゼミで筆者が話してきたものである。
(2) メキシコの場合は，北野（2008b）を参照。
(3) 経緯は，本書と『SDGsと開発教育』関連各章に詳述されているので割愛する。蟹江（2017）も詳しい。
(4) 小規模家族農業支援を主眼にした農業農村開発より，開発とビジネスの連携の名の下で，輸出向けの換金作物の大規模生産を志向する開発が，狭義の国益や自由貿易の潮流の面からだけでなく，被援助国政府にとって魅力的な選択肢として優位性をもつ場合が多い。近年の政府批判的報道の「自粛」により，一般には知られていないが，モザンビークでのプロサバンナ事業は日伯連携ODA事業として期待される一方，現地小規

模農家からの反対の声などさまざまな議論がある。同事業はブラジルでの日本の ODA 事業であったセラード農業開発の経験をもとに，ブラジル，日本両国の連携により，モザンビーク北部地域で輸出のための大規模で近代的な農業生産を行うための農業開発事業である（船田　2013, 2014；高橋 2014）。2000 年代の中米地域のメガ開発事業であったプラン・プエブラ・パナマ（PPP）も，持続的な経済成長の名の下で事実上の土地収奪や先住民の文化的多様性の軽視があったことが報告されている（北野　2008b）。

(5) SDGs の開発観はこれまでのアジェンダの開発観に比べて相当 "踏み込んだ" もので はあるが，ポスト開発論・脱成長論（ラトゥーシュ　2010），定常経済論（広井　2009）のようなラディカルさとは相当距離がある。地球社会がポスト 2030 年の開発観・経済観がどのような方向を選び取っていくかが問われる。

(6) 下村（2016a：299）はデビッド・アラセを引用しつつ，日本が狭い直接的な国益主義に回帰することへの懸念があるとしている。

(7) 日本の政府系組織においても，一般に処遇面で事務官が技術官に優越している。

(8) たとえば，草野・岡本（2005）。

(9) 前出のプロサバンナ事業のほか，イスラエル（パレスチナ）の「平和と繁栄の回廊」構想（役重　2011）についても，現地住民や市民社会からの疑義が出されている。筆者は，研究者が批判的研究を行うことを控えざるを得ないさまざまな要因が増えてきたと感じる。

参考文献

外務省ウェブサイト http://www.mofa.go.jp/mofaj/gaiko/kankyo/sogo/kaihatsu.html（2017 年 4 月 30 日最終閲覧）

外務省「2016 年度版 開発協力白書　図表」http://www.mofa.go.jp/mofaj/gaiko/oda/press/shiryo/page22_000322.html（2017 年 4 月 30 日最終閲覧）

外務省・国際協力 NGO センター（JANIC）（2016）「NGO データブック 2016」

蟹江憲史（2017）「持続可能な開発のための 2030 アジェンダとは何か」蟹江編『持続可能な開発目標とは何か』ミネルヴァ書房，1-20 頁

郭陽春（2010）『開発経済学』有斐閣

北野収（2008a）「地域の発展を考える 3 つの視点」北野編『共生時代の地域づくり論』創成社，9-25 頁

──（2008b）『南部メキシコの内発的発展と NGO』勁草書房

──（2011）『国際協力の誕生』創成社

──（2014）「私たちのグローカル公共空間をつくる」鈴木敏正・佐藤真久・田中治彦編『環境教育と開発教育』筑波書房，177-194 頁

──（2016）「認証ラベルの向こうに思いをはせる」F. ヴァンデルホフ『貧しい人々のマニフェスト──フェアトレードの思想』創成社，123-184 頁

草野厚・岡本岳大（2005）「メディアにみる ODA 認識」後藤一美ほか編『日本の国際開発協力』日本評論社，251-268 頁

厳網林（2013）「持続可能な発展の諸説とアジアでの展開」厳網林・田島英一編『アジアの持続可能な発展に向けて』慶應義塾大学出版会，1-22 頁

『国際協力用語集【第 4 版】』（2014）国際開発ジャーナル社

下村恭民（2016a）「変容する国際開発規範と日本の国際協力」下村ほか『国際協力　第 3

版』有斐閣，289-303 頁
── (2016b)「持続可能な開発への取組み」同上書，151-173 頁
── (2016c)「国際協力ということ」同上書，3-22 頁
鈴木敏正 (2014)「環境教育と開発教育の実践的統一にむけて」鈴木敏正・佐藤真久・田中
　治彦編『環境教育と開発教育』筑波書房，9-28 頁
鈴木紀 (2001)「開発問題の考え方」菊地京子編『開発学を学ぶ人のために』世界思想社，
　10-31 頁
世界銀行『東アジアの奇跡』東洋経済
高橋清貴 (2014)「モザンビーク・プロサバンナ事業とは何か？」『Trial & Error』No.312，
　日本国際ボランティアセンター，9 頁
西川芳昭 (2009)『地域をつなぐ国際協力』創成社
ヌシュラー，フランツ (1992)『日本の ODA』スリーエーネットワーク
浜名弘明 (2017)『持続可能な開発目標 (SDGs) と開発資金』文眞堂
広井良典 (2009)『グローバル定常型社会』岩波書店。
廣里恭史 (2016)「国際協力」田中治彦・三宅隆史・湯本浩之編『SDGs と開発教育』学文
　社，114-134 頁
西川潤 (2000)『人間のための経済学』岩波書店
船田クラーセンさやか (2013)「アフリカの今と日本の私たち」『神奈川大学評論』76，
　105-114 頁
── (2014)「モザンビーク・プロサバンナ事業の批判的検討」大林稔編『新生アフリカの
　内発的発展』昭和堂，184-233 頁
古沢広祐 (2014)「『持続可能な開発目標』(SDGs) の動向と展望」『国際開発研究』23 (2)，
　79-94 頁
松本悟 (2014)『調査と権力』東京大学出版会
元田結花 (2007)『知的実践としての開発援助』東京大学出版会
役重善洋 (2011)「イスラエル占領下の『開発援助』は公正な平和に貢献するか？」藤岡美
　恵子ほか編『脱「国際協力」』新評論，112-141 頁
セン，アマルティア (2000)『自由と経済開発』日本経済新聞社
ラトゥーシュ，セルジュ (2010)『経済成長なき社会発展は可能か？』作品社
リスター，ルース (2011)『貧困とは何か』明石書店
JICA，https://www.jica.go.jp/aboutoda/jica/ (2017 年 4 月 30 日最終閲覧)
JICA (2014)「環境影響評価ガイドライン」2010 年 4 月，国際協力機構
Kitano, Naohiro and Yukinori Harada (2014) Estimating China's Foreign Aid 2001-2013,
　JICA Research Institute Working Paper, No. 78.
NASA ウェブサイト https://www.nasa.gov/topics/earth/earthday/gall_earth_night.html
　(2017 年 4 月 30 日最終閲覧)
OECD，Why modernise official development assistance?, Third International Conference
　on Financing for Development, Addis Ababa, July 2015, https://www.oecd.org/dac/fi-
　nancing-sustainable-development/Addis%20flyer%20-%20ODA.pdf (2017 年 7 月 19 日最
　終閲覧)
SDGs 外務省仮訳 http://www.mofa.go.jp/mofaj/files/000101402.pdf (2017 年 4 月 30 日最
　終閲覧)

Suzuki, Naoki (1997) *Inside NGOs: Managing Conflicts Between Headquarters and the Field Offices in Non-Governmental Organizations*, IT Publishing.

第3部
人類共通の課題

第9章
地球環境問題の特性と所在

第10章
地球資源制約と生物多様性保全

第11章
持続可能な生産と消費，ライフスタイルの選択

第12章
気候変動とエネルギーの選択

第9章
地球環境問題の特性と所在

KeyWords
□地球サミット □共通だが差異のある責任 □エコロジカル・フットプリント
□デカップリング □資源生産性 □貧困と環境 □貿易と環境 □分野横断型アプローチ

　科学技術の進展や経済活動のグローバル化に伴い，環境の復元能力を超えた資源の採取や汚染物の排出により，環境汚染，気候変動，生物多様性の損失などの地球環境問題が脅威として捉えられるようになった。地球環境問題は，国境を越え，世代を超えて影響を及ぼすものであり，国際的に協力して取り組む必要がある。地球環境問題の主な原因は先進国の経済活動によるものであるが，地球環境問題による被害は真っ先に弱者が受けるという社会的に公正でない構図にも注意を要する。本章では，さまざまな地球環境問題の特性と所在を概説するとともに，持続可能な開発の3側面である環境，経済，社会との関係性を分析する。また，SDGsの17の目標間の関連性についても，地球環境問題の観点から考察し，持続可能な世界をめざすために必要な分野横断型アプローチについて考える。

① 地球環境問題とは

(1) さまざまな地球環境問題

　科学技術の進展や経済活動のグローバル化に伴い，人々の活動範囲やその規模は飛躍的に拡大してきた。その結果，環境の復元能力を超えた資源の採取や汚染物の排出により，環境汚染，気候変動，生物多様性の損失，資源の枯渇などの全球的な問題が進み，地球と人類への脅威として捉えられるようになった。こうした地球環境問題は，国境を越えた問題であるため，一国のみで対応することはできず，国際社会が共同で問題に取り組む必要がある。しかし，地球環境問題は，経済活動や人々の生活と密接に関係しており，国と国の利害が衝突することも少なくない。こうした立場の違いを乗り越え，地球環境の保全と持

148　第3部　人類共通の課題

続可能な発展を実現するために，さまざまな条約や枠組みがつくられ，国際的な努力が続けられている。主な地球環境問題の概要と国際社会の取り組みを次ページの表9-1に示す。このほか，経済活動の拡大に伴う鉱物資源や淡水資源などの資源枯渇の問題がある。

　これらの地球環境問題は，相互に関係しあい，複雑に絡み合っているため，注意を要する。たとえば，気候変動の問題は，同時に生物の生息環境を変化させることにより，生物多様性の減少に影響を与える。いっぽう，トレードオフの関係にある場合もある。たとえば，オゾン層を破壊する物質であるCFC（クロロフルオロカーボン）の代替物質であるHFC（ハイドロフルオロカーボン）は温室効果があり，オゾン層を保護するためにCFCからHFCへの転換を推進する対策は，気候変動を進行させる結果につながるという側面がある[1]。

　また，地球環境問題は，従来の公害問題のように「加害者」対「被害者」のシンプルな構図で描けないという特性がある。従来の公害問題であれば，汚染物質を排出している工場（加害者）に対する工場周辺の住民（被害者）という構図であった。しかし，地球環境問題は，①加害者と被害者が同じ，②被害者が将来世代，③被害者が途上国などの弱者，といった構図も考慮する必要がある。たとえば，気候変動問題でみれば，①電力の使用など日々の生活のなかでCO_2を排出している私たちが気候変動の影響による災害などの被害を受け，②私たちの経済活動によって進行した気候変動は，将来世代に被害を与えることとなり，③島嶼国が気候変動の影響による海面上昇により被害を受けたり，途上国の貧しい人々が気候変動による干ばつの被害を真っ先に受けたりするなど，気候の変化に適応できない弱者が被害を受けるという問題がある。

　このため，こうした地球環境の問題群は，それぞれの問題に対応するだけでは不十分であり，空間軸および時間軸を広げて全体像を把握し，総合的かつ分野横断的に対策を検討する必要がある。ここでいう「分野横断」には，環境面だけではなく，社会面や経済面でのアプローチも含まれており，その重要性は後述する。

第9章　地球環境問題の特性と所在　*149*

表 9-1　主な地球環境問題と国際社会の取り組み

	地球環境問題	問題の概要	国際社会の取り組み
大気系	地球温暖化，気候変動	人間活動の拡大に伴う化石燃料の使用増加など，CO_2などの温室効果ガスの排出により，地球が温暖化し，気候が変化する問題[2]	国連気候変動枠組条約（UNFCCC），京都議定書，パリ協定
大気系	オゾン層破壊	フロンなどのオゾン層破壊物質によって成層圏のオゾン層が破壊され，人の健康や生物に有害な紫外線量が増加する問題	ウィーン条約，モントリオール議定書
大気系	越境大気汚染，酸性雨	・大気中に排出された汚染物質が国境を越えて移送される問題[3]　・酸性雨は，汚染物質が雲中の水分に取り込まれ，地上に降下することにより，水生生物の死滅や森林衰退等の悪影響を与える問題	長距離越境大気汚染条約，東アジア酸性雨モニタリングネットワーク（EANET）[4]
生態系	生物多様性の減少	開発や乱獲，外来種などによる生態系のかく乱，地球環境の変化などにより，生息・生育地の減少，種の減少・絶滅する問題	生物多様性条約（CBD），カルタヘナ議定書
生態系	野生動植物の絶滅の危機	乱獲や生息地の汚染が原因で，絶滅の危機に瀕する野生動植物種が増加する問題	ワシントン条約（CITES），ラムサール条約
生態系	森林の減少，砂漠化	違法伐採や森林火災，過放牧，過開墾，気候の変化などにより，森林が減少する，又は土壌が浸食され砂漠が拡大する問題。	国連森林フォーラム（UNFF），砂漠化対処条約（UNCCD）
有害化学物質	有害廃棄物の越境移動	有害な廃棄物が国境を越えて移動・処分される問題（とくに，先進国から環境規制の緩い途上国への汚染の輸出が問題）	バーゼル条約
有害化学物質	残留性有害化学物質による汚染	ダイオキシン類やDDTなど，毒性が強く，残留性，生物蓄積性を有する残留性有機汚染物質（POPs）が地球規模で環境を汚染し，人の健康や生態系へ悪影響を与える問題	ストックホルム条約
有害化学物質	水銀による汚染	毒性が強く，生物蓄積性を有する水銀が地球規模で環境を汚染し，人の健康や生態系へ悪影響を与える問題	水俣条約
水系	海洋汚染	汚染物質が海に排出されることにより海洋が汚染される問題（沿岸域の資源管理の問題も含む）	北西太平洋地域海行動計画（NOWPAP）

出典：外務省，環境省，UNEP のウェブサイトから筆者作成

(2) 共通だが差異のある責任

1992年にブラジルのリオデジャネイロで開催された国連環境開発会議（地球サミット）は，環境問題が世界の首脳レベルで本格的に議論されるようになったことを示す会議であった。地球サミットでは，地球環境の保全を進めたい先進国と，経済発展を優先させたい開発途上国との間での意見の対立がみられ，①地球環境問題の責任論（途上国は先進国側にあると主張），②開発の権利の問題（途上国は，資源開発の自由な権利を主張），③資金・技術移転の問題（持続可能な開発のための追加的な資金援助の要求）などが議論された。

環境問題においては，環境を汚染する者が汚染防止および制御措置に伴う費用を負担するという「汚染者負担の原則」が基本的な考え方としてある[5]。しかし，これから経済活動を拡大し，発展しようとしている途上国にとって，現在の地球環境問題の大部分は先進国のこれまでの経済活動に伴う資源の採取や汚染物質の排出によるものであり，こうした歴史的責任や問題への対応能力を無視して同等の責任を負うのは不公平であるというのが途上国の立場であった。このため，先進国も途上国も地球環境保全という目標に責任を負うという点では共通だが，責任の寄与度や対応能力から先進国と途上国の間には責任の差を認めるという「共通だが差異のある責任（common but differentiated responsibilities）」との考え方が国際的に合意された。この考え方は，地球サミットにおいて採択された「環境と開発に関するリオ宣言」やその行動計画である「アジェンダ21」，気候変動枠組条約にも明示され，現在の多数国間環境条約の国際交渉においても繰り返し引用されている。

(3) エコロジカル・フットプリント

地球の持続可能性はどのように測定し，評価すればよいのだろうか。国連開発計画（UNDP）による人間開発指数（HDI）など，さまざまな研究機関や国際機関によって評価指標の研究が進められているが，そのなかでも地球の環境容量に着目した代表的な指標の1つに，人間活動がどれほど自然環境に依存しているかを表すエコロジカル・フットプリント（Ecological Footprint）がある。

エコロジカル・フットプリントは，人間生活が求める資源の生産と排出物の

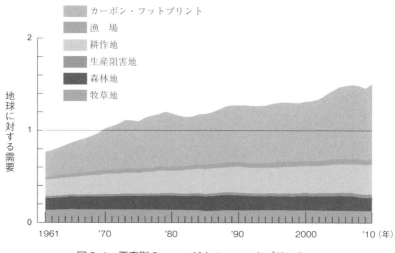

図9-1 要素別のエコロジカル・フットプリント
出典：WWF "Living Planet Report 2014"

吸収に必要な生態学的資本を測定するものである。対象は，食料・繊維産品，家畜，水産品，森林産品，化石燃料の燃焼により発生するCO_2の吸収地，都市の社会基盤に必要な空間から構成され，陸域と水域の面積で表される。人間活動による資源の消費と排出が，地球が生産し排出物を吸収できる容量（バイオキャパシティ）の範囲内であれば持続可能ということになる。図9-1に要素別のエコロジカル・フットプリントを示す。数値が大きいほど環境に負荷を与えていることになり，現在，世界のエコロジカル・フットプリント（地球に対する需要）は地球の総生物生産力（供給）の約1.5倍，つまり，現在の人間活動を維持するには，地球1.5個分が必要であると算定されている（WWF 2014）。化石燃料の燃焼

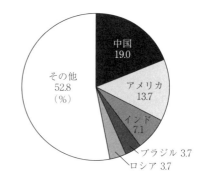

図9-2 全世界のエコロジカル・フットプリントにおける上位5カ国の割合
出典：図9-1と同じ

152　第3部　人類共通の課題

により発生するCO_2は，半世紀にわたり，エコロジカル・フットプリントの最大の要素であり，いまだに増加傾向が続いている。持続可能な世界の実現のためには，私たちは地球1個分に収まる生活をめざすとの視点が必要である。

　また，地球上の限りある資源の消費という観点からは，その消費の不平等さにも注目すべきである。図9-2に全世界のエコロジカル・フットプリントにおける上位5カ国が占める割合を示す。中国，アメリカ，インド，ブラジル，ロシアの5カ国で世界のエコロジカル・フットプリントの約半分を占めていることがわかる。しかし，人口一人当たりで考えてみれば，BRIICS諸国（ブラジル，ロシア，インド，インドネシア，中国，南アフリカ）の一人当たりのエコロジカル・フットプリント平均値 は2008年で1.74 gha/人であり，世界平均の2.7gha/人よりも小さい。日本のエコロジカル・フットプリントは4.17gha/人で，G7のなかでは最も小さいものの，世界平均の約1.55倍であった（WWF-Japan 2012）。世界中の人が平均的な日本人と同じ生活をすると，2.3個の地球が必要ということになり，日本を含む先進国が与える地球環境への負荷の大きさを認識する必要があろう。

② 地球環境問題の特性と所在

　上述のとおり，先進国と途上国においては地球環境問題の所在が異なる。以下，その主な特性をふまえた先進国と途上国にとっての持続可能性を解説する。

(1) 先進国における持続可能性

①経済成長と環境負荷のデカップリング

　先進国においては，科学技術の発達と経済活動の高度化という特性をふまえて考える必要がある。一般に，経済活動の活発化に伴って汚染物質の排出量や資源の消費量も増加すると考えられるが，経済成長の伸びに比べ汚染物質の排出量や資源の消費量の増加を抑えたり，減少させたりするなど，経済成長とこれによって生じる環境への負荷をかい離させていくことを「切り離し（デカップリング）」という。これまで多くの先進国は経済成長とともに資源消費の増大などに伴うさまざまな環境問題に直面し，クリーナープロダクションの拡大

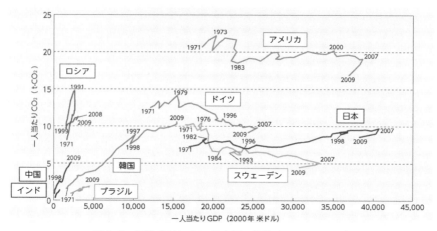

図9-3 経済成長とCO₂排出量の推移（1971～2009）

出典：環境省『環境・循環型社会・生物多様性白書（平成24年度）』

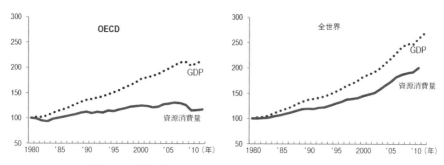

図9-4 経済成長と資源消費の推移（1980年＝100）

出典：OECD "Material Resources, Productivity and the Environment" 2015

や，エネルギー効率および資源生産性の向上などの努力によって，経済成長と環境負荷のデカップリングに取り組んできた。

図9-3は，人口一人当たりのGDPとCO₂排出量の関係の推移を国別に見たもので，右上への傾きが大きいほど経済成長に対するCO₂の排出量の伸びが大きい状況であることを示している。中国においては，経済成長に伴うCO₂の排出量の伸びが著しく，経済成長に伴うCO₂の排出が抑制されていない状況がわかる。先進国のなかには，ドイツやスウェーデンのように，経済成長し

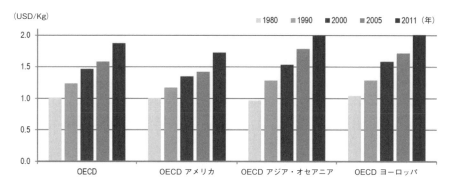

図 9-5　OECD 諸国における資源生産性（GDP/ 国内資源消費量）の推移
出典：図 9-4 と同じ

ながら，CO₂ の排出量を減少させている国がある。日本は，一人当たり GDP が高いにもかかわらず一人当たり CO₂ 排出量はドイツやアメリカよりも低く抑えられており，2007 年まで増加傾向にあったが，概ね，経済力を成長・維持しながらも CO₂ の排出量を抑制していることが示されている。

同様に，多くの先進国は，経済成長とともに増大する資源消費のデカップリングにも取り組んできた。世界の資源消費量は急激に増大しており，1980 年から比べて全世界で 2 倍に増加しているが，近年，経済成長と資源消費のデカップリングの兆しが認められている（OECD　2015）。図 9-4 に示すとおり，OECD 諸国では，経済的アウトプットに対して，資源消費量を 45％少なく抑制されるようになった。とくに，廃棄物管理やリサイクルに熱心に取り組んでいる国ほど資源生産性は向上している。しかし，全世界でみれば，資源の消費は GDP の成長とともに継続して増大しており，私たちは引き続き資源枯渇のリスクにさらされているといえよう。

経済成長と資源消費のデカップリングを進めるためには，資源生産性を向上させる必要がある。「資源生産性」[6]とは，天然資源の投入に対して如何に効率的に経済的価値を生み出すかの指標であり，通常，資源生産性＝国内総生産額（GDP）／天然資源等投入量で表される。図 9-5 の資源生産性の推移からは，OECD 諸国における資源生産性は継続して向上していることがわかる。資源

第 9 章　地球環境問題の特性と所在　　155

生産性の向上により，1980年に比べて資源1kg当たり約1.8倍の経済的価値を生み出せるようになったということを意味する。

　経済成長を遂げながら環境負荷を増やさないことは，持続可能な世界の実現に向けて求められていることである。いっぽうで，開発途上国のなかでも中国やインドのような経済新興国はCO_2の排出量や資源消費量を増加させながら，経済活動を拡大している最中である。また，これらの国々と経済成長を達成できないでいる国々との差が拡大しており，今後，持続可能な世界を達成するためには，世界の格差の是正と，経済成長と環境負荷のデカップリングを共に追求していく必要があろう。

②グリーン成長

　先進国においては，近年とくにグリーン成長の重要性が強調されている。OECDが提唱するグリーン成長は，経済的な成長を実現しながら自然環境の恵みを受けつづけることと考えられている（OECD　2011）。その重要な要素として，生産性の向上，環境問題に対処するための投資の促進や技術の革新，新しい市場の創造，安定した政策の信頼，マクロ経済条件の安定などが必要であることを指摘している。

　これらの課題に取り組むためには，経済政策と環境政策を相互に強化するとともに，中長期的な施策により，技術革新，環境配慮型の投資の促進，組織経営のあり方の変革など，社会経済活動の変革を促す必要がある。同時に，環境と経済への配慮だけではなく，グリーン成長に伴って新しい市場が創出されることで，雇用，市場，家計などに幅広い影響が生じることから，こうした社会変化への配慮が必要であり，分野横断的な制度設計が必要であるとしている。

　同様な考え方に，UNEPが提唱している「グリーン経済」がある。グリーン経済は，環境問題に伴うリスクを軽減しながら，人間の生活の質を改善し，社会の不平等を解消するための経済のあり方であるとされている。環境配慮は，経済の効率性を向上させるだけではなく，公平な社会を築くためのものであることが強調されている点が注目される（環境省　2012）。

　このように，資源制約や環境問題を社会経済における重大なリスクであるととらえたうえで，持続可能性を追求するためには，環境，経済，社会の分野を

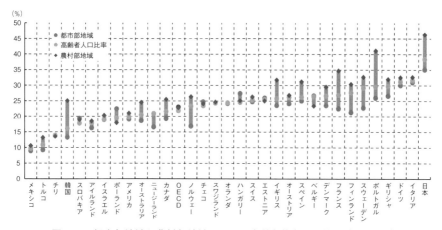

図9-6 都市部地域と農村部地域における高齢者依存人口比率（2012年）
出典：OECD "OECD Regions at a Glance" 2013

統合して考えることが重要である。

③地方における里地里山の荒廃

先進国では都市への人口集中が進んでおり，OECD 諸国の人口の3分の2は，都市地域に住んでいる（OECD 2013）。また，ほとんどの OECD 諸国において人口の高齢化が進んでおり，1995〜2012年の期間に，総人口よりも3倍以上の速さで増加している。生産年齢人口に対する高齢人口の比率は，確実に高くなっており，図9-6に示すとおり，多くの国で農村部地域のほうが都市部地域に比べて高齢者人口比率が高い傾向がみられる。

わが国においても，とくに地方では，人口減少や高齢化，グローバル化による影響が深刻で，過疎化や地域経済の縮小などが懸念されている。こうした経済・社会的課題は，地方における環境問題とも密接に関係しており，人の自然に対する働きかけが縮小することによって，里地里山の荒廃が進むという関係がある。環境省（2015）によれば，人間と自然の営みが調和した地域である里地里山は，国土の約4割を占めており，絶滅危惧種が集中している地域の約6割を占めている。しかし，2050年までに，里地里山の約3〜5割が無居住地化すると予測され，さらに，農林業における担い手の減少・高齢化に伴う耕作放棄地の増加が進み，野生動植物の生息・生育環境の劣化が生じている。こう

第9章　地球環境問題の特性と所在　*157*

した里地里山の荒廃により，森林による水質浄化や洪水緩和，大気浄化などの生態系サービスの低下を招くことが懸念される。都市は地方から食料をはじめとする環境からのサービスを受けており，この機能低下は，大都市圏にもさまざまな悪影響を及ぼす可能性に留意しなければならない。

(2) 途上国における持続可能性

①環境問題と貧困

途上国においては，貧困問題や人口増加，それらがもたらす開発圧力，産業公害という特性をふまえて考える必要がある。世界の人口は1950年に25億人だったが，2017年に75億人に達し，2050年には97億人を突破すると見込まれている（総務省 2017）。同時に，2050年までの間に，世界経済の規模はほぼ4倍に拡大するとともに，エネルギーと天然資源に対するニーズが増加すると予想される（OECD 2012）。20世紀の人口急増は長い人類の歴史からみるときわめて異常であり，ローマクラブの「成長の限界」が警鐘を鳴らしたとおり，地球の環境容量を超えた人口急増や経済成長が自然環境の保全，資源・エネルギー問題など世界が取り組まなければならない緊急課題の背景にある。

また，貧困と環境問題には相互に密接な関係がある。エコシステムが破壊されたときに最初に被害を受けるのは貧困層である。いっぽうで，貧困が環境を劣化させることがある。つまり，貧困がほかに生活手段をもたないために自然資本の搾取的な行為に向かわせ，そのために森林，水資源，農地，牧畜地などの自然資源を悪化させ，劣化の進む環境下で人々は一層の貧困に苦しむという貧困のスパイラルに陥るのである。

環境の劣化による貧困への影響は大きく分けて，生活の手段，健康，および脆弱性の3つが考えられる（図9-7）。異なる社会グループは，環境問題に対してそれぞれ

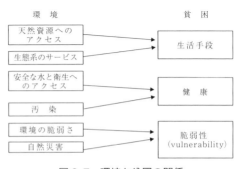

図9-7　環境と貧困の関係
出典：World Bank (2001:140) より筆者作成

異なる優先順位をもっている（DFID *et al.* 2002）。第一に，貧困層，とくに地方の貧困層は，多くの場合日々の生活の糧や収入を直接環境に依存しているため，環境の悪化は，天然資源へのアクセスが制限されたり，生活手段を持続的に得られなくなったりするなど，最も厳しくその影響を受けることとなる。たとえば，水質汚染や土壌の劣化は農業や牧畜に悪影響を与え，生活手段を失うことに直結する。また，森林破壊などによる木質燃料の不足や淡水資源の枯渇は，燃料や水を得るために女性や子どもがより多くの時間を費やすことで，収入を得る機会や就学の機会が奪われ，貧困から抜け出せないという問題もある。エコシステムは，生活手段を提供するだけではなく，たとえば，森林の水源涵養能力が洪水を防ぐなど，「公共財」として人々の生活に欠かせない基盤であり，災害への対応策や技術へのアクセスが限られている貧困層にとってはとくに重要であるといえよう。気候変動などの地球環境問題は，こうした貧困層の生活基盤を揺るがしかねない問題である。生活手段を失った場合，人々は代替の生活手段を探すために都市部に移住せざるをえず，都市部の貧困を悪化させるとともに，大規模な移民問題によって引き起こされる社会不安は，近年の国際社会の課題ともなっている。

　第二に，環境の悪化は，貧困層の健康にも悪影響を与える。とくに女性や子どもは居住場所の汚水や廃棄物による劣悪な衛生環境からの健康被害のおそれがある。また，貧困層は病気になったときに適切な医療処置がとられないことも多い。2000年9月に国連ミレニアム・サミットで21世紀の国際社会の目標として採択されたミレニアム開発目標（MDGs）においては，ターゲット7.Cにおいて，「2015年までに，安全な飲料水及び衛生施設を継続的に利用できない人々の割合を半減する」との目標が掲げられた。しかし，世界の人口の91%が改良された飲料水源を使用し，全世界で21億人が改良された衛生施設を利用できるようになったものの，2015年には3人に1人（24億人）がいまだに改良されない衛生施設を使用していると報告されている（国連　2015）。また，水不足は世界の人口の40%に影響を及ぼし，今後もその傾向は増すと予測されている。

　第三に，脆弱性は，前述のとおり，貧困の特性でもある。貧困層は災害だけ

第9章　地球環境問題の特性と所在　*159*

でなく，徐々に進行する環境悪化によっても影響を受ける。貧しい人々は，干ばつや洪水，森林火災などの自然災害への対応策をとることができず，また被害から回復することも困難である。IPCC（2015）の報告によれば，気候変動によるリスクは偏在しており，どのような開発水準にある国々においても，おしなべて，恵まれない境遇にある人々やコミュニティに対してより大きくなることが警告されている。たとえば，アフリカであれば，水資源に対する複合的ストレスや作物生産性，生計，食料安全保障の低下，生物・水媒介感染症の増加などが予測されており，貧困層に直結するこうした負の影響が問題となっている。

　SDGs においては，"Leave no one behind（誰一人取り残さない）" との理念が掲げられている。持続可能なよりよい世界に向けた変革は，一部の国や人々，社会のためではなく，すべての人々および社会を満たすものでなければならないのである。

　②貧困が与える環境への影響

　続いて，前項では主に環境問題による貧困への影響の観点から問題を概説してきたが，その逆の貧困が環境問題へ与える影響に関する議論についてもみていく。

　貧困による環境への負荷については，第一に，貧困層は日々の糧の獲得のほうが重要であり，長期的視点で環境保全に取り組む余裕がないこと，第二に，貧困層には資源管理や環境保全のための技術や知識が不足していること（たとえば，過放牧による土地の劣化など），第三に，生活手段を自然資源に依存しているため，資源の利用が過剰になりやすいこと（たとえば，バイオマス燃料の過剰利用による森林破壊など）があげられる。

　しかし，こうした議論は過去の仮説と偏見に基づくものとの主張もある。なぜならば，一般的に収入の増加は天然資源の利用を増大させるものであり，大量生産大量消費の社会構造と市場の失敗に関連する自己中心的な行動様式により，世界的にも環境破壊は主に貧困層ではない層によって引き起こされていることは明らかである（Hayes　2001）。先進国は，人口では全世界の24％を占めているにすぎないが，エネルギーの約70％を消費し，75％の鉱物資源，85％

の木材，60％の食料，85％の化学物質を消費している（ESCAP 2002）。また，貧困層には，富裕層による環境破壊活動を防ぐ力はない。たとえば，海外に輸出するための木材伐採による森林破壊は，木材を伐採した現地作業者か，木材を伐採させた先進国の企業や消費者か，いずれに責任があるのだろうか。

アジア，欧州，アフリカ南部を中心に，生物多様性の喪失が今後も続き，豊かな生物多様性を有する原生林面積は 2050 年までにさらに 13% 減少する見込みである（OECD 2012）。生物多様性の喪失を拡大させる主な原因は，農業などの土地利用の変化，林業の拡大，インフラ開発，人による浸食，自然生息地の断片化，環境汚染や気候変動などがあげられるが，そのなかでも，生物多様性の喪失を最も加速させる要因は，じつは気候変動である。林業の拡大，バイオ燃料耕作地の拡大がそれに続く。生物多様性の減少は，とくに生態系サービスに直接依存して生活していることが多い農村部の貧困層では大きな脅威であることは前述のとおりである。このように，地球環境問題には分野を横断して貧困と密接なつながりがあり，対策を検討する際にはその関連性に配慮しながら進めることが求められる。

③過剰な都市化と環境問題

今日，開発途上世界の都市でスラムのような環境に暮らす人々は 8 億 8000 万人を超えると推定される（国連 2015）。都市化の傾向は，アジアやアフリカといった開発途上国で顕著にみられ，急激な都市化が環境に悪影響を与えている。大量消費に伴い大量の廃棄物・生活排水が発生し，生活型の環境負荷が高まるほか，過剰都市化，失業，スラム化への対応が財政を圧迫し，インフラ整備の慢性的遅延を引き起こす。これにより，途上国でのモータリゼーションを伴った都市化とそれに伴う郊外化は，大気汚染や二酸化炭素排出などの環境負荷をさらに増加させることが懸念されている。

大気汚染は，今や世界最大の環境ヘルスリスクである。世界では，毎年，大気汚染が原因で 300 万人が死亡しており，また，2012 年には，大気汚染の関連の疾患での死者数が 650 万人にのぼり，地球上の全死者数の 11% になったと報告されている（WHO 2016）。また，そのリスクは今後も増大する見込みである。図 9-8 の早期死亡者数の環境要因別推移予測が示すとおり，2050 年

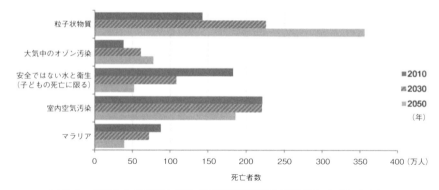

図9-8 世界的な早期死亡者数の環境要因別推移予測（2010-2050年）
出典：OECD 2012

までに粒子状物質による早期死亡者数は世界全体で2倍以上に増加し、年間360万人に達する見込みと予測され、その大半は中国とインドである（OECD 2012）。2050年には、世界人口の約70％が都市部に居住し、大気汚染、交通渋滞、廃棄物管理などの課題がさらに深刻化すると思われる。

(3) グローバルな時代における先進国と途上国の相互依存性

　市場経済が拡大し、グローバル化が進む世界においては、貿易によりモノやサービスが行き交うため、地球的規模で資源の利用と汚染の排出の問題を捉えなければならない。貿易と環境の議論においては、主なものに、①先進国から環境規制の緩い途上国への汚染の輸出問題と、②途上国から先進国への資源の輸出による途上国の自然資源の劣化の促進の問題がある。

　①先進国から途上国への汚染の輸出
　一般的に、ある国の環境規制が緩い、あるいは遵守が徹底されていない場合、環境汚染対策費用が少なくて済むぶん、その国で製造された製品は国際市場で優位に立つことになる。これは、外部不経済が内部化されないことによる貿易の不均衡の発生である。環境汚染は代表的な外部不経済であり、その国の企業が環境汚染対策費用を支払っていないぶん、環境汚染として環境にその代償を支払わせていることとなる。また、規制の厳しい国から企業の進出がそうした

国に集中し，環境への負荷が過大になるおそれがある。一般的に先進国よりも途上国のほうが，環境規制が適切に執行されていないことが多いため，先進国から途上国への汚染の輸出が懸念される。

　たとえば，汚染輸出として代表的なものに，有害廃棄物の越境移動の問題がある。1988年6月に発覚したナイジェリアでのココ事件はその代表例である。これは，3884tにのぼる有害廃棄物（PCBを含む廃トランスなど）が化学品の名目で，イタリアからナイジェリアのココ港に搬入され，近くの船荷置場に野積みにされたものである（環境省　1988）。ナイジェリア政府は，イタリア政府に投棄有害廃棄物の撤去などを要請し，廃棄物は船に積まれイタリアに向かったが各港で入港を拒否され，長い間，地中海および大西洋をさまよった。こうした北から南への有害廃棄物の投棄問題が国際社会において大きな問題となり，アフリカ諸国を中心に早急な対策が求められてきた結果，1989年3月，スイスのバーゼルで開催されたUNEP外交会議において，有害廃棄物は発生した国で処分されることを原則とすること，本条約に定められる手続きにより輸入国，通過国の同意が得られた場合にのみ越境移動が許可されること，不法輸出があった場合には輸出国が処理責任を有することなどを定めた「有害廃棄物の越境移動に関するバーゼル条約」が採択された。

　②先進国による途上国の自然資源の劣化の促進

　経済活動のグローバル化が進むなかで，外貨確保を必要とする途上国が，自国の自然資源を採取し，先進国への輸出を増加させることで，熱帯林やマングローブ林の破壊などの問題が進展している。自然資源の量は世界において遍在しており，国によって産業構造は異なる。貿易フローを理解するには，この違いが重要である。OECD（2015）のマテリアルフローの分析によれば，先進国は全体的に世界の輸入者であり，日本，アメリカ，韓国，ドイツ，フランス，イタリア，スペイン，イギリスがとくに大きな輸入国であるとされている。2008年には，これらの国だけで，OECDの全輸入量の80％を占めている。日本やドイツは，一次資源の大口の輸入国であるが，これらの輸入資源から高付加価値を付けた商品を輸出することによって，貿易黒字となっている。こうした資源の供給国と需要国の役割は過去30年でほとんど変化がない。

第9章　地球環境問題の特性と所在　163

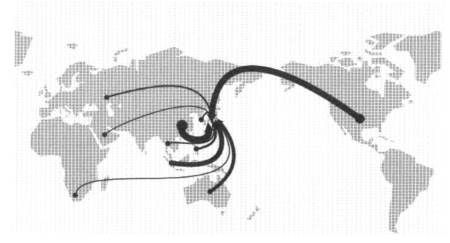

図 9-9　日本に輸入されるエコロジカル・フットプリント
出典：WWF-Japan 2009

　図9-9は，日本が輸入しているエコロジカル・フットプリントである。日本は，自国領土内の生物生産能力を超えた消費を行っていることは前節で述べたところであるが，不足している資源や食料などは海外からの輸入に依存している。日本に対して最も多くのフットプリントを輸出した国は中国（一人当たり0.48gha）で，アメリカ（0.40gha），インドネシア（0.35gha），オーストラリア（0.25gha）がそれに続く。それぞれの構成要素別にみると，耕作地をアメリカ，カナダ，オーストラリアに，森林地をカナダ・ロシア・マレーシア，漁場をアメリカ・中国・チリ，化石燃料を中国・インドネシア・オーストラリアに依存していることがわかる。持続可能な世界をめざすためには，先進国は大き過ぎるエコロジカル・フットプリントの消費を下げていく必要がある。
　このように，地球環境を考える際には，貿易フローにも考慮が必要である。こうした間接的な貿易フローの分析からは，一見して国内での資源消費は横ばいか減少しているようにみえる先進国でも，資源やエネルギーの多消費型の製造工程を海外に外注化し，資源消費に伴う環境負荷をほかの国に委ねることが行われていることが示唆される。こうした先進国による間接的な途上国の自然

資本の劣化を防ぐため，国レベルでの環境貿易措置とは別に，グローバルな経済活動を行う多国籍企業においては，企業の社会的な責任の一環から，環境規制が不十分または遵守されていない途上国においても自国と同等の先進的な環境規制を遵守することが進められている。また，生産者の労働条件改善や生産段階での環境配慮を目的とした貿易（いわゆる「フェア・トレード」）や，持続可能な森林経営から産出された木材を使用する森林認証制度[7]の取り組みが盛んとなってきている。

また，たとえば，生物多様性に富んだ地域は主として途上国にあるが，医薬品開発などその便益は全世界に広がるものであることから，生物多様性の保全措置の負担は全世界で幅広く分担すべきである。こうした先進国と途上国の相互依存性をふまえ，地球環境保全の取り組みを支援する国際的な資金手当てや制度が必要となる。

3 SDGs と地球環境問題

アジェンダ 2030 では，人間 (people)，地球 (planet)，繁栄 (prosperity)，平和 (peace)，パートナーシップ (partnership) の 5Ps を掲げ，SDGs の達成に向けて，環境，経済，社会の持続可能な開発をバランスするとしている (UN 2015)。SDGs の 17 の目標のうち，地球環境問題ととくにかかわりが深い目標として設定されているのは，図 9-10 に示すとおり，次の 5 つである。

・目標 6：水と衛生（すべての人々の水と衛生の利用可能性と持続可能な管理を確保する）
・目標 12：持続可能な生産・消費（持続可能な生産消費形態を確保する）
・目標 13：気候変動（気候変動及びその影響を軽減するための緊急対策を講じる）
・目標 14：海洋保全（持続可能な開発のために海洋・海洋資源を保全し，持続可能なかたちで利用する）
・目標 15：森林，砂漠化，生物多様性（陸域生態系の保護，回復，持続可能な利用の推進，持続可能な森林の経営，砂漠化への対処，ならびに土地の劣

第 9 章　地球環境問題の特性と所在　*165*

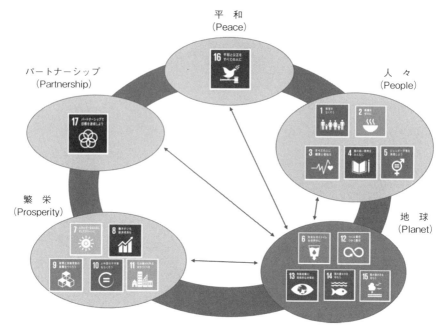

図 9-10 地球環境問題と SDGs の関係

出典：筆者作成

化の阻止・回復及び生物多様性の損失を阻止する）

　SDGs は表 9-1 で示した主な地球環境問題をおおむねカバーしており，地球環境問題への国際社会の取り組みを促しているといえよう。

　また，SDGs の達成に向けて重要なのは，その目標間の相互関連性および統合された性質である（UN　2015）。前節で述べたとおり，気候変動（目標 13）と生物多様性（目標 15）のような環境問題間の関係だけでなく，地球環境問題と社会，経済問題との相互関連性は深い。たとえば，気候変動（目標 13）を取り上げてみても，「人間」（社会問題）に関する貧困（目標 1）のターゲットの 1 つである 1.5 において，「気候変動に関連する極端な気象現象（中略）や災害に対する曝露や脆弱性を軽減する」と記載され，気候変動への適応も貧困削減に寄与することが明記されている。また，食料（目標 2）においても，ターゲットの 2.4 において，「気候変動や極端な気象現象，干ばつ，洪水及びその他の災害に

166　第 3 部　人類共通の課題

対する適応能力を向上させ，（中略）強靭な農業を実践する」と気候変動への対応の必要性が掲げられている。健康（目標3）においては，ターゲット3.3にマラリアや感染症への対処が掲げられているが，気候変動の影響により感染症の拡大が懸念されていることは前述したとおりである。教育（目標4）では，ターゲット4.7において，持続可能な開発のための教育が設定されており，気候変動の問題とも関連する環境教育の重要性が示されている。

　また，気候変動は，社会問題との関連だけでなく，「繁栄」とも結びついている。目標7（エネルギー）における再生可能エネルギーの拡大や目標12（持続可能な生産消費）は気候変動とも密接な関係があるし，目標9（インフラ）や目標11（都市）における強靭なインフラや都市の開発は気候変動への適応と関連がある。また，気候変動問題への取り組みには，「パートナーシップ（目標17）」に掲げる資金，技術，能力構築，貿易，政策・制度的整合性，マルチステークホルダー・パートナーシップ，モニタリングなどが重要である。さらに，「平和（目標16）」についても，前述したとおり，気候変動による土地劣化に伴う移民や貧困問題を背景に平和が脅かされるとの関連がある。このように，各目標は相互に関連しており，よりよい世界への変革に向けて，国際社会は環境，経済，社会を統合して，分野横断的に取り組んでいく必要がある。

［袖野 玲子］

本章を深めるための課題

1．地球環境問題のなかでもとくに優先度が高い問題は何であろうか。1つ問題をあげて，優先度が高いと考えた理由と必要な対策を発表してみよう。
2．経済成長と環境負荷の切り離し（デカップリング）を行うためにはどうしたらよいだろうか。また，途上国においてもデカップリングが実現されるために，先進国は何ができるか考えてみよう。
3．水と衛生に関する目標6は，ほかの16の目標とどのように関連しているだろうか。目標6をケースとして，SDGsの相互関連性を考えてみよう。

注
(1) CFCも強力な温室効果ガスであり，二酸化炭素の3800～8100倍の温室効果がある（環

境省 2017)。
(2) 気候変動に関する政府間パネル（IPCC）が取りまとめた第5次評価報告書統合報告書
（2014年）によれば，①多くの地域で熱波がより頻繁にまたより長く発生し，極端な降
水がより強くまたより頻繁となる可能性が非常に高い，②海洋では，温暖化と酸性化，
世界平均海面水位の上昇が続くだろう，③気候変動の影響は，たとえ温室効果ガスの
人為的な排出が停止したとしても，何世紀にもわたって持続するだろう，など報告が
されている。日本においても，気候の変動が農林水産業，生態系，水資源，人の健康
などに影響を与えることが予想されている。
(3) 日本では，大陸からの越境汚染も疑われる光化学オキシダントや微小粒子状物質
（PM2.5）が社会的に問題となっている。
(4) 長距離越境大気汚染条約は，冷戦時代の1983年に発効した国連欧州経済委員会による
越境大気汚染に関する国際条約であり，ヨーロッパ諸国と米国，カナダなど49カ国
が加盟している（日本は加盟していない）。東アジア酸性雨モニタリングネットワーク
（EANET）は，東アジア地域において，酸性雨の現状やその影響を解明するとともに，
酸性雨問題に関する地域の協力体制を確立することを目的として，日本のイニシアテ
ィブにより2001年から本格稼働しており，現在，東アジア地域の13カ国が参加して
いる。長距離越境大気汚染条約が硫黄酸化物等の大気汚染物質の排出削減を義務づけ
ているのに対し，EANETはモニタリングと地域協力が主な活動であり，日本がとく
に中国を意識してアジア版の長距離越境大気汚染条約への発展をめざしているものの，
いまだ大気汚染物質の排出削減が義務づけられているわけではない（ACAP 2017，蟹
江ら 2013）。
(5) 汚染者負担の原則（PPP = Polluter Pays Principle）は，1972年にOECDが「環境政
策の国際経済面に関するガイディング・プリンシプル」として理事会勧告を行い，環
境政策の基本原則として国際的に確立された。
(6) 天然資源の有限性や採取に伴う環境負荷が生ずること，また，投入された資源がいつ
かは必ず廃棄物（または排ガス・排液）となることを考えるならば，その投入量の少な
さが持続可能な社会形成の重要な目安となると考えられる。「資源生産性」は，産業や
人々の生活がいかにものを有効に利用しているか（より少ない資源でどれだけ大きな
豊かさを生み出しているか）を総合的に表す指標といえる。わが国においては，循環
型社会形成推進基本法に基づき策定された基本計画において，2003年に策定された第
1次計画から継続して資源生産性を物質フローの入口指標として目標を設定しており，
現在の計画では，2020年度において資源生産性を46万円/tとすることを目標として
いる（2000年度の約25万円/tからおおむね8割向上）。
(7) 森林認証制度とは，独立した第三者機関が環境・経済・社会の3つの側面から一定の
基準をもとに適切な森林経営が行われている森林または経営組織などを認証し，その
森林から生産され木材・木材製品にラベルを付けて流通させることで，持続可能性に
配慮した木材についての消費者の選択的な購買を通じて，持続可能な森林経営を支援
する民間主体の取り組みである（環境省 2017）。

参考文献

外務省ホームページ http://www.mofa.go.jp/mofaj/gaiko/kankyo/（2017年4月14日最終
閲覧）

蟹江憲史・袖野玲子（2013）「アジアにおける国際環境レジーム形成の課題」松岡俊二編『アジアの環境ガバナンス』勁草書房，33-56 頁

環境省（1988）『環境白書（昭和 63 年度）』

——（2012）『環境・循環型社会・生物多様性白書（平成 24 年度）』2012 年

——（2014）『環境・循環型社会・生物多様性白書（平成 26 年度）』2014 年

——（2015）『環境・循環型社会・生物多様性白書（平成 27 年度）』2015 年

——「生物多様性」https://www.biodic.go.jp/biodiversity/index.html（2017 年 4 月 14 日最終閲覧）

——「フォレスト・パトナーシップ」http://www.env.go.jp/nature/shinrin/fpp/index.html（2017 年 4 月 14 日最終閲覧）

——「オゾン層保護・地球温暖化防止とフロン対策」http://www.env.go.jp/earth/ozone/ozone.html（2017 年 4 月 14 日最終閲覧）

国連『国連ミレニアム開発目標報告 2015（要約版）』http://www.unic.or.jp/files/14975_3.pdf（2017 年 4 月 14 日最終閲覧）

総務省統計局（2017）『世界の統計 2017』（平成 29 年 3 月）

Asia Center for Air Pollution Research（ACAP）「東アジア酸性雨モニタリングネットワーク（EANET）」http://www.eanet.asia/jpn/docea_f.html（2017 年 4 月 14 日最終閲覧）

Bruntland, G (ed.) (1987) *Our Common Future*, The World Commission on Environment and Development, Oxford University Press, Oxford.

DFID, EC, UNDP and The World Bank, (2002) *Linking Poverty Reduction and Environmental Management: Policy Challenges and Opportunities: A contribution to the World Summit on Sustainable Development Process*, Washington D.C.

ESCAP (2002) 'Poverty and Environment', in *Environment and Development: Challenges for the 21st Century*, chapter 9, pp.198-213.

Hayes, A.C., 2001, 'POVERTY REDUCTION AND ENVIRONMENTAL MANAGEMENT', in Hayes A. and Nadkarni M.V. (Eds), *Poverty, Environment and Development: Studies of Four Countries in the Asia Pacific Region*, UNESCO, Bangkok, chapter6, p.253-270.

IPCC (2015) *5th Assessment Synthesis Report and its Summary for Policymakers*, p.7.

OECD (2011) "Towards Green Growth".

——(2012) *OECD Environmental Outlook to 2050: The Consequences of Inaction.*

——(2013) "OECD Regions at a Glance".

——(2015) "Material Resources, Productivity and the Environment".

Meadows D. L. et al, (1972) *The Limits to Growth*, London, Earth Island.

UNEP website, http://web.unep.org/（2017 年 4 月 14 日最終閲覧）

United Nations, "Sustainable Development Knowledge Platform", https://sustainabledevelopment.un.org/

——(2015) *Transforming our world: the 2030 Agenda for Sustainable Development.*

WHO (2016) Ambient air pollution: A global assessment of exposure and burden of disease, World Health Organization.

World Bank (2001) *Making sustainable commitments: an environment strategy for the World Bank*, World Bank, Washington D.C., p.140.

WWF (2014) *LIVING PLANET REPORT 2014.*

WWF-Japan (2012) Japan *Living Planet Report 2012.* http://www.wwf.or.jp/activities/ lib/lpr/WWF_EFJ_2012j.pdf（2017 年 4 月 14 日最終閲覧）

WWF-Japan "エコロジカルフットプリントレポート日本 2009", p.22, http://www.foot-printnetwork.org/content/images/uploads/Japan_EF_Report_2009_JA.pdf（2017 年 4 月 14 日最終閲覧）

第 10 章
地球資源制約と生物多様性保全

KeyWords

□愛知目標 □過剰利用 □経済的アプローチ □再生可能資源 □生態系サービス
□生物多様性 □生物多様性の主流化 □保全策

　地球の資源は有限であり，食料や木材，水などの再生可能資源も過剰に利用すれば枯渇の危機を免れない。これが現在の生態系の劣化や絶滅危惧種の増加を招いている一因である。本章では，このような資源とその源である生物多様性の関係に焦点をあて，資源を持続的に利用していくために必要な生物多様性の保全について述べる。ここで紹介する保全策は，生物種の取引制限や保護区の設置などの規制的なアプローチから，生態系サービスへの支払いや認証制度などの経済的アプローチまで多岐にわたる。また併せて，生態系サービスという視点の重要性についても議論する。最後に，SDGs における生物多様性保全や愛知目標との関係について紹介したうえで，それらの達成に向けて私たち一人ひとりができることを考えてみる。

1　生物多様性と資源

(1)　生物多様性とは

　生物多様性とは，森林や河川，沿岸域などの生態系の多様性，それら生態系を構成する動物や植物，微生物などの生物種の多様性，そしてそれら生物種がもつ遺伝子の多様性をさす言葉である。正式には，「すべての生物……の間の変異性をいうものとし，種内の多様性，種間の多様性及び生態系の多様性を含む」と生物多様性条約（以下，CBD）において定義されている。

　生物多様性はなぜ重要なのであろうか。その答えの 1 つは，その多様性が私たちに恩恵をもたらしてくれるからということである。たとえば，水田と河川と森林が多様に織り成す里山的な景観は私たち日本人をどこか懐かしいような

171

気持ちにさせてくれる。動物園に行く子どもたち，野鳥や野花などの自然観察が好きな人，釣りやダイビングの愛好者などは，多様な動植物が存在していることに楽しみを見いだす。動植物や微生物がもつ多様な遺伝子は，私たちが今日利用している農作物の品種改良や薬の開発に寄与してきた。生態系や生物はそれ自体が価値あるものであるが，このように私たちとの関係を改めて認識することで，生物多様性の重要性を再認識することができる。

　生物多様性には，大きく分けて利用価値と非利用価値がある。利用価値はさらに，食料や材料などとして利用する直接的利用価値，森林の炭素固定機能や干潟の水質浄化機能などの間接的利用価値，遺伝資源などのように将来利用する可能性としてのオプション価値に分けられる。また，非利用価値は将来世代に残しておくべきとする遺産価値と，生物が存在することそのものの存在価値に分けられる。

　このように私たちに恩恵をもたらす生物多様性について，私たちはまだ知らないことが多い。世界中で知られている生物種はおよそ130万種であるが，世界に存在する生物種は1000万種とも1億種ともいわれている。もちろん実際の数は不明であり，毎年のように新種が発見されていることはご存知のとおりである。このような生物同士のネットワークの上に成り立つ生態系では，ある種の消失が生態系を改変させるほどの影響を与えることもあれば，ほかの種がその代役を果たすこともある。しかし，私たちはすべての生態系においてこのようなメカニズムを理解しているわけではない。個々の生物がどのような遺伝子を有するかという点に至っては，もはやほとんど知らないといっても過言ではないであろう。

　わからないことは多いが，だからといって私たちに確かに恩恵をもたらしてくれる生物多様性をこのまま失わせてはならない。このような場合に採るべき原則として，「予防原則」というものがある。これは何らかの危機が生じた際に，科学的な根拠が十分でなくとも保全措置や対策を講じるべきとする原則である。生物多様性の危機による人間社会への影響度は未知であるため，生物多様性に対しては予防原則で対応していく必要がある。

172　第3部　人類共通の課題

⑵　生物多様性と多様な資源

　資源には，生物資源と非生物資源がある。前者の代表例は食料や木材であり，後者の代表例は水や鉱物である。いうまでもなく，生物多様性は生物資源と密接に関係しており，とくに「多様な」資源という点に大きく貢献する。たとえば，日常の食卓を考えてみれば，多様な穀物や野菜，魚が存在するおかげで，毎日の献立が彩られる。獲れる魚や収穫できる野菜はかつて地域ごとに大きく異なり，これが多様な郷土料理を生み出してきた。現在広く栽培されているイネやトウモロコシ，トマトなどの農作物の多くは，野生種を品種改良して生み出されたものであり，自然界に多様な遺伝資源があるからこそ，私たちは有用な品種を選ぶことができる。

　生物資源として，私たちが利用しているものは食料だけに限らない。家屋や家具にはさまざまな樹種の木材を利用しているし，衣類や鞄，工芸品などにも多様な動物の皮や骨などを用いている。農作物と同様，製薬においても遺伝資源の多様性は有用であり，抗生物質のペニシリンや鎮痛剤のアスピリンなどは微生物や植物を利用して開発されたものの代表例である。また，私たちはイヌやネコだけでなく，爬虫類や熱帯魚なども含めさまざまな動物を愛玩動物（ペット）として飼育しており，同様に多様な植物を園芸用植物として愛でている。このように私たちが利用する多様な生物資源は，まさに生物多様性の賜物である。

　生物多様性は，非生物資源，とくに水資源にも寄与している。水は河川や湖沼などの生態系を構成する要素であるが，同時に，河川や湖沼，また，森林や草地などの生態系は水資源を運搬・貯留する役割を果たしており，多様な生態系が水資源の供給に関与している。近年の研究では，水中の微生物の多様性が高いほど水中の窒素の除去量が大きくなるという結果が示されており，生物多様性は水質の向上にも貢献していると考えられる（Cardinale　2011）。生物多様性が関係する非生物資源としては，恐竜などの古生物の化石資源をあげることもできるであろう。多様な化石は学術的価値を有するのみならず，映画やマスコットなど私たちのインスピレーションの源ともなる。

(3) 資源の過剰利用による生物多様性の劣化

　生物資源や水資源は，持続的に利用すれば資源の枯渇を招くことなく利用し続けることができる再生可能資源である。しかし，このような再生可能資源も，私たちの利用速度が自然の再生速度を上回れば，次第に減少していくことは明らかである。このような資源の過剰利用が，今日の世界的な生物多様性の劣化を招く一因となっている。

　かつて6000万頭以上いたといわれるアメリカバイソンは毛皮を目的とした乱獲などにより一時は1000頭未満へと激減し，数十億羽いたリョコウバトは肉や装飾用の羽を目的とした乱獲で20世紀前半に絶滅した。鯨油や肉などを目的として19世紀以降乱獲されたヒゲクジラ類は，現在その多くが絶滅危惧種に指定されている。漁業資源も乱獲の危機にさらされており，タイセイヨウダラのように乱獲による個体数の激減が操業停止を招いた例もある。クロマグロやニホンウナギなど私たち日本人になじみの深い漁業種も，過剰漁獲のために絶滅が危惧されている種であり，乱獲による生物多様性の劣化は私たちの生活に直結する問題でもある。

　国際自然保護連合（IUCN）が公表している絶滅危惧種一覧のレッドリストでは，2016年時点で約2万4300種以上が絶滅危惧であると評価されている（IUCN 2016）（図10-1）。哺乳類や鳥類については，すべての知られている種（既知種）について評価がなされているが，昆虫やコケ類などは既知種の1%も評価の対象に含まれておらず，結果として，全体で既知種の5%のみが評価されたにすぎない。つまり，評価に含まれていない種や未発見の種を含めれば，絶滅危惧種の数はこの数十倍，数百倍にも膨らむ可能性があるということである。

　現在の絶滅速度はおよそ6500

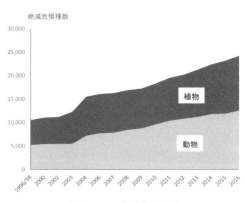

図10-1　絶滅危惧種数
出典：IUCN（2016）より筆者作成

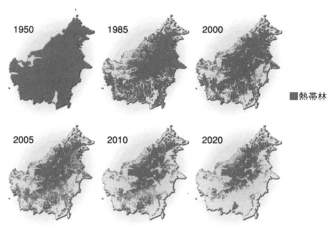

図10-2 ボルネオ島の熱帯林面積の変遷と予測
出典：Hugo Ahlenius, UNEP/GRID-Arendal

万年前の恐竜絶滅の時代よりも早いスピードであると考えられ，このままだと歴史上，第6回目の大量絶滅になると危惧されている。地球の限界を示した地球資源制約では，歴史的な絶滅速度と照らしながら，年間100万種あたり10種の絶滅をバウンダリーとして設定しているが，現在，平均して年間100万種あたり100種以上が絶滅していることから，生物多様性の危機はすでに地球資源制約を超えたと指摘されている (Rockström *et al.* 2009)。

　資源の過剰利用は生物の絶滅を引き起こすだけでなく，生態系すら改変する。インドネシアのボルネオ島では，1950年以降の過剰な森林伐採や開発により，ほぼ全島を覆い尽くしていた熱帯林面積が，現在までに50％以上減少した（図10-2）。中央アジアに位置する塩湖のアラル海では，流入する河川の流路を変更するほど周辺での灌漑が急激に進んだため，1970年代から比べてその湖沼面積は50％以上減少している（MA　2005）。私たち人間による資源の過剰利用は，ここまで深刻であるということを理解してほしい。このような生態系の劣化が現地の人々の生活や生息する野生生物にどのような影響を与えるか，推して知るべきであろう。

② 生物多様性の保全

⑴ 種や生態系の保全

　資源の過剰利用だけでなく，土地の開発や汚染，侵略的外来種や気候変動など，生物多様性に対する脅威はさまざまであり，依然として収まる気配はみられない。しかし，これらの脅威に対し，私たち人間はただ傍観しているわけではなく，生物多様性を保全するさまざまな取り組みもまた同時に進めている。

　絶滅危惧種に対しては，第一義的に野生の個体数減少を防ぐ努力がなされている。たとえば，ゾウやトラなど商取引を目的に密猟されてきた動物などについては，現地において密猟の取り締まりを強化するとともに，絶滅のおそれのある野生動植物の種の国際取引に関する条約（ワシントン条約）でその取引を制限している。このように取引制限の対象とされている種は 2017 年 3 月現在，3 万 5000 種以上に上る（UNEP　2017）。有用な漁業資源であるクロマグロやニホンウナギなどは，いまだワシントン条約に登録されてはいないが，資源管理に向けた国際的な話し合いが進められている。

　このように個体数の減少を防ぐ対策と併せて，人工的に個体数を増加させる取り組みも進められている。たとえば，ジャイアントパンダは人工繁殖と野生復帰を通じて着実に個体数を増加させており，近年では絶滅危惧のレベルが一段階引き下げられている。また，日本のトキは絶滅してしまったが，中国から譲り受けた個体をもとに人工繁殖と放鳥が進められ，現在では自然界でも観察できるまでに個体数が回復してきている。

　これら種に焦点をあてた取り組みに対し，生態系そのものを保全しようとする取り組みもある。国立公園や国定公園などの自然保護区がその最たる例であり，2014 年時点で陸域の 15.4%（約 2060 万 km^2），海域の 3.4%（約 1200 万 km^2）が保護区に指定されている（Juffe-Bignoli *et al.*　2014）（図 10-3）。これら自然保護区の目的は，自然景観の保護から野生生物の生息地の保全までさまざまであり，先述のアメリカバイソンの個体数回復に大きく貢献したような保護区もある。

　さらに，いまある生態系を守るだけでなく，失われた生態系を積極的に復元しようとする取り組みもみられる。たとえば，宅地・農地開発や森林伐採とと

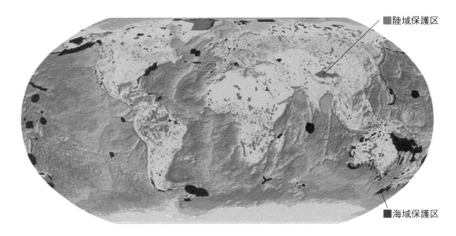

図10-3　世界の自然保護区
出典：IUCN and UNEP-WCMC（2016）

もに，河川の直線化により湿原面積の減少と乾燥化が進行した釧路湿原では，自然林の再生や直線化された河川の再蛇行化などが自然再生事業として実施されている。このような事例は世界中でみられ，高速道路を取り壊して河川を復元させた韓国ソウルの例や，ダムを撤廃して自然の流路を復元した米国アリゾナ州の例などきわめてインパクトの大きなものもある。

(2)　保全のための経済的なアプローチ

　生物多様性を保全していくための方法は取引や開発の規制だけではない。経済的なインセンティブを与えて，生物多様性の保全に望ましい活動を促していくことも1つの方法である。ここでは，生物多様性分野における経済的手段として注目されている生態系サービスへの支払（PES），認証制度，生物多様性バンキングについてそれぞれ概要を述べる。これらは新たな市場として注目されており，その市場規模は2020年には2800億ドル，2050年には1兆ドルを超えるものと予想されている（TEEB　2010）。

　PESは後述する生態系サービスの供給者に対して，受益者が対価を支払うというメカニズムである。このような支払制度は，主に農業による環境負荷の

第10章　地球資源制約と生物多様性保全　*177*

削減に対する補助金というかたちで発展してきたが，1997 年にコスタリカが生態系サービスをより前面に打ち出した PES を導入して以降，中南米をはじめとする開発途上国において同様の取り組みが拡大してきた。コスタリカの PES とは，淡水供給，炭素固定，レクリエーションという生態系サービスに加えて，生物多様性保全という観点から，森林保護や植林を実施した土地所有者に対して対価を支払うというものである。実際にこの制度を導入したことにより十数％の森林増加がみられたという報告もあり（Arriagada *et al.* 2012），生態系保全への効果が期待される対策の 1 つである。

エコラベルとも呼ばれる認証制度は，商品やサービスの環境パフォーマンスを示すものである。このエコラベルを示すことで，商品の差別化や価格の上乗せが期待できるため，持続可能な生産を促す役割を果たすことができる。生物多様性に関連するものとしては農林水産物が多く，米や野菜，魚，コーヒー，木材などその種類は多様である。認証製品は急速な拡大を続けており，有機農産物の市場規模は 2010 年で約 590 億ドルと 2003 年から 2 倍以上成長し，水産物に関する認証製品（MSC）は 2009 年の 15 億ドルから 2012 年には 32 億ドルに拡大している（OECD 2013）。日本国内でもエコラベルは広く用いられており，前述のトキの野生復帰においても，水田の生き物をえさとするトキに良好な環境を整備するため，米に関するエコラベルが作成されている。

生物多様性バンキングは少々複雑な制度であり，前提として，土地開発による生物多様性への影響を低減させることを義務づけることが必要となる。このようななかで影響を回避・最小化することが困難な場合にかぎり，第三者が事前に生息地の復元などにより獲得したクレジットを開発事業者が購入することで，これを代償措置と認める制度を生物多様性バンキングという。この制度による生態系保全上の利点の 1 つとしては，専門知識のある第三者が生息地復元を代行することや事前に一定の規模の面積を確保して復元できることで，より効果的な保全が期待できるということがあげられる。この仕組みは 1970～80 年代に湿地を対象として米国で制度化されたものが最初であり，米国ではその後も取り組みが拡大して，2010 年時点で 20 万 ha 以上がこの制度により保護されている（Madsen, *et al.* 2011）。

これら経済的アプローチの有用性については2016年に富山市で開催されたG7環境大臣会合でも議論され，その共同声明において，「経済的アプローチは，生物多様性の保全や持続可能な利用のための広範囲に亘る戦略に含まれるとき，生物多様性の損失や生態系の劣化の減少に貢献し得る」という認識が示されている。

(3) 生態系サービスという視点

　前項で出てきた「生態系サービス」という概念について，さらに詳しく説明したい。これは，私たちにとって有益な生態系の機能をサービスと捉えることであり，これまで紹介してきたような資源の供給以外にも，二酸化炭素の固定や降雨や土壌の流出抑制，花粉の媒介，レクリエーションの機会や景観的な美しさの提供などさまざまなものがある。これら生態系サービスは私たちの生活に貢献するものであり，より専門的な言葉では，「人間の福利」に寄与するものである（図10-4）。

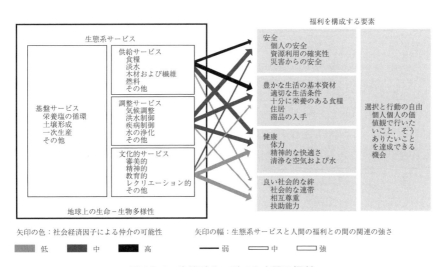

図10-4　生態系サービスと人間の福利

出典：ミレニアム生態系評価報告書

農業における多面的機能など，同様の概念は以前から存在したが，これらを
まとめてサービスと捉えることにこの生態系サービスの意義があると考える。
すなわち，日常的な経済活動と同じ意味でのサービスと呼ぶことで，生態系は
私たちの生活に直結しているという印象を与えることができる。さらに，これ
まで多くの場合において生態系保全と対立してきた企業に対し，生態系サービ
スという多角的な視点を与えることで，事業における生態系からの貢献や事業
による生態系への影響についての理解を深める機会を提供することができる。
生態系サービスという視点は，生態系が私たちにもたらす恩恵を正しく認識し
ていくための契機となりうる。

　では，私たちはいったいどのくらいの生態系サービスの恩恵を受けているの
であろうか。ある研究によれば，世界中の生態系サービスの経済的な価値の合
計は 1997 年時点で年間 33 兆ドルに上るという (Costanza *et al.* 1997)[1]。こ
れは当時の世界 GDP の 2 倍弱の数字であり，推定方法に問題があるなどの批
判も一部あったが，生態系サービスの貢献の大きさを示すものとして話題を呼
んだ。これ以降，生態系サービスの評価に関する研究はさまざまに発展し，最
近では，地理情報システム (GIS) を用いた生態系サービスの評価も進められて
いる。このような評価と情報提供をさらに進め，生態系保全に対する理解と支
援を促進していくことも，今後の重要な課題の 1 つである。

　このような生態系サービスの経済的な価値を評価する方法はいくつかある。
たとえば水質浄化機能などの間接的利用価値を水質浄化施設の費用で代替して
評価する代替費用法，移動にかかる費用から主にレクリエーションの価値を評
価するトラベルコスト法など，土地や住宅の価格における景観などの周辺環境
の影響を分析するヘドニック法など，これらは顕示選好法と呼ばれるアプロー
チである。いっぽう，表明選好法と呼ばれるアプローチには，環境改善に対し
ていくらまでなら支払うかということを直接尋ねる仮想評価法，複数の環境改
善案とそれにかかる費用の組み合わせのなかから好ましいものを選んでもらう
選択実験 (コンジョイント分析) がある。いずれも一長一短であり，評価対象と
する生態系サービスや評価の目的などに照らして適切なものを選ぶ必要がある。

3 愛知目標とSDGs

(1) 愛知目標

2010年に愛知県名古屋市で開催されたSecretariat of the Convention on Biological Diversity（以下，CBD）第10回締約国会議（COP10）では，生物多様性保全のために2020年までに各国が取り組むべき20の目標として愛知目標が定められた（図10-5）。前節②で述べたような種の保全については目標12に，生息地や保護区については目標5や目標11に，生態系復元については目標15にそれぞれ記載されている。保護区については陸域の17％，海域の10％という数値目標が，また，生態系復元については劣化した生態系の15％以上という数値目標が設定されている。経済的アプローチについては目標3や目標4，目標6や目標7などとの関連が深く，また，目標20とも密接に関係するものである。生態系サービスについては目標14に，また，生物多様性の価値に関する議論は目標2に集約されている。目標13や目標16は遺伝資源の保存や利用について規定したものであり，生物多様性に対する理解を向上させようという目標1は本章の目的そのものである。目標17に基づき各国は2015年までに生物多様性国家戦略と行動計画を策定し，2020年までの愛知目標達成をめざすこととされている。COP10以降，生物多様性国家戦略を策定または改訂した国は，2017年3月時点で196加盟国中142に上る（CBD 2017）。

2014年にはCBD事務局により愛知目標の世界全体での中間進捗が取りまと

図10-5　愛知目標における20の個別目標
出典：ロゴについてはCopyright BIP/SCBD，文言についてはCBD（2016b）より筆者仮訳

められた。その報告書では，大部分の目標で大きな進展がみられるものの，このままの進展スピードでは目標を達成するうえでは不十分であり，追加的な行動が必要であるということが指摘されている（CBD　2014）。具体的には，生物多様性の価値に関するコミュニケーションの取り組みや生息地保全を促すインセンティブの創設，過剰漁獲をもたらす補助金の撤廃，保護地域の拡大と評価，特定の絶滅危惧種に対する行動計画の策定，生態系サービスの提供にとくに重要な生態系の特定，生態系復元の優先地域の特定などがあげられている。

⑵　SDGs 目標 14 と目標 15

　愛知目標の達成が危ぶまれるなか，2015 年に合意された SDGs では生物多様性の保全を 1 つの目標としており，両者の相乗効果で取り組みが加速されることが期待される。SDGs のなかでも，とくに生物多様性に直接言及しているものは目標 14 と目標 15 であろう。目標 14 は「持続可能な開発のために海洋・海洋資源を保全し，持続可能な形で利用する」，目標 15 は「陸域生態系の保護，回復，持続可能な利用の推進，持続可能な森林の経営，砂漠化への対処，ならびに土地の劣化の阻止・回復及び生物多様性の損失を阻止する」と記されている。

　それぞれの SDG には下位目標としてターゲットというものが設けられている。目標 14 の具体的なターゲットとしては，生態系の復元も含め 2020 年までに海洋・沿岸生態系を持続可能な形で管理・保護することや，漁業資源を回復させるために 2020 年までに過剰漁獲や違法操業を止めること，2020 年までに少なくとも 10％の海域を保全すること，2020 年までに過剰漁獲をもたらすような補助金を禁止すること，2025 年までに海洋汚染を防止することなどがあげられている。また，目標 15 の具体的なターゲットとしては，2020 年までに陸域の保全や持続的な利用を確立すること，2020 年までに森林破壊を止めて持続可能な森林管理を推進すること，2020 年までに絶滅危惧種の絶滅を予防すること，2020 年までに生物多様性の価値を国家の計画などに取り込むこと，2030 年までに山岳生態系の保全を確立することなどがあげられている。

　これらのターゲットは従来の生物多様性に関する取り組みや目標ときわめて整合的であり，逆にいえば，特段の新規制はあまりみられない。しかし，ここ

でとくに重要な点は，目標達成の明確な時期を示していることである。このような目標達成の時期を示すことは実施のための推進力となり，また，進捗測定のための基準となる。ただし，ここでも多くのターゲットが愛知目標と同じ2020年を目標年としていることから，前述のような目標達成の懸念が生じてしまう。SDGsという視点が加わることで愛知目標の取り組みが加速されるよう願うばかりである。

(3) 愛知目標とSDGs

　これまで述べてきたように，生物多様性は私たちの生活と密接に関係している。そのため，生物多様性が関係するSDGsは目標14と目標15だけに限らない。CBD (2016a) では各SDGにおける生物多様性の役割が述べられており，たとえば，生物多様性は貧困層に対して収入源や食料などを提供することで貧困削減や飢餓対策に貢献しているし（目標1と目標2），汚染物質の除去や洪水の予防などの機能を果たすことで私たちの健康や安全に寄与しているという（目標3と目標9）。また，生物多様性は農林水産業をはじめとする経済活動の基盤となり（目標8），資源などの面で都市の生活を支えている（目標11）。資源の減少や環境の劣化は紛争を招く一因ともなるので，健全な生物多様性は平和な社会の礎となる（目標16）。これらは一例であるが，生物多様性がいかに幅広いSDGsと関係しているかということがわかるであろう。

　さらに，CBD (2016b) では各SDGと各愛知目標の関係が整理されている。これによれば，すべてのSDGは愛知目標と何らかの関係を有しており，同時にすべての愛知目標がSDGsと何らかの関係を有していることがわかる。とくに多くの愛知目標と関係があるSDGは目標14（海域保全）であり，いっぽうで，とくに多くのSDGと関係がある愛知目標は目標14（生態系サービス）である。生態系サービスは目標1（貧困），目標3（健康），目標5（ジェンダー），目標6（水・衛生），目標7（エネルギー），目標8（経済活動），目標9（インフラ），目標11（都市），目標13（気候変動），目標14（海域保全），目標15（陸域保全）と関係があるとされている。生態系サービスを持続的に利用することが，持続可能な開発につながるという重要なメッセージがここにある。

第10章　地球資源制約と生物多様性保全　*183*

(4) 目標達成に向けて

　では，愛知目標とSDGsの達成に向けて，私たち一人ひとりができることとはどのようなことであろうか。まず，生物多様性は多くの社会経済的な活動と密接に関係しており，非常に価値あるものであるということを改めて認識し，理解する必要がある。これは愛知目標の第一の目標であり，また，すべての活動のはじめの一歩となるものである。さらに，普段の生活でも少し生物多様性を意識してみよう。たとえば，米や野菜，魚などの食料品や紙やティッシュなどの日用品を購入するときには，エコラベルがついたものを積極的に選ぶ。近くの公園で野鳥や樹木を観察したり，休日には山や海に出かけたりする。これら日々の行動が生物多様性へのさらなる理解へとつながり，延いては保全へとつながるであろう。

　生物多様性の保全とその持続的な利用を，地球規模から身近な市民生活のレベルまで，ありとあらゆる社会経済活動において取り込むこと。これが「生物多様性の主流化」であり，今後めざすべき方向である。生物多様性の危機を地球資源制約の内側に戻すため，私たち一人ひとりが日々の行動を考えていかなければならない。

［蒲谷　景］

本章を深めるための課題

1．私たちが過剰に利用している生物資源を1つ選び，その現在の資源状態について調べてみよう。
2．生物多様性保全のための経済的アプローチとして紹介した3つの手法のなかから1つ選び，具体的な事例について調べたうえで，その手法の利点や課題について整理しよう。
3．生態系サービスが関係するSDGsを1つ選び，生態系サービスが具体的にそのSDGにどのように貢献するかまとめてみよう。

謝　辞
本章は環境省環境研究総合推進費（S-15：社会・生態システムの統合化による自然資本・

生態系サービスの予測評価）の支援を受けて執筆した。

注

(1) 2014 年にこの最新版の推定値が出されており，それによれば，2011 年時点での世界中の生態系サービスの経済的な価値の合計は年間 125 兆ドルに上るという（Costanza et al. 2014）。

参考文献

Arriagada, R.A., Ferraro, P.J., Sills, E.O., Pattanayak, S.K. and Cordero-Sancho, S. (2012) "Do payments for environmental services affect forest cover? A farm-level evaluation from Costa Rica", Land Economics, 88 (2), 382-399.

Cardinale, B. J. (2011) Biodiversity improves water quality through niche partitioning. Nature, 472: 86-89.

Costanza, R., d'Arge, R., de Groot, R.S., Farber, S., Grasso, M., Hannon, B., Limburg, K., Naeem, S., O'Neill, R.V., Paruelo, J., Raskin, R.G., Sutton, P. and van den Belt, M. (1997) "The value of the world's ecosystem services and natural capital", Nature, 387: 253-260.

Costanza, R., de Groot, R., Sutton, P., van der Ploeg, S., Anderson, S.J., Kubiszewski, I., Farber, S. and Turner, R.K. (2014) "Changes in the global value of ecosystem services", Global Environmental Change, 26: 152-158.

Hugo Ahlenius, UNEP/GRID-Arendal. Available at: http://www.grida.no/resources/8324. （2017 年 3 月 30 日最終閲覧）

IUCN. (2016) IUCN Red List version 2016-3: Table 1. Available at: http://cmsdocs.s3.amazonaws.com/summarystats/2016-3_Summary_Stats_Page_Documents/2016_3_RL_Stats_Table_1.pdf. （2017 年 3 月 30 日最終閲覧）

IUCN and UNEP-WCMC. (2016) The World Database on Protected Areas (WDPA). April 2016, Cambridge, UK. Available at: www.protectedplanet.net. （2017 年 4 月 15 日最終閲覧）

Juffe-Bignoli, D., Burgess, N.D., Bingham, H., Belle, E.M.S., de Lima, M.G., Deguignet, M., Bertzky, B., Milam, A.N., Martinez-Lopez, J., Lewis, E., Eassom, A., Wicander, S., Geldmann, J., van Soesbergen, A., Arnell, A.P., O'Connor, B., Park, S., Shi, Y.N., Danks, F.S., MacSharry, B., Kingston, N. (2014) Protected Planet Report 2014. UNEP-WCMC: Cambridge, UK.

MA. (2005) Ecosystems and Human Well-Being, Volume 1: Current State and Trend. Island Press.

Madsen, B., Carroll, N., Kandy, D. and Bennett, G. (2011) Update: State of Biodiversity Markets. Washington, DC: Forest Trends.

OECD. (2013) Scaling-up Finance Mechanisms for Biodiversity, OECD Publishing.

Rockström, J., Steffen, W., Noone, K., Persson, Å., Chapin III, F. S., Lambin, E., Lenton, T.M., Scheffer, M., Folke, C., Schellnhuber, H., Nykvist, B., De Wit, C.A., Hughes, T., van der Leeuw, S., Rodhe, H., Sörlin, S., Snyder, P.K., Costanza, R., Svedin, U., Falkenmark, M., Karlberg, L., Corell, R.W., Fabry, V.J., Hansen, J., Walker, B., Liverman, D., Richardson, K., Crutzen, P. and Foley, J. (2009) Planetary boundaries: exploring the safe operating space for humanity. Ecology and society, 14 (2) : 32.

Secretariat of the Convention on Biological Diversity: CBD (2014) Global Biodiversity Outlook 4. Montréal.

—— (2016a) Biodiversity and The 2030 Agenda for Sustainable Development: Policy Brief. Montréal

—— (2016b) Biodiversity and The 2030 Agenda for Sustainable Development: Technical Note. Montréal.

—— (2017) National Biodiversity Strategies and Action Plans (NBSAPs). Available at: https://www.cbd.int/nbsap (2017 年 4 月 6 日最終閲覧)

TEEB. (2010) The Economics of Ecosystems and Biodiversity Report for Business - Executive Summary 2010.

UNEP. (2017) The Species+ Website. Nairobi, Kenya. Compiled by UNEP-WCMC, Cambridge, UK. Available at: www.speciesplus.net. (2017 年 3 月 30 日最終閲覧)

第11章
持続可能な生産と消費，ライフスタイルの選択

KeyWords
□持続可能な生産と消費　□SCP10年枠組　□持続可能なライフスタイル　□持続可能なインフラ　□セクター別の取り組み　□SCP政策の再考　□効率性　□充足性　□環境政策言説　□エコロジー的近代化

　持続可能な生産と消費（SCP）は，「消費と生産システムが環境に及ぼすネガティブな影響を最小化しつつ，すべての人にとっての生活の質の向上を目指す包括的なアプローチ」と定義され，非常に包括的で広範な政策概念である。SCPに関連して，2015年に「持続可能な開発目標（SDGs）」とパリ協定という2つの国際合意がなされたことは注目すべきである。いずれの場合も，無限の資源，環境容量を前提としない社会経済へと舵取りすることについて国際合意したことにその画期性がある。この2つの政策的文脈のなかで，生産と消費のあり方を変えることで社会経済の仕組みをより持続可能にすること（SCP）が注目されている。SCPを実現するための政策を検討するうえでは，製品とサービスのライフサイクル，ライフスタイルの変化，インフラの変更という3つの視点に注目する必要がある。とくに，食品，住居，移動といった持続可能なライフスタイルとインフラに関係するような政策分野が重要となってきているのである。政策的にライフスタイルやインフラのあり方に影響を及ぼすには，一消費者を超えた，国，企業，自治体，市民組織・NGOといったステークホルダー連携が鍵となる。また，現在の環境政策のベースとなっている効率性改善を重視するアプローチから，資源利用・エネルギー利用の総量抑制を意識した充足性アプローチへと転換する必要がある。

1 持続可能な生産と消費（SCP）と国際的な政策動向

　持続可能な生産と消費（SCP）は，非常に包括的で広範な政策概念である。たとえば，国連環境計画は，SCPを「消費と生産システムが環境に及ぼすネガティブな影響を最小化しつつ，すべての人にとっての生活の質の向上を目指

す包括的なアプローチ」(UNEP 2011) と定義している。

　大量生産に伴い，世界的に資源利用の増大とそれに伴う環境影響の拡大が認められること，貧困・格差の拡大の一方で，消費主義も拡大していること，廃棄物が増大し環境が悪化していることなど，際限のない経済成長に関連した矛盾が生じてきている。SCP は，生産と消費の関係性に着目して，こうした課題に対応することをめざす政策概念といえよう。そのため，環境配慮型の生産・消費活動，さらには経済活動と環境保全活動の調和をめざすさまざまな概念と関連が深い。たとえば，グリーン経済・成長，低炭素社会，循環型社会・経済，3Rs（廃棄物の削減，再利用，リサイクル），持続可能なライフスタイル，産業エコロジー，環境効率，クリーナープロダクション，地産地消などである。

　SCP の概念そのものが，政策分野で注目を集めるのは，最近に限ったことではない。表 11-1 に整理したように，生産と消費のシステムが持続可能性の実現に重要な役割を果たしていることは，持続可能な開発にかかわる主要な国際的な政策プロセスで言及されてきている。たとえば，1992 年の環境と開発に関する国際連合会議（リオデジャネイロ）では，その成果文書「アジェンダ21」の 4 章において，持続可能な消費を論じている。また，2002 年のヨハネスブルグの持続可能な開発に関する世界首脳会議では，SCP に関する 10 年プログラムの提案が行われた。2012 年の環境と開発に関する国際連合会議

表 11-1　主要な環境関連国際会議と SCP 概念の反映

	1972	1992	2002	2012	2015
国連サミット	国際連合人間環境会議（ストックホルム）	環境と開発に関する国際連合会議（リオデジャネイロ）	持続可能な開発に関する世界首脳会議（ヨハネスブルグ）	環境と開発に関する国際連合会議（Rio+20）（リオデジャネイロ）	国連持続可能な開発サミット（ニューヨーク）
成果文書	人間環境宣言	アジェンダ 21	ヨハネスブルグ実施計画	我々の求める未来	持続可能な開発に関する 2030 年アジェンダ
SCP への言及	SCP に通じる考え方が反映	持続可能な消費に関する章（4章）	SCP に関する 10 年プログラムの提案	SCP10 年枠組計画の合意、SDGs の提案	SDG12：持続可能な生産と消費パターンの確立

出典：公財）地球環境戦略研究機関より作成

188　第 3 部　人類共通の課題

RIO+20 では, SCP10 年枠組計画が合意された。

こうしたなか, SCP に関連して, 新たな国際的な政策動向に注目する必要がある。すなわち, 2015 年に, 「持続可能な開発目標 (SDGs)」とパリ協定という 2 つの画期的な国際合意がなされたということである。まず, どちらの合意も, 先進国, 途上国を問わず実現すべき目標であり, 国家, 自治体, 市民社会, 企業などの協調が求めることにあるという点に特徴がある。さらに, 両合意の掲げる中長期目標はこれまでになく野心的なものであるという点で画期的である。パリ協定は, 今世紀後半には人間活動による炭素排出を実質ゼロ, すなわち経済社会の脱炭素化をめざすという国際合意を含んでいる。このことは, 二酸化炭素の削減目標を掲げることとは根本的に異なる。国際社会が, 化石燃料依存型の経済から脱炭素化へと, 社会・経済・技術的な変革への舵を切るという合意をしたという点に注目するべきだ。SDGs は, 貧困解消と同時に地球資源制約 (プラネタリーバウンダリー) で豊かな生活を可能とする社会経済の実現を視野に入れている。

いずれの場合も, これまでの無限の資源, 環境容量を前提としない社会経済について国際合意したことにその画期性がある。SCP は, SDGs のなかでも, 1 つの目標 (目標 12) として取り上げられている。その一方で, SCP を目標 12 のなかでのみ捉えるのは, 限定的な捉え方であると考える。

2 SDGs と持続可能な生産と消費に関する 10 年枠組

SDGs のなかで SCP の名称を与えられた目標 12 で掲げられているターゲットの概要を列挙したのが, 表 11-2 である。これをみると, 主に SCP10 年枠組の実施と, 廃棄物・資源循環・資源効率に関する目標設定と位置づけられていることがわかる。

では, SDGs の持続可能な生産と消費に関する実施目標の筆頭におかれている SCP10 年枠組は, どのような国際的な取り組みか。

これは, SCP 実施へ向けた途上国に対する能力開発支援, 資金・技術面での支援へのアクセスを促進するというものである。また, すべての関係者が,

第 11 章 持続可能な生産と消費, ライフスタイルの選択 *189*

表 11-2　SDGs 目標 12

- 12.1　開発途上国の開発状況や能力を勘案しつつ，持続可能な消費と生産に関する 10 年計画枠組（10YFP）を実施し，先進国主導の下，すべての国々が対策を講じる。(**SCP10 年枠組**)
- 12.2　2030 年までに天然資源の持続可能な管理及び効率的な利用を達成する。
- 12.3　2030 年までに小売・消費レベルにおける世界全体の一人当たりの食料の廃棄を半減させ，収穫後損失などの生産・サプライチェーンにおける食品ロスを減少させる。(**食品ロス**)
- 12.4　2020 年までに，合意された国際的な枠組みに従い，製品ライフサイクルを通じ，環境上適正な化学物質やすべての廃棄物の管理を実現し，人の健康や環境への悪影響を最小化するため，化学物質や廃棄物の大気，水，土壌への放出を大幅に削減する。(**廃棄物と化学物質**)
- 12.5　2030 年までに，廃棄物の発生防止，削減，再生利用及び再利用により，廃棄物の発生を大幅に削減する。(**3Rs**)
- 12.6　特に大企業や多国籍企業などの企業に対し，持続可能な取り組みを導入し，持続可能性に関する情報を定期報告に盛り込むよう奨励する。(**企業の環境報告書**)
- 12.7　国内の政策や優先事項に従って持続可能な公共調達の慣行を促進する。(**持続可能な公共調達**)
- 12.8　2030 年までに，人々があらゆる場所において，持続可能な開発及び自然と調和したライフスタイルに関する情報と意識を持つようにする。(**自然と調和したライフスタイル**)
- 12.a　開発途上国に対し，より持続可能な消費・生産形態の促進のための科学的・技術的能力の強化を支援する。
- 12.b　雇用創出，地方の文化振興・産品販促につながる持続可能な観光業に対して持続可能な開発がもたらす影響を測定する手法を開発・導入する。
- 12.c　開発途上国の特別なニーズや状況を十分考慮し，貧困層やコミュニティを保護する形で開発に関する悪影響を最小限に留めつつ，税制改正や，有害な補助金が存在する場合はその環境への影響を考慮してその段階的廃止などを通じ，各国の状況に応じて，市場のひずみを除去することで，浪費的な消費を奨励する，化石燃料に対する非効率な補助金を合理化する。

出典：外務省仮訳
注：各目標に付した括弧内のキーワードは筆者による加筆

　政策やツール，優良事例に関する情報や経験，知識を共有するためのプラットフォームとして機能するものとして位置づけられている。プログラムを支援しているのは，日本，ドイツ，欧州委員会，デンマーク，韓国，ブラジル，イスラエル，スイスである。また，下記の各テーマには，国際機関，民間企業，NGO，研究機関が，実際にプログラムを主導するかたちで関与している。
　実際のテーマとしては，「持続可能な公共調達」「消費者情報」「持続可能な

ツーリズム」「持続可能なライフスタイルと教育」「持続可能な建築・建設」，そして「持続可能な食糧システム」が実施されている。

具体的な内容としては，それぞれのテーマについて，参加各機関の取り組みを調整すると同時に，途上国におけるSCPに関連するパイロットプロジェクト，優良事例の育成，さらに途上国でのSCPの実施に役立つようなツールやガイドラインの策定などを行っている。

3 SCP政策についての重要な視点

冒頭において，SCPの取り扱う政策の範囲は，非常に広範であると指摘した。また，①では，SCPを目標12のなかでのみ捉えるのは，限定的な捉え方であると考えると書いた。ここでは，SCP政策の対象範囲を，「ライフサイクル」に着目する視点，「ライフスタイル」に着目する視点，「インフラ」に着目するという3つの視点から整理してみたい（図11-1）。

まず，SCP政策は，生産と消費の関係（言い換えれば，製品，サービス，ライフスタイルとその環境負荷）に焦点を与えたものである。その点で，資源利用の上流から下流に着目する製品のライフサイクルという視点が重要な視点となる。

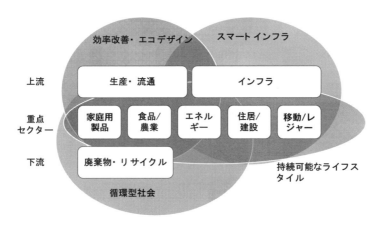

図11-1 SCP政策の範囲

出典：小出・堀田作成

第11章 持続可能な生産と消費，ライフスタイルの選択 *191*

製品のライフサイクル全般で，エネルギーと資源の効率的な使い方を促すような政策が現在，主流的なものである。こうしたライフスタイルの観点からだと，製品の製造・利用段階（上流）では，製品のエネルギー効率，リサイクル性の向上，環境配慮設計，効率的な生産といったことの追求をめざすものとなる。また，製品の使用後（下流）は，廃棄物の削減，再使用，リサイクル，環境上適正な処理といった観点が重要となる。

　第二の視点として重要なのは，次節4でもより詳細に議論するが，消費サイドで，エネルギーおよび物質利用，またそれに伴う環境負荷の多いセクターに着目する視点である。すなわち，私たちの「食品」「住居」「移動」「家庭用製品」は，製品の利用とサービス提供に伴う最終消費カテゴリーとして，物質利用量，資源利用量，それに伴う環境負荷という点で上位を占めているという視点である。製品利用の上流（生産・使用）と下流（廃棄）というライフサイクルに着目する観点に対して，消費者の行動変化，ライフスタイルの変化を促すことを強調する。その場合，いわゆる消費者個人や消費行動に責任を押し付けるのではなくて，小売業者によるサービス・製品の提供，交通，オフィスといった消費と生産の関係性に着目する視点が重要となる。

　第三の視点として重要なのは，エネルギー生産と提供，住宅，交通システム，さらには都市開発などに関係したインフラに着目する視点である。

　以下では，とくに第二と第三の視点に着目して，より具体的な政策アプローチについて議論してみたい。

4 持続可能なライフスタイルに向けたセクター別の取り組み

　従来の SCP は，生産サイドや廃棄物・資源循環に特化した取り組みが中心であった。すなわち，前節3での第一の視点に沿ったものが多かった。たとえば，生産サイドでいえば，より効率的な生産，汚染源となるような原材料の見直しをすることで，環境に配慮し効率的な生産ができるという「クリーナープロダクション」や，廃棄物の発生抑制・再使用・再生利用と資源の効率的な活用を組み合わせる「3R」や「循環型社会」に関する取り組みが主流であった。

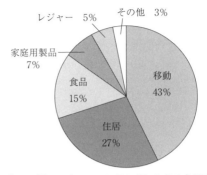

図11-2 主要な消費セクターのカーボンフットプリント
出典：Hertwich and Peters 2009

図11-3 フィンランドにおける主要な消費セクターのマテリアルフットプリント
出典：Lettenmeier *et al.* 2014

しかし，こうした取り組みは，生産，製品の単位レベルでの効率性を増加することとなる，絶対的な消費量は増加してしまうという「リバウンド効果」という課題をかかえていることがわかってきた。そのため，消費・需要サイドでも，資源・エネルギー消費抑制に関する取り組みが重要と考えられるようになってきている。

実際，図11-2および図11-3で示したように，カーボンフットプリント（原料の採取，生産，加工，包装，輸送，廃棄に至るまでの温室効果ガスの排出量をCO_2に換算したもの），マテリアルフットプリント（最終消費セクターで利用されたと推計される天然資源の採掘量）などを活用して，環境への影響度の高いセクターを換算した場合には，「食品」「住居」「移動」「家庭用製品」が上位にくる。

すなわち，持続可能なライフスタイルとインフラに関係するような政策分野が重要となってきているのである。

(1) 食 品

食品は，生産・加工・供給・消費・廃棄のライフサイクルで，世界のカーボンフットプリントの20％に貢献している（Hertwich and Peters 2009）。SDGsの目標12において，「2030年までに，小売・消費段階の食品廃棄物を半減し，生産・サプライチェーンにおけるフードロスを削減する」という目標が掲げられている。また，2016年に開催されたG7環境大臣会合の成果文書である「富

第11章　持続可能な生産と消費，ライフスタイルの選択　*193*

山物質循環フレームワーク」においても，フードロスの削減，食品廃棄物の有効活用と削減に向けた野心的な行動が言及されている。

　この分野では，2016 年に出されたフランスによるフードロス削減政策パッケージが代表的な政策として知られている。そのなかでは，売れ残りのまだ食べられる食品の廃棄を小売業者に禁じており，また重量ベースで食品を売るというパッケージオプションの推進や，レストランでの持ち帰り袋の推進などを盛り込んでいる。

　その一方で，先進国と途上国の間の差異にも注目すべきである。先進国のフードロスの約 4 割が，小売・消費段階で発生する一方で，途上国では約 4 割が収穫後・加工段階で生じている (FAO　2011)。

(2) 住　居

　住居は，世界のカーボンフットプリントの約 19％を占めており (Hertwich and Peters　2009)，フィンランドの事例研究では建築・使用・改築・解体のライフサイクルにおいて，約 27％のマテリアルフットプリントを占めている (Lettenmeier, Liedtke and Rohn　2014)。また，家庭向け住居の使用段階での消費関連として，空調が 60％の消費を占め，温水が 18％，料理は 6%，照明は 3% という報告もある (UNEP　2007)。

　この分野では，欧州によるゼロエネルギービルの義務化 (Energy Performance of Buildings Directive　2010) が代表的な政策アプローチである。すなわち，EU 圏内のすべての新しい建造物を 2020 年末までに，新しい公共建造物を 2018 年末までに「Nearly Zero-Energy Buildings」とする指令が 2010 年に出されている。nZEB は高いエネルギーパフォーマンスによりほとんどゼロに近いエネルギーしか必要とせず，施設内または付近で生産された再生可能エネルギーによりほとんどがカバーされる建物とされている (Building Performance Institute　2015)。これを受けて，EU 各国は nZEB の国内における定義を行い，政策・インセンティブ付与などの計画を策定中である。

　また，エネルギー効率の高い建物のコンセプトとして「Passive House」などがあるが，地域差に対する対応が課題となっている。「Passive House」は従

来の空調システムを輸さず，室内環境を快適に保ち，年間の暖房需要を
15kWh/m^2 に抑え，電気・暖房・温水などの生活エネルギー需要を 120 kWh/
m^2 に抑える（UNEP 2007）といった研究も存在する。

⑶ 移 動

　1台の車を他者と共有する「カーシェアリング」（車の総保有台数が削減）とは
異なり，同じ出発地・目的地の利用者がトリップを共有する「ライドシェアリ
ング」（1トリップ当たりの一人当たり環境負荷が削減）の考えが普及してきた。
HOV レーン（2，3人以上が乗車する車しか通れないレーン）の導入（例：ニューヨ
ーク市）といった事例もある。リアルタイムでのライドシェアリングを斡旋す
るオンラインツールの充実（例：ドイツの Flinc）（Flinc 2013）といった動きが
みられる。いずれもスマートフォンなどの携帯 IT 機器の普及と連動した動き
である。

　また，公共交通指向型の開発も，伝統的に重要である。東急や阪急などの私
鉄による鉄道網と住宅の総合開発の歴史は，日本でも長い。また，トラムや基
幹バス（BRT）と組み合わせた開発は，コスト面での削減効果もある。

⑷ 家庭用製品

　まずは，シェア経済（エコノミー）という考え方で，新たなビジネスモデルな
どを特徴づける動きが出てきている。これは，従来の 3R コンセプトにおける，
「リデュース」と「リユース」の拡張にあたる。具体的には，オーナーシップ
の共有や，貸借により利用中の製品をシェアするという動きだ。この動きは，
オンラインツールの進歩により，さまざまな分野で拡大が始まっている。フラ
ンスでは，シェア経済の導入により，家庭支出が 7%削減され，廃棄物が 20%
減るという試算結果もある（Demailly & Novel，2014）。また，リマニュファク
チャリングという考え方もある。これは，製品の解体，修復，要素の交換，部
品・製品全体の検査により，元の設計性能を満たす手法をさしている（ERN
2015）。欧州では European Remanufacturing Network（ERN）が設立され，200
以上の組織が参加している。

5 ライフスタイル・消費選択に影響を及ぼすステークホルダー連携

ライフスタイルの選択を行うのは，生活者であり，消費者であるという考え方が支配的であるが，政策的にライフスタイルに影響を及ぼすには，一消費者を超えた，国，企業，自治体，市民組織・NGOといったステークホルダー連携が鍵となる。

(1) 国のアプローチ

国は，政策・計画の策定，規制，公共調達による消費選択の例示，経済的ツールなどによって，消費行動に影響を及ぼす政策的な選択肢を有している（図11-4）。こうした国主導の取組例として，2011年に韓国環境省が消費者の持続可能なライフスタイル定着のために導入したグリーンクレジットカードがある（図11-5）。韓国環境産業技術研究所がクレジットカード会社と連携し，自治体・公益・交通・小売り企業のサービスや製品に関連してポイントを提供するものである。具体的には，水道，電気，ガス利用量の削減に応じて「カーボンポイント」を付与する。公共交通機関の利用に応じて，「公共交通ポイント」を付与する。環境にやさしい製品の購入に応じて，「グリーン購入ポイント」が付与される。各消費者が得たポイントは，製品・サービスの購入に利用が可能となっている。

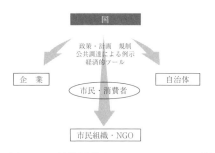

図11-4 持続可能なライフスタイルに関連した国のアプローチ
出典：筆者作成

図11-5 韓国のグリーンクレジットカード
出典：KEI（2012）

(2) 自治体のアプローチ

自治体については，政府のアプローチに加えて，インフラ整備，公共サービスの提供，地域組織の協力促進といった役割を果たす（図11-6）。日本でも，自治体・地域主導で再生可能エネルギー（マイクロ水力，太陽光，風力）を導入する動きがあり，こうしたアプローチの事例と考えることができる。これは，とくに2011年の福島での原子力発電所の

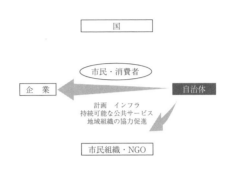

図11-6 持続可能なライフスタイルに関連した自治体のアプローチ
出典：筆者作成

事故と放射能汚染により，地域ベースの再生可能エネルギーを導入しようという地域住民の機運に後押しされているものといえるだろう。2014年には，地域主導の再生可能エネルギー事業者のネットワークである「全国ご当地エネルギー協会」が設立された。2014年には，35団体が存在し，14の自治体がファイナンス，団体の設立などのかたちで関与している。

(3) 市民組織・NGOのアプローチ

市民組織・NGOは，調査・研究，標準・ガイダンスの提供，警鐘，運動・キャンペーンといった選択肢を有する（図11-7）。NGOの活動事例としては，フェアトレードやCSR（企業の社会的責任）の考え方に基づいて，ビジネスモデルや取引のあり方を再考するといった動きが考えられる。たとえば，コットン・メイド・イン・アフリカ（図11-8）というNGOは，2005年にサハラ以南のアフリカ地域の綿農家の生活水準向上を持続可能な方法で行うための活動として設立された。この団体は，貧困削減，フードセキュリティの確保を目的とした小作農家に対する技術的トレーニング，マーケティング支援などを実施している。また，綿栽培に際しては，化学物質の利用を最小限とし，自然肥料を用いた天水農業で行っている。さらに，アフリカでこのように生産された綿を調達する繊維関連企業の国際アライアンスを形成し，認証マークの使用に対して利

図11-7 持続可能なライフスタイルに関連した市民組織・NGOのアプローチ
出典：筆者作成

図11-8 コットン・メイド・イン・アフリカのロゴ
出典：コットン・メイド・イン・アフリカのホームページより

用料を徴収し，活動の資金源としている。このアライアンスには，小売業界，アパレルブランド，コットン輸入業者，開発援助機関などの100以上の機関が参画している。

(4) 企業のアプローチ

企業は，サプライチェーンの改善，製品・サービスのあり方の変化，新しい価値・ビジネスモデルの提供，市民のアイデアに基づくソリューションの提供といった役割を果たせるものと考える（図11-9）。たとえば，規格外を理由に流通に乗りにくい魚介類を仕入れて，直営レストランで調理して提供する取り組みなどの事例がある。これは，規格外産品を公平な金額で買い取ることで，農業・漁業者の収益改善に貢献すると同時に，フードロスの削減に貢献する。

図11-9 持続可能なライフスタイルに関連した企業のアプローチ
出典：筆者作成

(5) ステークホルダー連携によるアプローチ

さらに，こうした個々の取り組みよりも，これらのステークホルダーが連携した取り組みこそが，より効果的に市民・消費者のライフスタイル変革に貢献するものと考えられる。すなわち，図11-10で示すように，政府と企業が連携した「ビジネスと連携した全国的プログラムの展開」，企業と市民組織の連携する「持続可能な製造・貿易，多数の企業の調整によるプログラム」，市民組織・NGOと自治体の連携による「草の根サスティナビリティ活動の活発化」，政府と自治体の連携による「政策の全国展開と，関連インフラの整備」などのアプローチが考えられる。

こうした連携的な取り組みとしての成功例（CO_2削減効果については賛否あるものの，ライフスタイルの変化には貢献した）としては，クールビズがあげられるだろう。これは，温暖化対策として，夏季の室温を摂氏28度以上に設定する運動と連動して行われたものである。クールビズ（図11-11）は，2005年から実施され，夏場の職場での軽装（いわゆるノーネクタイ，ノージャケット）による冷房の節約運動である。当時の環境大臣であった小池百合子が率先して，政治家や企業のトップに働きかけた。クールビズを展開した担当者によれば，クールビズは，単なる職場の軽装運動を越えており，交通機関，職場，その周辺のサービス施設などにも働きかけて，温度設定を28度にすることを徹底

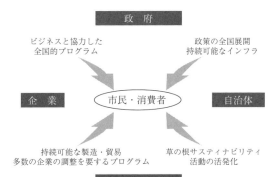

図11-10　持続可能なライフスタイルに関連したステークホルダー連携アプローチ
出典：筆者作成

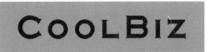

図11-11　クールビズのロゴ
出典：環境省クールビズホームページ

させることと関係づけて行われた。また，夏場のファッションを軽装化することを小売業界と連携して行い，紳士衣料や身のまわり品の売り上げ増にもつながった。2005年に実施した時点では，6〜8月のCO_2削減量は46万t，約100万世帯の1カ月分の排出量に相当すると環境省は推計している。さらに，2006年に実施した推計では，約114万tの削減としており，約2050万世帯の1カ月分の排出量に相当するとしている。

6 効率性アプローチから充足性アプローチへ

　1970〜1990年代にかけて，先進国の環境と産業にかかわる政策形成と企業戦略の考え方が根本的に変化したという指摘がある。これは，工業化は環境効率（資源効率，エネルギー効率）の改善を通じて，環境保全と調和が可能であり，環境保全は経済的な利益に反しないという考え方である。その基底にあるのは，効率の改善が環境対策につながるという考え方である。1990年代から最近までの日本の環境政策と持続可能性戦略の基底にある考え方は，この環境効率の改善にあると考えることができる。たとえば，日本の廃棄物・リサイクルさらには持続可能な消費にかかわる基本政策である「循環型社会形成推進基本法」およびその実施計画である「循環型社会基本計画」では，その進捗指標の1つとして環境効率の考え方に基づいた資源効率を採用している。

　とくに2015年のパリ協定における脱炭素化に関しての長期目標の設定，さらには持続可能な開発目標（SDGs）との関連で地球資源制約が言及されるようになり，効率性アプローチが持続可能性に関する議論の主流となっている潮流に変化が起きはじめている。実際に，これまでにも，効率性の追求だけでは，リバウンド効果の影響により，効率化により余剰となった資源はほかの分野に配分されることで結果的に資源利用は減少せずに，かえって増加することがわかってきている。そのため，従来の効率性アプローチに対して，資源・環境制約を念頭にして，消費・ニーズのあり方の転換も視野に入れてエネルギー・資源消費総量を抑制するアプローチが重要となってきている。ここでは，こうしたアプローチを充足性アプローチと呼ぶ。こうしたアプローチの重要性は，政

策担当者のなかでも次第に認知されてきている。たとえば，2016 年 5 月に富山市で開催された G7 環境大臣会合では，「地球の環境容量内に収まるように天然資源の消費を削減し，再生材や再生可能資源の利用を促進」「持続可能な消費や，欲深くならずに分相応のところで満足すべきという考え方である『足るを知る』…に対する消費者意識の向上を促進することが不可欠である」との見解が示された（G7 環境大臣会合　2017）。

　以下の表 11-3 では，現在主流化している効率性アプローチが，技術的な解決と，個別製品，個人の消費者の行動レベルでの解決に多くの場合依拠しているということを示している。すなわち，社会・技術システムの変更という点には，あまり言及しない。充足性アプローチは，SCP を入り口として，持続可能性へのより根本的な変化をめざしている。

　実際に，パリ協定や，SDGs というかたちで示された脱炭素化，地球 1 個分の暮らしという長期的な目標を実現するには，化石燃料と天然資源の大量消費に依存した社会・経済体制を根本的に変化させることが必要になる。

　その点で，従来の環境政策類型に基づいて政策アプローチを考えた場合，こ

表 11-3　効率性アプローチと充足性アプローチ

	効率性アプローチ	充足性アプローチ
目　的	資源・エネルギー効率改善による問題解決	サービス提供のインフラの変更を含むシステム変革
生産と消費の関係	意識ある消費者が，持続可能な製品・サービス提供にシグナルを送る。個別製品・サービスレベルでの技術革新	サービス提供の社会技術システムの変革を促す。社会技術革新
進捗の測定	伝統的な経済成長。直接的な環境負荷の低減，経済成長との調和	Well-being, Inclusive Wealth。Ecological Footprint（間接的な負荷を含む）の低減など。充足感の獲得
消費の要因	効用の獲得 社会的・心理的なシグナル	効用の獲得 社会的・心理的シグナル サービス提供に関わる社会・技術システム

出典：Seyfang（2008）を参考に筆者が加筆・修正

うした変革に必要なアプローチが浮かび上がらない可能性がある。実際に，規制，経済的手法，自主的取り組み，情報的手法という環境政策のステロタイプ的な類型から抜け出すことは容易ではない。

　別のいい方をすれば，環境政策に関連して，新たな潮流が生じつつあるといえる。環境政策の焦点は，1970〜1990年代にかけて先進国を中心に「公害問題」から「地球環境問題，廃棄物・リサイクル問題」という大きな変化が起きた。これに匹敵するような大きな変化が現在起きつつあると考える。

　1970〜1990年代に起きた環境政策言説（環境政策言説とは，ここでは，言語・概念の使い方に現れる環境政策観とする）の変化は，産業化は環境保全と調和が可能であり，経済的便益を損ねるものではないという言説が次第に支配的になったことである。この言説の変化を西欧の政治・社会学者は，「エコロジー的近代化」と名づけて分析した（Weale　1992, Jänicke and Weidner　1995, Hajer 1995, Dryzek　1997）。こうしたなかで，効率性の改善が，環境保全と経済的便益の鍵になると位置づけられてきた。しかし，2010年代頃から，さらなる政策言説の移行が起きてきていると考える。それは冒頭でも議論したパリ協定とSDGsに象徴される。すなわち，社会問題，福祉，ライフスタイル，インフラの変更といったことが，持続可能性の政策言説のなかで重視されてきたといえる。たとえば，パリ協定での主要な政治的な合意として，脱炭素化といった社会技術体系・インフラの変更を示唆するような合意がなされてきたのである。こうした政策言説の変化の特徴を仮説的に整理したのが，以下の表11-4である。

　今後，持続可能性に関する政策議論においては，個別の政策アプローチや手法，ツールではなく，脱炭素化，循環経済，地球1個分の暮らしといった長期的な目標とビジョンが不可欠となり，これらを前提としたものとなるだろう。また，今後必要とされるSCP政策についての議論を深めるためには，従来の（規制，経済ツールといった）環境政策の考え方を変える必要があり，ライフスタイルとインフラにかかわる技術革新や，ステークホルダー連携による新たな社会ビジネスモデルの育成，それに向けた民間投資の促進といった視点が不可欠となる。また，こうしたSCPに向けた政策は，製品のライフサイクルおよび異なるセクターにまたがるステークホルダーの関与が必要である。そのため，

表 11-4　持続可能性に関連して影響力のある政策言説の変化

	汚染防止	効　率	シェア経済／サービス化	地球 1 個分の暮らし
	1970 年代	1990 年代	2010 年代以降	2010 年代以降（とくに，SDGs，パリ協定後）
具体的なコンセプト	汚染防止	クリーナープロダクション，ゼロエミッション，産業エコロジー	循環経済シェア経済	地球 1 個分の暮らし脱炭素化充足性
主要課題	公　害	気候変動，廃棄物問題，消費から生じる環境問題	福祉，ライフスタイル	社会・技術システム
環境と経済の関係	分離，矛盾，対立的	相互補完，産業化は環境保全と調和可能	社会的配慮，福祉の統合	持続可能性は，次の社会技術的革新の鍵
アプローチ	エンドオブパイプ技術の設置	資源・エネルギー面での効率性と生産性の改善	技術革新，新たなビジネスモデル，情報コミュニケーション技術	合意形成，社会技術インフラの変更
主要なアクター／ステークホルダー	政府 対 企業	政府と企業の連携	ビジネスモデル，社会的起業	マルチステークホルダー
政府の対応	反応・解決	予測・防止	創造・コミュニケーション	長期的な目標設定，投資，充足性ビジネスのビジネス環境を整える

出典：筆者作成

　SCP を促進する政策には，合意形成およびコミュニケーションに時間がかかる可能性がある。その一方で，通信コミュニケーション技術の発展は，そうしたコストを低下させる可能性もある。

[堀田 康彦]

本章を深めるための課題

1. 製品やエネルギーの生産・消費から生じる環境問題で，関係者の利害が対立しそうな問題について調べてみよう。
2. そうした問題に，どのような利害関係者（ステークホルダー），製品，インフラが関与しているか，調べて，その関係性を図式化してみよう。
3. 調べた問題についてより持続可能な解決策を推進するためには，利害関係者（ステークホルダー）がどのように連携するのがよいのかを考えてみよう。

謝　辞

　本章の執筆にあたっては，（独）環境保全再生機構の環境研究総合推進費 S-16 のテーマ 3「アジアにおける資源環境制約下のニーズ充足を目指す充足性アプローチへの政策転換（課題番号：S-16-3）」で実施した研究の成果を活用している。また，図表作成等では渡部厚志氏と小出瑠氏に執筆協力をいただいた。

参考文献

「持続可能な開発のための 2030 アジェンダ（外務省仮訳）」http://www.mofa.go.jp/mofaj/gaiko/oda/about/doukou/page23_000779.html（2017 年 4 月 25 日最終閲覧）

「国連持続可能な消費と生産 10 年枠組ホームページ」（英文）http://web.unep.org/10yfp（2017 年 4 月 25 日最終閲覧）

「全国ご当地エネルギー協会ホームページ」http://communitypower.jp/（2017 年 4 月 25 日最終閲覧）

「環境省　クールビズホームページ」 https://ondankataisaku.env.go.jp/coolchoice/coolbiz/（2017 年 4 月 25 日最終閲覧）

「Cotton Made in Africa ホームページ」http://www.cottonmadeinafrica.org/en/（2017 年 4 月 25 日最終閲覧）

G7 環境大臣会合（2017）『富山物質循環フレームワーク』

Akenji L. (2014) Consumer scapegoatism and limits to green consumerism, *Journal of Cleaner Production*, 63 (2014) 13-23

Buildings Performance Institute Europe. (2015) *Nearly Zero Energy Buildings – Definitions across Europe – Factsheet*.

Demailly, D., and A.S. Novel. (2014) "The Sharing Economy: Make It Sustainable." *Studies N° 03/14, IDDRI*.

Dryzek J. (1997) *The Politics of the Earth: Environmental Discourses*, Oxford: Oxford University Press

ERN (2015) *Remanufacturing Market Study*.

EU (2010) *Directive 2010/31/EU of the European Parliament and of the Council of 19 May 2010 on the energy performance of buildings*

FAO. (2011) *Global Food Losses and Food Waste - Extent, Causes and Prevention*. Rome:

FAO.

Flinc. (2013) "Flinc - Social Mobility Network: Making Empty Seats in Cars Available Anywhere, Anytime and Anyplace." In ECO13 Berlin Presentation.

Hajer, M. (1995) The Politics of Environmental Discourse: Ecological Modernization and the Policy Process, Oxford: Oxford University Press

Hertwich, Edgar G., and Glen P. Peters. 2009. "Carbon Footprint of Nations: A Global Trade-Linked Analysis." *Environmental Science and Technology* 43 (16): 6414–20. doi:10.1021/es803496a.

Jänicke M. and Weidner (1995) *Successful Environmental Policy: An Introduction in Successful Environmental Policy*, Berlin, Edition Sigma

KEI (2012) "Green card system", *Korea Environmental Policy Bulletin*, Issue 1, Vol. X, KEI.

Lettenmeier, Michael, Christa Liedtke, and Holger Rohn. (2014) "Eight Tons of Material Footprint - Suggestion for a Resource Cap for Household Consumption in Finland." *Resources* 3: 488–515. doi:10.3390/resources3030488.

Seyfang, G. (2008) *The New Economics of Sustainable Consumption; Seeds of Change*, New York: Palgrave McMillan

United Nations Conference on Environment and Development. (1992) *Agenda 21, Rio Declaration*. New York: United Nations

UNEP (2007) *Buildings and Climate Change - Status, Challenges and Opportunities*. Nairobi: United Nations Environment Programme.

UNEP (2011) *Global Outlook on SCP Policies*, Nairobi: United Nations Environment Programme.

Weale, A. (1992) *New Politics of Pollution*, Manchester: University of Manchester Press

第12章
気候変動とエネルギーの選択

KeyWords
□パリ協定　□エネルギー政策　□適応と緩和の統合　□ガバナンス　□合意形成
□科学コミュニケーション　□リスク管理　□予防原則　□レジリエンス　□自然災害

　地域でおおいに異なる気候変動影響とその長期的なリスクに対して，緩和策と適応策をどのように統合的に進めて，強靱性の高い地域社会（レジリエントシティ）を形成していくのか，その道筋は必ずしも明らかではない。本章では，気候変動とエネルギーの選択をめぐる国や地方自治体の政策動向を概観したうえで，気候変動を入り口とした長期，あるいは短期の多様な（マルチプルな）リスクに対応しうる能力をもつレジリエントシティの形成に資するよう，第3回国連防災世界会議において開催したワークショップの場での熟議を通じたアクター間の相互理解と社会的学習について紹介する。

1 SDGs, パリ協定とレジリエンス

　SDGs では，気候変動にかかわるものとして，目標13「気候変動に具体的な対策を」が掲げられている。これは，主として開発途上国における気候関連の災害の軽減に役立てるため，2020 年までに年間 1000 億ドルの投資をすることをねらいとしたものである。より具体的には，内陸国や島嶼国などの影響を受けやすい地域の強靱性（レジリエンス）と適応能力を強化する一方で，国の政策や戦略に気候対策を盛り込む取り組みの必要性を訴えたものである。

　また，エネルギーに関するものとして，目標7「エネルギーをみんなに そしてクリーンに」が掲げられている。これは，すべての人に手ごろで信頼でき，持続可能かつ近代的なエネルギーへのアクセスを確保することをめざすものである。より具体的には，2030 年までに手ごろな電力を完全に普及させるため，再生可能エネルギーの開発に投資するとともに，幅広い技術について費用対効

206　第3部　人類共通の課題

果の評価を導入することにより，建物や産業での電力消費量を削減する可能性を追求しようとしている。

　これらは，SDGs が国連総会において決定された 3 カ月後に，第 21 回気候変動枠組条約締約国会議（COP21）が開催されたパリにおいて 2015 年 12 月 12 日に採択され，翌年 11 月 4 日に発効することになった「パリ協定」とも軌を一にするものである。環境省[1] によれば，パリ協定では以下が定められている。まず，世界共通の長期目標として，産業革命前からの世界の平均気温上昇を「2 度未満」に抑え，さらに平均気温上昇「1.5 度未満」をめざすこと，このため，今世紀後半には温室効果ガスの人為的排出と人為的吸収を均衡させるように急速に削減し，排出を実質的にゼロとすることである。これを達成するため，先進国と開発途上国のすべての国が削減目標（約束草案）を 5 年ごとに提出・更新し，その削減目標は更新時により高く引き上げていくものとされている。ただし，この削減目標の遵守には法的拘束力がない点は，かつての京都議定書と異なる点である。また，気候変動に関する適応能力の拡充，強靱性（レジリエンス）および低排出開発を促進するため，適応の長期目標を設定し，各国の適応計画プロセスや行動の実施，適応報告書の提出と定期的更新があげられる。

　このように，SDGs やパリ協定において，温室効果ガス排出を削減する「緩和策」と，すでに起こりつつある気候変動影響を防止・軽減するための「適応策」の両輪の政策がこれまで以上に明確に打ち出された。気候変動影響は地域でおおいに異なり，人々の生活全般にわたることから，たとえば農業分野では品種改良，防災分野では防潮堤の嵩上げ，健康分野では熱中症対策の普及啓発など，さまざまな適応策の検討の際は地方自治体の役割への期待は大きい。SDGs では適応策については開発途上国を主として想定してはいるものの，先進諸国の各自治体においても適応計画の策定はおおいに進みつつあり（池田・小松・馬場・望月　2016），その重要性は大きい。また，緩和策の重要な手段の 1 つである再生可能エネルギー，とくに風力発電や太陽光発電，地熱発電，小水力発電，木質バイオマス利用などの自然エネルギーは，地産地消が基本となる。したがって，このような地域の共有資源（ローカル・コモンズ）をどのように活用していくのか，地域社会での合意形成，ガバナンスが重要となる（田中・

第 12 章　気候変動とエネルギーの選択　*207*

白井・馬場　2014）。このように，気候変動とエネルギーの選択問題を考えるときに，地域という単位で検討することは重要である。しかしながら，気候変動という長期的なリスクに対して緩和策と適応策をどのように統合的に進めて，強靱性の高い地域社会（レジリエントシティ）を形成していくのか，その道筋は必ずしも明らかではない。本章では，まず，国レベルでの気候変動とエネルギーの選択をめぐる政策動向，次に地方自治体における気候変動とエネルギーの選択をめぐる政策動向を概観する。このような背景の下で，気候変動緩和策と適応策やそのほかの関連政策を統合して，マルチプルなリスクに対応しうる能力をもつレジリエントシティの形成に資するよう，第3回国連防災世界会議において開催したワークショップの場での熟議を通じたアクター間の相互理解と社会的学習について紹介する。

2 国レベルでの気候変動とエネルギーの選択をめぐる政策動向

いうまでもなく，東日本大震災とその後の原子力発電所事故を契機として，わが国のエネルギー政策は大きく転換することとなった。すべての原子力発電が停止し，火力発電への依存度が大きくなった 2013 年度には，エネルギー起源 CO_2 排出量が 12.35 億 t と過去最大を記録し，2014 年度には 11.9 億 t と若干減少したものの，震災前と比べると依然として多くなっている。このような状況をふまえ，エネルギー安全保障，経済効率，環境保全と安全性を同時に達成するとのエネルギー政策の大きな方針を示す最新の「エネルギー基本計画」が 2014 年 4 月に改定され，そして同計画をふまえた最新の「長期エネルギー需給見通し」も 2015 年 7 月に改定されている。その内容はおおむね以下のとおりである（資源エネルギー庁[2]）。

日本政府がパリ協定の約束草案として提出した温室効果ガスの削減目標は，2030 年度までに 2013 年度比マイナス 26.0%（2005 年度比マイナス 25.4%）であり，この数値はエネルギー基本計画と長期エネルギー需給見通しに示されているエネルギーミックスをふまえたものとなっている。そしてこの目標を達成するための主な施策として，エネルギー革新，資源，原子力の 3 つが掲げられている。

208　第3部　人類共通の課題

このうちCO_2削減という観点から最も期待されるのがエネルギー革新である。この戦略としては，徹底的な省エネルギーとコスト効率的な再生可能エネルギーの大幅導入，新たなエネルギーシステムの構築が掲げられている。具体的には，省エネルギーについては，経済成長率が1.7％という前提の上で，2030年度までに石油危機後の20年間と同程度の35％のエネルギー効率改善を実現させるため，まだ改善の余地が大きい業務部門においてベンチマーク制度を導入したり，家庭部門において断熱性能を向上させたり（新築建築物の省エネルギー基準への適合の義務づけやネット・ゼロ・エネルギー・ハウスの導入）といった点があげられている。

　また，再生可能エネルギーについては，2030年度に電源構成の22～24％を占めるとの見通しを達成すべく，いわゆるFIT法（電気事業者による再生可能エネルギー電気の調達に関する特別措置法）に基づく「固定価格買取制度」を改善するなど，制度的な後押しが継続されている。この制度は，再生可能エネルギーの発電事業者に対して固定価格での長期買取を保証することによって，参入リスクを低減させることで新たな市場を創出し，市場拡大に伴うコスト低減を図ることを目的としている。しかしながら，制度導入以来，事業用太陽光発電の導入量が急速に拡大した一方で，リードタイムの長い風力発電や地熱発電の導入は十分に進んでいない。また，この制度では，需要家（国民）も電気使用量に応じた賦課金を負担しており，2016年度の買取総額費用のうち賦課金総額は約1.8兆円（標準的な家庭で約675円／月の負担）となっている。再生可能エネルギーの電源構成割合が2014年時点で12.2％（水力を除くと3.2％）であることをかんがみると，2030年度の電源構成の22～24％という目標の前提として買取費用が4兆円という想定は，発電コストが大幅に低減されないかぎりは困難であることがわかる。実際に，現時点で，わが国の太陽光や風力の発電コストは，主要先進国と比較すると約2倍となっており，前述の固定価格買取制度の改正により，事業者へのコスト低減や競争を促す買取価格決定方式へと移行することが期待される。

　新たなエネルギーシステムの構築については，電力市場の全面自由化に伴い，エネルギーの供給状況に応じて柔軟に消費パターンを変化させることで需給バ

ランスを一致させる「ディマンドリスポンス」や，熱を有効活用する地産地消型のエネルギーシステムや，すでに導入されつつある家庭用燃料電池や燃料電池自動車など，水素を二次エネルギーとして利用する社会の構築などが掲げられている。

　以上で述べてきた，エネルギーミックス達成のための各種の施策については2016年5月に策定された「エネルギー革新戦略」により詳細にまとめられている。また，抜本的な排出削減が見込める革新的技術の特定と開発方針を盛り込んだ「エネルギー環境イノベーション戦略」も同時期にまとめられている。そして，パリ協定の約束草案を遵守するための国内対策を中心に取りまとめた「地球温暖化対策計画」も同時期に策定されている。当然ながら，これまで紹介してきたように，ここでは緩和策，低炭素化のためのエネルギー政策が中心であり，適応策は非常に限定的な記述となっている。

　適応策については，農林水産省が2008年以降に「地球温暖化影響調査レポート」を毎年発行し，国土交通省は，社会資本整備審議会で「水災害分野における地球温暖化に伴う気候変化への適応策のあり方について（答申）」(2008年)を作成するなどの動きがみられている。環境省も「気候変動への賢い適応」(2008年)，「気候変動適応の方向性」(2010年)を作成し，国および地方自治体の関係部局を主な対象とし，適応策の方向性，さらに適応策の検討・計画・実施にかかわる分野共通的な基本事項，適応策の検討手順などを示している。「第四次環境基本計画」(2012年)では，重点課題（温暖化対策）において適応策の検討，実施の必要性を明記され，中央環境審議会において「日本における気候変動による影響の評価に関する報告と今後の課題について（意見具申）」が2015年3月に出されている。そして，同年11月には政府の気候変動適応計画が閣議決定され，パリ協定の合意に至っている。農林水産省と国土交通省は，これと相前後してそれぞれの適応計画を策定している。また環境省では，2016年になって適応情報プラットフォームを立ち上げ，「地方公共団体における気候変動適応計画策定ガイドライン」を公開している。

3 自治体における気候変動とエネルギーの選択をめぐる政策動向

地方自治体においては，これまで地球温暖化対策の推進に関する法律（温対法）に基づいて，緩和策を中心とする地球温暖化対策地域推進計画（区域施策編）の策定を行ってきたところである。多くの自治体では，その対策推進のため各種条例や行政計画においてさまざまな制度や政策事業が位置づけられ，実施されている。

図 12-1 は，全国の都道府県，政令指定都市，中核市と特例市（施行時特例市）における地域実行計画（区域施策編）の策定状況を示したものである。これらの自治体は，温対法に基づいて同計画の策定が義務づけられているため，ほぼすべてで独立した計画として策定済みとなっている状況は当然といえる。また，多くの自治体ではすでに何度かの改訂を行って現行の計画に至っている。なお，温対法では，自治体の役割は，その区域の自然的社会的条件に応じた温室効果ガスの排出の抑制等のための施策を推進することとされているため，同計画の内容は，計画期間，温室効果ガス排出削減目標，そのための施策（緩和策）が主となっている。

図 12-2 は，全国の都道府県，政令指定都市，中核市と特例市（施行時特例市）などの環境部局を対象として 2016 年 2 ～ 3 月に実施した質問紙調査（配布数：

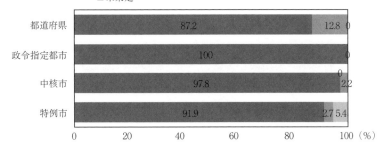

図 12-1　地方自治体による地域実行計画（区域施策編）の策定状況
出典：環境省「地方公共団体実行計画（区域施策編）策定支援サイト」より作成

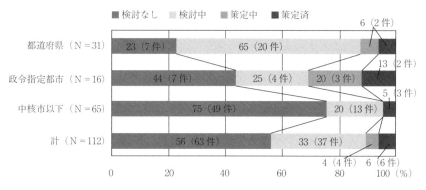

図12-2　地方自治体による全庁としての適応策の策定状況
出典：中條・川久保・出口・田中・安武（2016）
注：Fisherの正確確率検定：p＜0.01

155，回収数；123，回収率；79.4%）の結果より，適応策の実施の根拠となる行政計画の検討・策定状況について尋ねた結果を示したものである。都道府県では「検討なし」が23%（7件）しか占めていないのに対して，中核市以下は75%（49件）を占めている。統計的検定結果からも有意差が認められ，自治体の規模（リソースの大きさ）に応じて，適応計画策定の進展が異なる傾向にあることが示唆されている。ただし，本調査後の1年間において策定状況はおおいに進展しており，検討中や策定中の自治体ではすでに策定済みとなったところも少なくない。具体的には，「気候変動適応方針」や「気候変動適応戦略」といった名称で，独立的に策定される例や，前述の国のエネルギー基本計画が更新されたことを受けて，地球温暖化対策実行計画（区域施策編）を改定する際に，その一部として適応計画を組み込むという例がみられる。その内容としては，予測情報という科学的知見の利用の仕方によって，2つのパターンに大別される。第一に，気候シナリオをもとに，項目別に独自に研究機関と連携して，詳細な予測情報を得て，担当部局の実感に基づく発生事象を把握するなどして，現行施策（潜在的適応策）の抽出を行うものである。第二に，上記のような詳細な予測情報が得られない場合に，気象庁『地球温暖化予測情報　第8巻』や各地の管区気象台などの既往の広域的な予測結果や過去の影響に関する論文などを引用

しながら，可能性が懸念される事例の整理，分野の選定，潜在的適応策の抽出を行うものである。

このように，気候変動影響は地域でおおいに異なることから，全球モデルからたとえば1kmまでダウンスケーリングしたモデルを用いて，気候変動予測やそれに基づく影響評価が行われつつある。ただし，このような科学的エビデンス（専門知）を地方自治体の行政計画に位置づけようとすると，予測期間の長期的なタイムスケールが行政計画と合わない，予防原則が行政計画で十分に根付いているわけではない，専門知の獲得にさまざまな意味でコストがかかる，行政内部署間の職務分掌や優先度をめぐる認識の相違などの課題があり，実効性のある政策立案に至っていないのが現状である（馬場他　2016）。

4 レジリエントシティの実現をめざして

(1) 枠組みと方法

SDGsやパリ協定に記されている，地域の強靱性（レジリエンス）と適応能力を強化するには，気候変動を入口とした長期，あるいは短期のマルチプルなリスクに対応しうる地域社会（レジリエントシティ）の形成が重要となるが，国においても地方においても緩和策と適応策とを統合的に推進していく状況には至っていない。東日本大震災を経験したわが国では，内閣官房国土強靱化推進室を中心に「ナショナル・レジリエンス（防災・減災）懇談会」の検討が国家政策として2013年春から進められている。ここでは，国レベルでの国土強靱化基本計画が2014年6月に策定され，さらに「国土強靱化地域計画」が各自治体で策定されつつあるものの，その名称が示すように，防災・減災に限られたものとなっている。レジリエントシティの概念は，世界的にもさまざまなものが提示されており，防災・減災が中心的な論点ではあっても気候変動やエネルギー，生物多様性などの多様な論点と絡めて議論されているケースが多い。

表12-1は，さまざまな分野で論じられているレジリエンスの概念を整理したものである。多くのレジリエントシティで想定される外力（リスク，またはストレス）としては，まず自然災害が共通としてあげられている。これに加えて，

第12章　気候変動とエネルギーの選択　*213*

表 12-1 レジリエンスの概念の一例

著者，発表年	対象分野	定　義
Holling., 1973	生態系	**環境変化に対する生態システムの特質を表わす概念**：システムの粘り強さの手段であり，変化や攪乱を吸収する能力，システムの構成要素の関係を一定に保つ能力。
Adger, 2000	地域社会	外部からのショックに対して**地域社会におけるインフラがもちこたえる能力**。
Resilient Alliance, 2002	社会・生態システム	**生態系レジリエンス**：生態系が質的に異なる状態へ崩壊することなく攪乱を許容する能力。ショックにもちこたえ，必要なときには再構成することのできる能力。 **社会システムのレジリエンス**：将来に備えて予測したり計画したりする人間の能力。レジリエンスとは，これらの社会生態システムがリンクされた3つの特質をもつ。①システムが被っても同じコントロールにより機能や構造を保つことのできる変化の総量，②システムが自己組織化できる度合い，③学習し，適応することのできる可能性を向上させる能力。
Godschalk, 2003	都市	**物理的なシステムと人間社会の持続可能なネットワーク**：極端現象を管理することのできる，つまり極端なストレス下でも存続し，機能することができること。
UNISDR, 2005	都市	**潜在的に曝露されるハザードに対する適応能力**：機能や構造が受容可能なレベルを維持するために抵抗し，変化する能力。社会システムが過去の災害から学習してよりよい未来の防護やリスク低減手段の改善のために自己組織化することのできる度合いによって決定される。
Norris et al., 2008	地域社会	**災害に対処できる総合的な適応能力**：頑健性，冗長性，迅速性がストレス要因に対して反作用するときに発生，ネットワーク化された適応能力の集合のこと。経済発展，情報通信，コミュニティの能力，社会関係資本のリンケージで構成される。

出典：Norris et al. (2008)，Manyena (2006)，Resilient Alliance (2002)，Holling (1973)，Adger (2000)，Godschalk (2003)，UNISDR (2005) より作成

気候変動，エネルギーの供給の不安定さ，都市生態系への影響がしばしば想定されている。このように，防災上のレジリエンスだけでなく，少なくともとくに気候変動を含む環境上のレジリエンスを含むのがレジリエントシティの共通的な特徴としてあげられる。このような整理をふまえて，筆者らは，レジリエントシティを「マルチプルなリスクに対応し得る能力を持つ都市」と規定し，気候変動緩和策と適応策を中心としてさまざまな側面からのレジリエンスの向

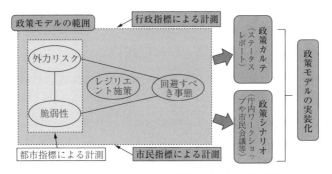

図 12-3　レジリエントシティ政策モデルをめぐる枠組み
出典：馬場・田中（2015）より

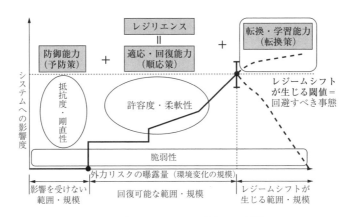

図 12-4　レジリエントシティ政策の3類型
出典：図 12-3 と同じ

上に資する政策の実施・準備状況について，外力リスク，脆弱性，回避すべき事態の3要素が決定する政策モデルを仮説的に提示したうえで（図 12-3），外力との関係からレジリエント政策を予防策，順応策，転換策の3類型として（図 12-4），都市のレジリエンス性を都市指標，市民指標，行政指標の3つから評価する方法を提案している。このうち行政指標については，合計で130を超える指標を設定し，全国の地方自治体の政策担当者を対象とする質問紙調査データの分析により，試行的な評価を行った結果，多くの自治体が危機と想定して

いる事象は，地震，人口減少や温室効果ガス排出増大など，実施・準備している
レジリエント施策は，予防策としての再生可能エネルギーの推進や順応策として
の被害に係る情報収集・提供方法の拡充などが明らかとなり，また，これ
らの評価は企画，防災，環境の各部局により有意に異なることが示されている
（馬場・田中　2015）。

　さまざまな不確実性が含まれる気候変動やその影響にかかわる予測結果につ
いては，関係者の間で異なる許容しうるリスクの水準への合意や，導入する適
応策の優先順位を政策過程においてどのように決定するのかが重要になる。ま
た，とくに人々が自らリスクに関して判断する情報をもち合わせていない場合
などでは，専門家や政策決定者などのリスク情報の送り手やリスク管理者に対
する信頼の問題が重要となる。したがって，専門家と人々は，それぞれがもっ
ている知識や価値観に基づくリスク分析結果とリスク認知のギャップを埋める
よう対話を深める必要がある。つまり，専門家による科学の知恵（専門知）と，
現場のリアリティなどから総合判断された現場の知恵（現場知），地元の環境や
その問題にかかわる生活者としての知恵（生活知）を統合することにより，ア
クター間の相互理解と社会的学習が促進されることが期待される（馬場　2013）。

　以下では，これまで述べきたレジリエントアセスメントの枠組みを用いて，
2015 年 3 月に仙台市で開催された第 3 回国連防災世界会議において，著者ら
が専門家と仙台市民とともに開催したワークショップの結果を分析し，仙台市
のリスクや脆弱性，回避すべき事態，そしてレジリエント施策について，どの
ような気づきや学習があったのかについてみていく。

　このワークショップは，第 3 回国連防災世界会議のパブリックフォーラムと
して，「ワークショップで学ぶ多様な都市リスクへの対応〜仙台レジリエント
シティモデルの構築に向けて」と題して，仙台市民会館において 2015 年 3 月
14 日 13-17 時に実施された。気候変動と自然災害という外力を入口としてレ
ジリエンスを検討するため，専門知として以下の 4 題を提供した。すなわち，
①宮城・仙台の長期的な気候予測（仙台管区気象台），②予防策・順応策として
の防災インフラの役割（土木工学・防災を専門とする大学教員），③順応策・転換
策としての生態系インフラの役割（農学・生態学を専門とする大学教員），そして

216　第 3 部　人類共通の課題

④リスクや脆弱性，回避すべき事態，そしてレジリエント施策に係るアセスメントの結果（筆者ら）である。合計で2時間程度のインプットを行い，筆者らの話題提供についてのみ，資料を事前に郵送している。

　なお，当日までの準備として，レジリエントアセスメントの市民指標の計測のため，2015年2月9〜12日にインターネットのウェブサイト上で質問紙調査を実施した。対象者は，特定の自然災害（渇水，土砂災害，寒波・豪雪，地震）や健康被害（熱中症）の発生の多い都市，参照都市を含めて合計9地域に居住する各400名の一般市民（調査会社のパネルから性別と年代で均等割り付けした）に加えて，地域社会の潜在的なリスク管理者として，上記9地域に居住する各40名の公務員である。対象地域の1つに仙台市を含めており，回答者のうち当該ワークショップへ関心を示した仙台市民より，年齢，性別，居住地区，被災経験などを勘案してリクルーティングした。ただし，当日の欠席者を見込んで，同じ調査会社のもつパネルのなかから，ウェブ質問紙調査に回答していない者も追加的にリクルーティングを行っている。

　ワークショップでは，前半の専門知の提供を受けたあと，参加市民は3つのグループに分かれて，それぞれのファシリテーターのもと，次の3つのトピックについて各30分ほどの議論を行った。すなわち「仙台をとりまくリスクとは？」「仙台にはどんな脆弱性（弱点）がある？」「仙台をよりレジリエントなまちにするには？」である。各人のアイデアや意見を記した付箋紙を模造紙に貼って共有し，ファシリテーターが意見を集約していく形式をとった。最終的には，各グループの市民代表が結果についてまとめの発表を行った。

(2)　ワークショップの結果

　表12-2は，ワークショップの際に各グループで出された主な意見を整理したものである。以下では，図12-3で示されたレジリエントアセスメントの枠組みに沿って，外力に対するリスク認知，脆弱性評価，各レジリエント施策に対する自助・共助・公助への期待について説明を加える。

　①リスク認知

　リスク認知について，グループ1では，発言の内容を大きく分類すると，イ

表12-2 ワークショップで出された発言内容の一覧

グループ	リスク	脆弱性	レジリエントなまちにするためには？			
			自助	共助	公助	その他
1	● インフラ（ハード・ソフト面） ・郊外では車社会のため災害時は対応が難しいこと。 ・坂が多くて狭い道があり迂回路が使えないこと。 ● 自然現象 ・蔵王の噴火 ・津波で森林が倒れ落ちていること。 ● 社会 ・高齢化が進んでいる ● その他 ・気候変動 ・地震・津波	● インフラ（ハード・ソフト面） ・上下水道、都市ガス、道路 ● 自然現象 ・大水害 ・蔵王の噴火 ・津波での森林火災 ● 社会性 ・高齢者にとって車がないと動きにくい公共交通 ・地下鉄、バスの料金が高い ・郊外の公共交通が不便（車に頼ること）となる ・転勤族からみれば地方としては人間関係の希薄 ・多様な地域性（市が横に長い） ● その他 ・地震 ・原発変動	● 災害への備え ・積極的な情報の獲得 ・資機材や水の備え ・家具の固定 ・子どもとの連絡手段 ・エコドライブ ・節電 ・地震保険などの活用 ・防災意識についての意識の向上	● 強化 ・コミュニティづくり ・希薄になっている人間関係のつながりを高めるためのイベント ・トレンドやグループづくり、コミュニケーションを図る。	● 交通インフラ ・交通の拡充 ・公的情報通信 ・通信インフラの拡充 ・情報提供 ・公と市民の情報交換 ・防災リーダーの育成	
2	● 地震 ・津波で防災林が流されている ● 原発の存在 ・女川原発の存在 ・福島原発の放射線の影響 ● 財政破綻 ・高齢化により２年で２人となる ・ケヤキ並木の放火活動 ・蔵王山の火山活動	● 都市のつくり・高齢化社会 ・シャッター街が人口密度が低いわりにコンパクト ・防災意識が弱い・若い人がいてもコミュニティが弱い ● 浸水の脆弱性 ・坂の上にある公共交通の脆弱性 ・盛り土して宅地造成した土地が脆弱 ● ゲリラ豪雨・気象災害・鳥取災害 ・活断層上にある市 ● 財政問題 ・財政面のアンバランス ・高齢化による赤字経営 ・メジャーな産業の少なさ ・雇用創出の少なさ ● その他 ・蔵王山の噴火	● 情報感度への向上 ・行政などに頼らず自ら危険なことを常に判断しておく ・用心深さ・情報の感度を上げる ・自分意識の向上 ・自助意識の向上	● 地域でのコミュニケーター ・行政が動けず自ら情報を行政まかせにせず自らで見つける ・市民同士で共有する仕組みなどその ● 強化 ・地域の中でコミュニティを作りつなぐ強化 ・コミュニティづくり	● 緊急時の正確な情報収集 ・地震が動けないある土地の名寄・被災状況 ・緊急時に発信する報を収集する ・他の地域を応援を要請する ・市民から行政へ働きかけの地域ができる仕組みづくり ・自助意識の啓発 ・自助意識の活用 ・法制度の活用	● 再生可能エネルギーの活用 ・グリーンインフラの活用 ・民間での最新の技術の導入 ・義援金の適切な分配（レジリエントなまちをまもるために） ・考える場所の整備を ・研究機関の誘致
3	● 地震 ・都市の崩壊 ・土のうによる崩壊 ● 自然災害の噴火 ・高齢化 ・温暖化 ・温暖化による生態系の変化 ● その他 ・石油精製所やコンビナートの存在 ・女川原発の放射能汚染による危険な状態 ・断線による電気で、感電の恐れがあったり ・の２次災害	● 個人レベル ・避難する個人の準備不足 ● コミュニティレベル ・コミュニティのレベル ● 行政面 ・高齢化 ・行政面 ● 具体的な備え ・実際にシマや避難所が定運場所の適切さ ・地震のいない場所に向けて家周辺が浸水がある ● インフラの脆弱性 ・電気的なインフラ（特に都市ガス ・市内の車の交通量・車数の多さ ・の３の流動 ・人口の流動 ● 自然環境の脆弱性	● 自発的な危機回避 ・原則として危険な場所に近づかない ・災害への備え（防災点検 ・保全な備えの確認 ・避難経路の確保 ・防災教育・避難訓練への参加 ・具体的にも防災につい ・として311の経験を ・忘れないためにも防災 ・の日として防災 ・アルボを自として防災 ・点検などを行なう ・意識を高める	● 地域でのコミュニケーター ・隣接するコミュニティ ・顔の見える範囲の人たちがある程度で関われるコミュニティづくり ● 強化 ・町内会の防災リーダーの発信 ・避難情報の発信 ・避難マニュアルの作成 ・避難場所ごとの避難手順のマニュアル化 ・大学生を災害時に動けるようにしておく	● グリーンインフラの活用 ・災害時に備え、街路樹を増やす ・各災害事の対応マニュアル ・各災害ごとの発信 ・避難場所の発信 ・避難場所ごとの発信	● 防災意識の啓発 ・被災地を巡るツアーを行なうなど ・防災意識を啓発する。

ンフラ（ソフト・ハード面），自然現象，社会性，気候変動，地震・津波があげられた。具体的に仙台市に言及しているものとして，インフラに関しては，郊外では車社会のため災害時は対応がむずかしいこと，坂が多く狭い道があり迂回路が少ないことがあげられた。自然現象では，蔵王の噴火，山津波で森林が傷んでいること，強風で東北本線がよく止まることがあることもあるということがあげられた。社会性については，高齢化が著しい，ボランティアをしていて都市部と沿岸部での格差が感じるということがあげられた。

　グループ2では，生活への影響が大きいものとして「原発」「財政問題」「土地・地盤の脆弱性」「地震」があげられ，生活への影響が比較的低いが頻度の多いものとしては，「ゲリラ豪雨・気象災害」「生態系のアンバランス」があげられた。具体的には，「原発の問題」では，女川原発の存在と福島原発からの放射線の影響，「財政の問題」では，震災復興費用などの財政面での問題があげられた。「都市のつくり・高齢化社会」では，管理しているマンションで2年のうち2人も亡くなったこと，土地の地盤の脆弱性があること，気候変動に関係する話では，害虫被害や鳥獣害，そのほかでは，蔵王山の活動があげられた。

　グループ3では，まずは「地震」があり，それから派生して災害による建造物の倒壊や山の崩落，浸水などの「土地の崩壊」，堤防の決壊や道路の陥没，ライフラインの断絶などの「インフラの崩壊」，竜巻・気候変動・豪雨などの「自然災害」，造成地の崩壊などの「土地の崩壊」，さらに火災や原発や放射能などがあげられた。具体的には，「自然災害」では，蔵王山の噴火，温暖化による生態系の変化，「その他」では，石油精製所・コンビナートの存在，断線した電線が落ち感電のおそれがあったなどの二次災害があげられた。

　以上より，各グループで共通するものとして，「地震」「蔵王山の火山活動」「気候変動」「高齢化」「原発」があげられている。

　②脆弱性評価

　脆弱性評価について発言内容を大きく分類すると，グループ1では，「地震・津波」「気候変動」をはじめ，人間関係の希薄化や集合住宅の増加などの「社会性」，公共交通やライフラインに関係する「インフラ」があげられた。具体的には，原発の存在をはじめ，「社会性」では，東京からの転勤族からみれば

第12章　気候変動とエネルギーの選択　*219*

地方としては人間関係が希薄だということ，市内が横に広く多様な地域性があるということ，「インフラ」では，除雪機能の弱さや，高齢者にとって車がないと動きにくい，公共交通，地下鉄・バスの料金が高いということがあった。

　グループ2では，都市のつくり・高齢化社会という社会事象が起点となり，交通インフラの問題へ，地場産業の不振が子育て世代へ影響しているのではないかという意見があげられた。また潜在的な課題としては，地盤の脆弱性や活断層の存在，気候変動に適応した農業というものもあげられた。具体的には，「都市のつくり・高齢化社会」としては，市域が広く人口密度が低いためコンパクトシティがつくりにくいこと，降雪後の浸水の危険性が高い，車社会で公共交通が脆弱だというハードの側面と，都心部のコミュニティが弱い，メジャー企業が少ない，雇用が少ない，市の財政が赤字であることなどのソフトの側面があげられた。「潜在的な課題」としては，盛り土して宅地造成した土地の脆弱性や蔵王山の噴火があげられた。

　グループ3では，「個人レベル」「コミュニティのレベル」「行政体制」「インフラの脆弱性」「人口の流動」「自然環境の脆弱性」があげられた。具体的には，「個人のレベル」として，防災意識が低い，避難する側の準備が不足していること，「インフラの脆弱性」として，老朽化したインフラ（都市ガス）や市内の車両交通量・事故の多さや単線の物流の弱さがあげられていた。「行政体制」では，災害マップや指定避難所の適切さ，マニュアルがしっかりしていないこと，災害マップや指定避難所の適切さ（実際に避難所で亡くなった人もいた）があげられた。

　以上より，各グループで共通するものとしては，「地域コミュニティの希薄さ」「高齢化」「公共交通の不便さ（車社会）」「市域が広大」「インフラ（都市ガスなど）」があげられる。

　③自助・共助・公助への期待

　各レジリエント施策に対する自助・共助・公助への期待として，グループ1では，全体を分類すると「備え」「コミュニケーション」「インフラ（交通）」「意識」「公と市民の情報」があげられた。また，自助・共助・公助を以下のように分けることができた。自助は，食糧や水の備え，家具の固定，子どもとの連

220　第3部　人類共通の課題

絡手段の確保，エコドライブ，節電，地震保険などに加入，積極的な情報の獲得があげられ，防災についての意識の向上の「災害への備え」があげられた。共助は，希薄になっている人間関係のつながりを高めるためのイベントやグループをつくり，コミュニケーションを図る「コミュニティづくり，強化」があげられた。公助は，交通・通信インフラの拡充，防災リーダーの育成，情報提供があげられた。

　グループ2では，自助は，市政だよりなどを活用し情報の感度をあげること，自助意識の向上があげられた。共助は，行政が動けず，情報の発信がない間は，市民サイドで見つけてきた情報を収集，共有する仕組みをつくること，そのためにコミュニティを地域のなかでつくり，強化することの「地域でのコミュニケーション」「コミュニティづくり，強化」があげられた。公助は，リスクのある土地や地震や津波被害などの緊急時に正確な情報を収集・集約して発信する「緊急時の正確な情報収集・提供」，ほかの地域に応援を要請する，自助意識の啓発，法整備や特区などの活用があげられた。このほか，再生可能エネルギーの普及，グリーン（生態系）インフラの活用，民間での最新の技術の導入，義援金の適切な配分があげられた。

　グループ3では，自助は原則として危険な場所に行かない「自発的な危機回避」，避難経路の確認，避難訓練への協力の「災害への備え」，子どもにも防災について教えること，具体的なアイデアとして3.11の経験を忘れないようメモリアルな日として防災点検を行うなど防災意識を高める「防災教育への参加」があげられた。共助は，隣家とのコミュニケーションをとり，ある程度周囲の人たちについて情報をもっておく「地域でのコミュニケーション」，町内会の防災リーダーや職場の防災団体の発足，地域情報誌の発行の「コミュニティづくり，強化」，地域ごとの避難手順のマニュアル化，大学生を災害の際に動けるようにしておくがあげられた。公助は，災害時に備え，街路樹を増やす「グリーンインフラの拡充」，各災害時の対応マニュアルの策定，避難所の徹底があげられた。そのほかには，「被災地を巡るツアーを行い，防災意識を啓発する」などがあげられた。

　各グループで共通するものとして，自助については，「自助意識の向上や情

第12章　気候変動とエネルギーの選択　*221*

報へ感度の向上」「災害への備え」が，共助については，具体的な方法は異なっているものの，「地域でのコミュニティづくり，強化」や「地域でのコミュニケーション」が，公助については，交通・情報・グリーンインフラなどの「インフラの整備」「正確な情報提供」「法制度の活用」といったことがあげられる。

④事後質問紙調査結果にみる参加市民の気づき

参加市民へワークショップ終了後に質問紙調査を実施し，仙台をよりレジリエントなまちにしていくために，「自身で本当に取り組んでみようと思ったこと」「専門家や行政にもっと取り組んでほしこと」の回答から，どのような気づきがあったのかについて整理した（表12-3）。その結果，出された意見や提案は，「自助意識を向上させ行動する」「地域コミュニティづくり，強化」「ワークショップやイベントへの参加」「情報感度の向上・発信」「災害に備える」「その他」といったカテゴリーに整理された。「ブログで震災体験を発信する」という自ら情報を発信するという動きや，「災害時に他人を誘導できるような知識やリーダーシップを身につける」という防災イベントへの参加のみならず，「他人に情報や援助を与える側になる」という積極的な姿勢がみられた。

仙台をよりレジリエントなまちにしていくために専門家や行政にもっと取り組んでほしいことは，「法制度や政策について」「インフラの整備・グリーンインフラの導入検討」「市民と行政との情報の収集・提供・共有」「専門家から公へのはたらきかけ」「自助意識の向上」などに整理された。「専門家同士の横のつながり」といった指摘は，さまざまな領域の専門家がそれぞれの分野の主張を並べるだけでは，市民には判断がつかない可能性が考えられる。したがって，たとえばイシューマッピングやインフルエンスダイアグラムといった見える化など，トランスディシプリナリな場における専門知の提供のあり方に専門家側が気づくべき点として留意する必要があろう。また，態度変容の可能性が示唆される点として，自助への言及があげられる。これについては一般市民が自助よりも公助，共助への期待が大きいことを筆者らが話題提供し，内閣府の世論調査[3]で自助が重視されているとの結果とは必ずしも合致しない点を示唆したところ，被災経験をもつ人を中心に自助の重要性について具体的な指摘があったものである。

表 12-3　ワークショップ終了後の質問紙調査結果

専門家や行政にもっと取り組んでもらいたいこと	自身で本当に取り組んでみようと思ったこと
●法制度や政策について ・太白区は，他と比較して子どもが多いように思えるので，より人口が増えるような政策を持ってほしい ・自然災害に対しては，どうしようもないが，それに対応するソフト面（地域で助け合っていく力）を強くしていく為には，個人情報保護法が障害になっている。 ●インフラの整備・グリーンインフラの導入検討 ・グリーンインフラに関する研究と導入検討 ・交通（道路整備・除雪・冠水）の整備 ●市民と行政との情報の収集・提供・共有 ・行政からの情報提供の徹底 ・市民の1人1人のレベルでの考えを知ってほしい ・広い範囲で市民レベルで取り組めることを情報提供してほしい ・有事に備え，普段から市民に問題提起し一緒に解決策を考える仕組みづくり ●専門家から公へのはたらきかけ ・行政にもっと請求してほしい。 ・専門家同士の横のつながりをもって，行政に働きかけてほしい ・専門家からの仙台市市長，市議，宮城県知事への提言 ●自助意識の向上 ・自助を繰り返し実施 ・「自助70％」の意識を子どもの内から強く教育する ・大人にも「自助70％」の意識を伝える ●その他 ・災害時の他市町村や他県などとの連携 ・資金確保	●自助意識を向上させ，行動する ・心構え ・常に意識する ・とにかく自助意識を高める ・もう少し自覚を持って，それから動く ・自分，家族，近所，地区と「心構え」を広げる ・自分ができることを改めて考えて実行に移す ・普段から小さな異変に気づき大事になる前に対策をとる ●地域コミュニティづくり，強化 ・コミュニティの構築，特にお1人様などのとりこみ ・居住地域でのイベントへの参加 ●ワークショップやイベントへの参加 ・防風林づくりの手伝い ・ワークショップにも参加したい ・災害時に他人を誘導できるような知識やリーダーシップを身につける ●情報感度の向上・情報の発信 ・ブログで震災体験を発信する ・市政だよりを丁寧に読む ●災害に備える ・避難用品の購入 ・指定避難所も確認 ・地震への備え ●その他 ・今日の事を家族と話し合う ・こういった企画を小中学校でやれるといい

5 専門知と現場知との統合から順応型リスク管理へ

本章の論述をまとめると，まず，SDGs やパリ協定に記されている地域の強

靭性（レジリエンス）と適応能力を強化するには，気候変動を入口とした長期，あるいは短期のマルチプルなリスクに対応しうる地域社会（レジリエントシティ）の形成が重要となるが，現時点では，国においても地方においても緩和策と適応策とを統合的に推進していく状況には至っていないことが看取された。

つぎに，このような背景の下で，気候変動緩和策と適応策やそのほかの関連政策を統合して，マルチプルなリスクに対応しうる能力をもつレジリエントシティの形成に資するよう，第3回国連防災世界会議において開催したワークショップの場において，各分野の専門家による専門知の提供（宮城・仙台の長期的な気候予測，予防策・順応策としての防災インフラの役割，順応策・転換策としての生態系インフラの役割など）と，参加市民からの現場知，生活知の提供を得て，東日本大震災を経験した仙台市の外力リスクや脆弱性，そしてレジリエント施策について熟議を行った。その結果，現在の復興にかかわるものから，より長期的な気候変動にかかわるものまでさまざまな意見や提案が出された。とくに，一般市民が自助よりも公助，共助への期待が大きい傾向を示していたことに対応して，被災経験をもつ人を中心に自助の重要性について具体的なアクションについて指摘があり，態度変容の可能性が示唆された。いっぽうで，さまざまな領域の専門家がそれぞれの分野の主張を並べるだけでは市民には判断がつかない可能性が考えられ，たとえばイシューマッピングやインフルエンスダイアグラムなどの見える化など，トランスディシプリナリな場における専門知の提供のあり方に専門家側が気づくべき点として留意する必要がある。

さまざまなリスクに対応できる地域社会（レジリエントシティ）の形成において，行政側の対応としては，各行政計画においてリスク管理的方法をどのように組み込むかという問題に帰着する。予防原則，あるいはリスク管理的手法が自治体の行政計画のなかで実装されているのは，たとえば一部の自治体の環境基本計画において有害化学物質を対象としたリスク管理が散見されるものの，全般的には必ずしも多いとはいえない。今後，たとえば温対法により適応策が位置づけられ，自治体レベルが気候変動緩和・適応計画が進展するようになると，自治体レベルの気候変動緩和・適応統合計画が進展するようになると，こういった状況を解消する契機となりうるかもしれないが，気候変動影響が幅広い分

野に及ぶことを考えると，気候変動を入口としてさまざまな短期的，長期的なリスクについて検討するため，より包括的な総合計画や基本構想などで予防的なリスク管理の考え方を導入していく必要性もあるだろう。

　今後，変動する気候のもとで自然災害が巨大化，頻発化する可能性を考慮する必要性は高い。たとえば気候変動リスクのいったい何が問題なのか，という課題設定の段階から，人々が関与し，専門家と科学的知見や認識を共有していかなければ，相互理解も進まずレジリエント施策のプライオリティづけといった解の一致もみられないことになろう。本章で紹介したような市民ワークショップを通じて，専門知と現場知との統合から順応型リスク管理を検討する機会を積極的にもち，自治体の行政計画にリスク管理手法を導入するなどの計画立案のあり方を変えたりすることが求められるだろう。

[馬場 健司]

本章を深めるための課題

1. あなたが暮らしている地域への気候変動影響は何か，緩和策や適応策としてどのようなものがありうるか検討してみよう。
2. あなたが暮らしている地域の外力リスク，脆弱性は何かについて検討してみよう。
3. 専門知と現場知，生活知を統合していくために必要な熟議のあり方や方法について検討してみよう。

謝　辞

　本章で紹介した内容は，環境省平成 25 年度環境研究総合推進費 (1-1304)，科研費基盤研究 (C)（課題番号 26340122），文部科学省・気候変動適応技術社会実装プログラム (SI-CAT) により実施された研究成果をまとめたものである。小松利光氏（九州大学名誉教授），中静透氏（東北大学大学院生命科学研究科教授），池田友紀子氏（仙台管区気象台気象防災部地球環境・海洋課地球温暖化情報官），杉山範子氏（名古屋大学大学院環境学研究科），増原直樹氏（総合地球環境学研究所），小澤はる奈氏（環境自治体会議環境政策研究所），北風亮氏（現・自然エネルギー財団），永田悠氏（現・熊本市役所），白井浩介氏（現・三菱総合研究所）にはワークショップの運営や結果の取りまとめにご協力いただいた。なお，ウェブサイト上の質問紙調査やワークショップ参加者のスクリーニングには，楽天リサーチ（株）のサービスを利用した。調査やワークショップにご参加いただいた方々に感謝申し上げたい。

注
(1) 環境省「COP21 の成果と今後」https://www.env.go.jp/earth/ondanka/ cop21_paris/ paris_conv-c.pdf（2017.2.28 最終閲覧）。
(2) 資源エネルギー庁「平成 27 年度エネルギーに関する年次報告」『エネルギー白書 2016』http://www.enecho.meti.go.jp/about/ whitepaper/2016pdf/（2017.5.1 最終閲覧）。
(3) 内閣府（2012）「防災に関する世論調査（平成 25 年 12 月調査）」http:// survey.gov-on-line.go.jp/h25/h25-bousai/index.html（2015. 5.1 最終閲覧）。

参考文献
池田駿介・小松利光・馬場健司・望月常好編（2016）『気候変動化の水・土砂災害適応策—社会実装に向けて』近代科学社
田中充・白井信雄・馬場健司（2014）『ゼロから始める 暮らしに生かす再生可能エネルギー入門』家の光協会
環境省「地方公共団体実行計画（区域施策編）策定支援サイト」http://www.env.go.jp/policy/local_keikaku/kuiki/（2017.2.28 最終閲覧）
中條章子・川久保俊・出口清孝・田中充・安武知晃（2016）「策定状況に関する実態調査」『2016 年度日本建築学会大会学術講演梗概集』DVD，2 pp
馬場健司・工藤泰子・渡邊茂・川久保俊・中條章子・田中博春・田中充（2016）「地方自治体における気候変動影響の評価と適応策立案に向けた技術開発に対するニーズ」『第 44 回環境システム研究論文発表会講演集』221-228 頁
Norris, F.H., Stevens, S.P., Pfefferbaum, B., Wyche, K. F. and Pfefferbaum, R. L., (2008) Community resilience as a metaphor, theory, set of capacities, and strategy for disaster readiness, *American Journal of Community Psychology*, 41:127-150,.
Manyena, S.B.（2006）The concept of resilirience revisited, *Disasters*, Vol.30, No.4, pp.433-450
Resilient Alliance（2002）Key concepts-Resilience, http://www.resalliance.org/index.php/resilience（2013.8.29 最終閲覧）
Holling, C. S.（1973）Resilience and stability of ecological system, *Annual review of Ecology and Systematics*, Vol.4 pp.1-23
Adger, W.（2000）Social and ecological resilience: Are they related?, *Progress in Human Geography*, Vol.24, pp.347-364
Godschalk, D. Urban hazard mitigation（2003）Crreating relirient cities, *Natural Hazards Review*, Vol.4, pp.136-143
UNSIDR（2005）Hyogo Framework for 2005-2015: Building resilience of nations and communities to disaster risk reduction, http://www.unisdr.org/files/1037_hyogo frame-workforactionenglish.pdf,（2013.8.29 最終閲覧）
馬場健司・田中充（2015）「レジリエントシティの概念構築と評価指標の提案」『都市計画論文集』50（1），46-53 頁
馬場健司（2013）「科学の知恵と現場の知恵，生活の知恵を統合する」田中充・白井信雄編者『気候変動に適応する社会』技法堂出版，168-172 頁

第4部
環境保全の対象と担い手

第13章
生物多様性保全と環境教育

第14章
持続可能な都市・コミュニティへの再生

第15章
SDGsとパートナーシップ

第13章
生物多様性保全と環境教育

KeyWords

☐陸域保全　☐海域保全　☐自然保護教育　☐ESD　☐里山・里海　☐グローバル
☐ローカル　☐協働　☐持続可能な地域の発展　☐市民科学

　SDGsのなかで，生物多様性保全と直接関係している項目は目標14の海洋保全と目標15の森林保全である。自然資本とは私たちやほかの種を生存させ，人間の経済を支える自然資源や生態系から得られる恵み／サービスのことであり，生物多様性から構成されている。人類は自然資本なしには生きていけず，私たちはこれまで自然資本を利用・搾取することで発展してきたが，他方で多くの生態系を人間生活のために改善・破壊してきた。本章では，まず①節で陸域と海域の現状を，②節でこれまで行われてきた保全策について説明する。つぎに，③節でわが国における生物多様性保全の現状を概説し，④節で生物多様性保全と環境教育との関係性について議論する。⑤節では持続可能な発展と生物多様性保全を両立させうる事例としてわが国における里山と里海を紹介する。そして生物多様性保全，持続可能な地域の発展，環境教育をつなげる具体的な事例として，中学校における里海を題材とした教育プログラムを紹介する。この事例から地域における生物多様性保全のために，市民，研究者，行政，学校など多様なステークホルダーの連携・協働が重要であることを述べる。⑥節では，生物多様性保全をめざす新たな取り組みとして，市民が研究者と協働し，地域の自然を調べ，保全していく市民科学を紹介する。

1　陸域・海域の現状と生物種の減少をもたらす要因

　生物多様性を包含する陸域生態系と海域生態系は現在どのような状況にあるのだろうか。保全策を考えるためには，まずこれまで人類がどのように陸域・海域とかかわってきたのか，そこにある自然資本をどのように利用してきたの

かを理解する必要がある。種が昨今減少している背景には，①生物の生息地の減少，②地球温暖化・気候変動，③海洋の汚染，④乱獲・過剰捕獲，⑤外来種の導入の大きく5つの要因がある。

1つ目に生物の生息地の減少があげられる。森林は野生生物の生息地や水の貯蓄や浄化など生態系サービスを提供しており，地球上の陸地の約31%（南極大陸とグリーンランドを除く）を覆っているが，過去8000年の間に地球上の原生林や未開拓林の約47%が人間活動により消滅し，そのほとんどはここ60年の間に起きている。今でも毎年5万2000㎡の森林が消滅しているといわれ，これはおおよそ九州と四国を足した面積に匹敵する。とくに森林減少は熱帯地域（東南アジア，アフリカなど）にみられる。世界の熱帯林の40%以上を占める南米アマゾン流域では急速に森林伐採が進み，この先50年以内にその20～30%はサバンナ（草原）化し，2080年にはそのすべてがサバンナに変わるとする見解もある。陸生の動植物および昆虫の半数以上の種が熱帯林に生息していることから，熱帯林の消滅が生物多様性に与える影響が計り知れないことがわかる。

森林を伐採することは生物種の生息を脅かす2つ目の要因である地球温暖化・気候変動を引き起こすこととなる。樹木は成長するなかでCO_2を吸収するため，森林を伐採することは地球温暖化に拍車をかけるからである。急速な地球上の平均気温の上昇に適応できず，2050年までに35%の種が絶滅するという推測もある。

森林が伐採される理由は多様で，また地域によっても異なる。熱帯林の伐採に関しては，人口増加や貧困が原因となっていることが多く，貧しい人々が食料や燃料を得るために樹木を伐採しているケースがある。政府が短期間で収益を得るために，助成金を出し，かつては森林であった地域で大規模放牧を加速させていることもある。アマゾンなど南米の熱帯林は牛の放牧や大豆プランテーションのために，インドネシアやマレーシアなど東南アジアでは油ヤシ，パイナップル，バナナなどの大規模プランテーションのために伐採されることが多い。また，安い木材を得るために各国が熱帯林で伐採された木材を輸入し，日本を含め異なる国に出荷がされていることが多い。

種の減少をもたらす3つ目の要因が汚染で、とくに沿岸域では深刻である。世界の人口の80%が沿岸やその近くに住んでおり、海洋汚染の80%が人間活動によるものである。海洋に生息する魚の90%はサンゴ礁、マングローブ林、沿岸湿地、干潟、河口域で産卵するが、サンゴ礁は4分の1以上が破壊され、残りのサンゴ礁は汚染や気候変動により絶滅の危機に瀕しているといわれている。

　また、乱獲・過剰捕獲は種の減少をもたらす4つ目の要因である。世界中で行われている漁業により、ここ10年程度で個体群の80%が消失した天然魚も少なくない。研究者は、世界中で漁業が持続的に個体群を維持できる量よりも57%以上多く漁獲されていると推測している。陸域の野生動物もこれまで、とくに経済的価値の高い生物は肉、毛皮、角、骨、牙などを求め多くが乱獲され、絶滅に追いやられた種もある。たとえば、リョコウバトは北米大陸に1700年代には50〜90億羽生息していたとされるが、乱獲され、その後200年程度で絶滅した。同様に、6000万頭生息していたとされるアメリカバイソンも、食料や楽しみのハンティングのために乱獲され、一時期1000頭未満にまで減少した。

　種の減少をもたらす5つ目の要因は外来種である。意図的あるいは非意図的に他地域から導入された外来種が、地域の生物多様性を急速に変化させてしまう事例が世界中で報告されている。それらは外来種による在来種への圧力（例：奄美大島に導入されたジャワマングースによるアマミノクロウサギの捕食）、近縁種の交雑（例：ニホンザルとタイワンザルの交配）、農林業への被害（例：日本に導入されたアライグマによる農作物被害）などである。

　陸域・海域における環境破壊・環境改変により、多くの生物は生息地を失い、また乱獲は生物の個体数そのものを減少させる。多くの生物種が同時に消えてしまう大量絶滅は、地球上でこれまで5回起きており、6500万年前に起きた恐竜類（爬虫類）の絶滅は有名である。現在は前述した5つの要因を背景に、生物多様性が急激に減少しており、長い地質年代の歴史における6番目の生物の大量絶滅の真っただ中にあるといわれている。そして人為的原因がそれを引き起こしている点で、これまでの大量絶滅と大きく異なる特色をもつ。恐竜の時代では平均して1000年に1種程度の割合で絶滅していたが、1975年ごろに

230　第4部　環境保全の対象と担い手

は毎年約1000種が絶滅するほど加速し，昨今では1年で4万種が絶滅しているという推測もある。絶滅危惧種は増加傾向にあり，脊椎動物の個体数は1970〜2006年の間に3分の1程度に減少したといわれている。現在では，世界の哺乳類および鳥類のおよそ12%が絶滅に瀕している。

2 これまで行われてきた保全策

　では，どのようにして陸域・海域の自然を守ることができるのだろうか。まず保護と保全について，用語の整理をしよう。保護といった場合，従来は手をつけずありのままの自然を保護する厳正自然保護（reservation）が考えられることが多かったが，それに対して昨今では持続的に自然資本を利用しながら保護する保全（conservation）として考えられることが増えている。

　これまでとられてきた対策として最も代表的なものは，特定の地域を保護区に設定して，土地の開発や利用を規制し，その自然を守ることである（第10章の図10-3参照）。1993年に発効された生物多様性条約（正式名「生物の多様性に関する条約」）は日本を含め194カ国が締約国として批准しているが，保全のための主要な手段として生息域内保全（生物を自然状態で保全すること）が定められている。2012年以降，世界中の15万カ所が野生生物保護区，自然保護区，公園，厳正自然保護区などとして自然が保護されている。しかし，これは地球上の陸地（南極大陸以外）の13%にすぎない。世界中で最も生物多様性に富む発展途上国の国立公園においては，園内で実際に保護されている地域は1%といわれ，地域住民が日々の生活の糧を得るために公園内に入り，違法に伐採したり，動植物を採取したりするケースもある。

　国立公園に限定すると世界中120カ国6600カ所以上で設置されているが，そのほとんどが大型動物を維持するうえでは公園が狭すぎると指摘されている。また，米国型の国立公園は，従来はそこに住む先住民や地域住民を追放して設置されることもあった。自然保護区の設定により地域住民が犠牲や負担を強いることになるなど，地域社会との間に軋轢が生まれてしまうことは大きな問題である。

第13章　生物多様性保全と環境教育　*231*

自然保護区の効果的な維持や保全のために，昨今では核心地域，緩衝地域，移行地域の3つの地域に分けて管理するゾーニングの有効性が提唱されるようになった（図13-1）。核心地域で厳重に自然資源を保護しながら，緩衝地域では破壊を伴わない伝統的な活動（木材の持続可能な利用など）や研究活動などが可能で，さらに移行地域では持続可能な発展のための人間活動が許容される。緩衝地域で自然資源を持続的に利用できるようにすることで，住民と関係を悪化させることなく，連携して違法伐採や密猟から保護区を守ることが特徴である。ゾーニングはユネスコの生物圏保存地域（Man and Biosphere Reserve；ユネスコエコパーク）で実践されているが，保全と持続可能な利用という目標のもと，現在世界中119カ国631地域がユネスコエコパークに登録されている。

　そのほか，森林を持続的に維持管理していくためには，たとえば持続可能な森林管理のもと収穫された木材を認証し，消費者がそういった木材を選択できるようにすること（認証制度）や，森林回復のための植林プロジェクトを推奨するなど，多様な保全策が考えられる。

　海域に目を向けると，陸域の保全よりも遅れをとっている。特定の地域を保護区として守る取り組みとして海洋保護区（Marine Protected Area）があり，国際自然保護連合（IUCN）によれば世界中に5850カ所が設置されており，世界の海洋表面の1.6%にあたる。いっぽうで，海洋保護区においても，実際に自然資源が守られているのは一部といわれ，生態系に有害な資源搾取活動が許可され，また汚染に対する対策もあまりされていないことも多い。

　生物を守るために制定された国際的な条約としては，1975年に

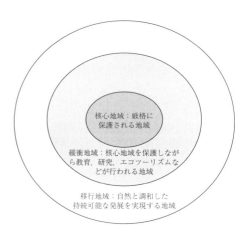

図13-1　ユネスコエコパークで実践されているゾーニング　核心地域の周辺に緩衝地域が，緩衝地域の周辺に移行地域が設置されることが多い。
出典：日本ユネスコ国内委員会（2016）を参考に作成

発効したワシントン条約（正式名「絶滅のおそれのある野生動植物の種の国際取引に関する条約」）や前述の生物多様性条約などが存在する。これらは絶滅のおそれのある動物の保護のために運用されてきたが，一方で国際条約にはすべての国が批准するわけではなく，さらに違反者に対する罰金や罰則が不十分であることが多いなどが指摘されている。

　生物多様性を保全するためのそのほかの方策として，地域主体による保全があげられる。前述のとおり，保護区の設定は従来から先住民などを排除する統治管理型のものが多かったが，昨今ではエコツーリズムなどを実践し，地域社会の経済的な安定と保全の両立をめざす自立支援型や，さらには地域住民が保護区の管理に参画する参加協働型へと変遷を遂げている。また，共同で生物資源を利用・管理し，さらに住民が自発的に利用を抑制する自主的管理の例や制度（共同で森林を利用・管理する入会林の制度など）が世界中に存在する。また，生物多様性を保全することが土地所有者の経済的な利益になるような制度・インセンティブをつくることも昨今行われている。たとえば，米国では効果の高い保全策を実施している者に対して優先的に行う資金援助などが行われている。

3 わが国における生物多様性保全の現状

　これまで世界中の陸域・海域の保全の現状について，増加する人間活動が生態系や生物種に多大な圧力を与えてきたことを説明してきた。では，日本の現状はどうだろうか。前節で生物多様性保全のための代表的な手段として保護区制度を説明したが，海外と比較した場合，たとえば米国の国立公園は大半が国有林であるのに対して，日本の国立公園は私有地が大半であることも多い。国土が狭い日本では，国立公園を設定する際に，私有地も指定せざるをえず，私有地において厳しい利用規制をすることはむずかしい。このように，国が変わると，地域性，文化，制度，社会，風土が大きく異なる。日本の国土の多くは森林（68.2%）であるが，自然林の割合は国土面積の17.9%にすぎず，日本列島の大半は人工的に改変された土地（79.5%）である。前節で説明した保護と保全を考えてみても，手つかずの自然がほとんど存在しない日本では，持続的に利

第13章　生物多様性保全と環境教育　*233*

用しながら保護する保全がイメージしやすく，また実際に行われていることも保全であることが多い。

　2002 年に日本の生物多様性の現状に基づいた新生物多様性国家戦略が策定され，「第一の危機：開発による危機」「第二の危機：里山における人間活動の撤退（詳細は本章⑤で述べる）」「第三の危機：外来生物・環境ホルモンなどの新たな要因」の 3 つに分けられ，対策の必要性が検討された。2008 年に環境省が設置した生物多様性評価検討委員会の報告によれば，日本では近年は開発の速度は減少傾向にあり，里山における人間活動の撤退や外来生物など新たな要因が生物種の減少の大きな要因となっている。とくに地球温暖化は将来的に大きな影響を与える可能性があるとされた。環境省のレッドリストによれば，わが国では哺乳類は全体の 20% 以上が，鳥類は全体の 10% 以上が，そして爬虫類と両生類はそれぞれ全体の 30% 以上が絶滅のおそれのある種とされている。

　いっぽう，日本社会が現在直面している課題として，少子高齢化や過疎化があげられる。とくに地域山村漁村で過疎化・高齢化は急速に進んでおり，人口減少により廃村となった地域や，農作業が行われなくなった耕作放棄地が増えている。これに伴い，一部の野生動物の生息地は増加傾向にあり，たとえば，1970 年代以降シカの生息地面積は 2.5 倍に，イノシシの生息地面積は 1.7 倍になり，個体数も増加している。野生動物による農作物被害は毎年 200 億円前後で推移している。狩猟者の数は激減し，1970 年代には 50 万人以上いたが，2009 年には 15 万人以下になっており，その多くが 60 歳以上の高齢者である。このような全国における人口の減少（2040 年時点で，人口が 1 万人を切る消滅可能性が高い市町村は全自治体の 29.1% になるといわれている），耕作放棄地の増加と雑木や雑草の繁茂による野生動物の生息地の増加，さらに狩猟者の減少により増加する野生動物の個体数の抑制がむずかしくなっていることなど，複数の要因が影響し，今後も特定の野生動物は増加を続け，農作物被害や人身被害などが増える可能性がある。つまり，本章の最初に述べた増加する人間活動とそれに伴う生物種の減少などは，日本国内に目を向けると状況が少し異なるのである。

　一部の野生動物（シカ，イノシシなど）が急激に増加し，それらの種による食

害のため，樹木や下層植生が大きなダメージを受けるなど，生態系が改変されてしまう事例が全国で報告されている。特定の野生動物種の増加により生息地の植生が破壊されたことで，別の生物種（ニホンカモシカやコマドリなど）が減少し，また地域から姿を消すこともあり生物多様性の減少につながっている。米国においても，1850〜1900年にかけてオオカミが駆除され，国内の多くの州で絶滅したことで，その後，大型のシカであるエルクが増加し生態系に悪影響を与えるようになった。米国のイエローストン国立公園では一度絶滅したオオカミを1995年にカナダから再導入し，その後エルクの数の抑制や生態系の修復などが確認されている。いっぽう，日本では捕食者であるニホンオオカミはすでに絶滅しており，狩猟者は前述のとおり激減し，増えすぎた野生動物を効果的に管理できていないのが現状である。また，外来種が持ち込まれ地域に根付くことで，在来種が減少（ときには絶滅）することも昨今の大きな問題である。アライグマやヌートリアは全国で分布が広がっており，外来植物もいたるところに繁茂している。保護政策の結果，着実に数を増やしている（また他地域への再導入も検討されている）種（トキ，コウノトリ，ツシマヤマネコなど）がいる一方で，ジュゴンやライチョウなど依然として絶滅の危機から脱していない種もある。

　日本における事例は，前節で述べたように，ただ希少生物種や生態系を保全するだけでなく，過剰に増え，生態系に大きな影響を及ぼしている種については適正に管理しなければならないことを示している。つまり，増えすぎた野生動物種や外来種についてはどのように管理をするのか，絶滅が心配されている種についてはどのように保護するのかなど，多様な視点をもち，また異なる原因や背景を理解したうえで，保全策を考えることが求められる。

4 生物多様性保全と環境教育とのつながり

(1) 環境教育の意義と役割

　生物多様性保全を実現するための環境教育とはどのようなものだろうか。米国および多くの国々で使われている環境問題の教科書を執筆したMiller &

Spoolman（2015）は，私たちはまず，環境について，生物多様性について，そして何より人間活動により生態系が劣化し，世界中の生物種の約半数の存在を脅かしていることを学ばなければならないとしている。そのほかにも，自然のもつ経済的価値だけでなく，生態学的，景観的，そして精神的価値を理解すること，自然と密接なつながりをもつこと，そして最終的には環境に詳しく，責任ある行動をとることができる市民を育てる教育が重要と述べている。

　環境教育の目標として有名なものは，1977年の環境教育に関するトビリシ政府間会議（国連教育科学文化機関ユネスコ主催）でまとめられたトビリシ勧告に示されている5つの目標：気づき，知識，態度，技能，参加である。わが国の学校教育現場においても，たとえば小学校は，①環境に対する豊かな感受性，②環境に関する見方や考え方，③環境に働きかける実践力を育成することが環境教育の狙いとして掲げられている。環境に関する知識，技能，能力の増加だけでなく，態度，参加といった行動変容まで求められていることが環境教育の特徴といえる。日本には，生物多様性保全をめざした環境教育に関する取り組みがこれまで全国で行われてきている。次節では，これまでの歩みや事例をみてみよう。

⑵　わが国における自然保護教育の歩みと実践

　自然保護教育は，自然を保護する行為のなかに豊かな人間性の開発など教育的機会を創出することをめざしている。わが国における自然保護教育は市民による野外の自然観察，自然保護活動を通した実践（1960年代）など，市民運動を中心に発展してきた。1960年代は，自然を守ることが国の経済成長にブレーキをかけることにつながると懸念され，自然保護教育は国の教育課程に位置づけられていなかった。しかし，自然保護の重要性は徐々に浸透し，2006年に改正された新教育基本法で「生命を学び，自然を大切にし，環境の保全に寄与する態度を養うこと」が教育の目標として，また2007年に成立した学校教育法では「学校内外における自然体験活動を促進し，生命及び自然を尊重する精神並びに環境の保全に寄与する態度を養うこと」が明記された。さらに，2011年に施行された環境教育基本法においては，「森林，田園，公園，河川，

湖沼，海岸，海洋等における自然体験活動その他の体験活動を通じて環境の保全についての理解と関心を深めることの重要性」が明記され，環境教育そのものを国が施策として取り組むことが明確になった。

　では，具体的に自然保護教育とはどのようなものなのか。もともと高度経済成長期においては，自然観察が多く行われ，基本的には採集せず，持ち帰らないことを原則に，自然の仕組みや自然を大切にする価値観を学ぶことが目標とされていた。1970年代より，観察だけでは知識が増えるだけの教育になってしまうことをふまえ，自然を自分の体の一部として大切にできる子どもを育てることを目的とした観察と体験の両立が実践されるようになった。そこで，昨今行われている自然体験・自然観察では地域に暮らす子どもや大人が身の回りの自然とのかかわりを理解する生涯学習の一部と考えられ，実践されている。具体的には，自然観察・自然体験では，①自然の厳しさややさしさにふれ，そのなかに自分が生きている実感をもつこと，②自然のなかでの観察や体験を通して問題解決力を身につけ（例：自然のあり方を学び，得た知識や考え方を実生活のさまざまな課題に解決に活用するなど），③地域の自然と人とのかかわりを通して地域の一員としての自覚をもつことが重要とされている。米国で始まり，1980年代後半から日本でも普及が進むネイチャーゲームは，五感を使って自然を体験し，自然との一体感を感じることをめざす取り組みである。たとえば，学校における総合的な学習の時間を利用して，ネイチャーゲームを導入し，地域の自然の体験，生息する種（カエルなど）の観察，それらの種が減少した背景の理解，そして自分たちがその種の保全のためにできることの理解とその実行などを目的にプログラムが展開されている事例もある。

5 連携・協働をベースとした生物多様性保全の実践

(1) これまでの課題とSDGs

　自然を保全するために，まず自然破壊が起きた背景や自然に対する脅威を理解する必要があり，多くの場合，人間活動（経済活動など）を抜きにして保全は考えられない。つまり，自然を保全するためには，人間社会，経済のなかでど

のように保全できるのかを理解することが重要になる。従来の環境教育では体系的な「知の移転」に焦点がおかれていたが，本章①節で概説したとおり，環境破壊・環境改変はグローバルな問題であり，また地域性などローカルな特徴もあり，多様な要因や事情が複雑に関連している。持続可能な社会を創るためには，またそれを実現できる人材を育成するためには，知識をもった権威者（教師など）が知識をもたない学習者に一方的に知を伝達する「環境についての教育」だけではなく，フィールドで学習者が能動的に学ぶ「環境のなかでの教育」，そして環境改善のために，また持続可能な社会を創るために学習者と教育者が協働して行動し，参加していく「環境のための教育」が重要になっている。

　自然破壊と人間の経済活動など社会的側面は密接に関係しており，たとえば貧困や飢餓があるかぎり，それらの国々では自然の保全は二の次となり，生物多様性を保全することはむずかしいだろう。また，グローバルな問題とローカルな問題は密接に関係している（例：熱帯林で伐採された材木の他国への輸出，海を越えて他国に影響を与える海洋汚染）。これらを包含する世界的な目標（ゴール）こそがSDGsである。SDGsの17の目標のなかでとくに生物多様性保全に関係しているのが，目標14「持続可能な開発のために海洋・海洋資源を保全し，持続可能な形で利用する」と目標15「陸域生態系の保護，回復，持続可能な利用の推進，持続可能な森林の経営，砂漠化への対処，ならびに土地の劣化の阻止・回復及び生物多様性の損失を阻止する」である。具体的には，目標14では海洋・沿岸地域の自然の重要性，汚染の規制，海洋の酸性化の問題，乱獲，そして持続的な利用の重要性について，目標15では森林破壊の現状，生物多様性を保全するための保護区の設定について，絶滅の危機にさらされている生物種の保全の重要性，乱獲や違法取引についてなどが説明されている。これらの目標（ゴール）が貧困や飢餓などほかの15の目標と同列に並んでいることがSDGsの特徴であり，社会に関するほかの問題も一緒に解決しなければ生物多様性保全が実現しえないことを示している。

⑵　ESD の普及と里山・里海の意義

　では，生物多様性保全と社会の発展はどのように両立できるのか。これを実

現しようとする試みが ESD である。ESD は国連持続可能な開発に関する世界首脳会議（ヨハネスブルク・サミット 2002）において，日本の NGO と日本政府が国連 ESD の 10 年を提案したことがきっかけとなり始まった取り組みである。環境とともに社会文化や経済なども含め，フィールド体験や環境保全のための実際の行動と参加を強調していることが ESD の特徴であり，持続可能な社会の担い手を育む教育といわれている。社会的文脈（地域の社会や文化など）を反映した教育実践，生涯を通じた知の獲得と経験に重点がおかれ，地域をベースとした持続的な発展をめざす ESD の取り組みの蓄積が進んでいる。

　では，生物多様性保全と地域社会の持続的な発展を両立している地域とはどのようなものだろうか。日本にはこのモデルケースと呼べるものが存在する。里山・里海である。

　里山とは，農家の裏山のように，日本のどこにでもあったような風景であり，田んぼ，鎮守の森，畑，小川なども里山の風景といえる。日本全国の約 4 割に当たる地域が里地里山であるともいわれており，これらは農業，野焼き，薪の採取など人間が生活をするために利用されるなかで成り立つ生態系である。絶滅のおそれのある種の約半分が里地里山に生息するなど，生物多様性保全のために重要な生態系である。たとえば，流れのない田んぼでカエルやトンボは産卵し，オタマジャクシやヤゴは田んぼで生活し，また田んぼに水をひく用水路ではドジョウが生息するなど，生物は里山の生態系を巧みに利用してきた。しかし，1960 年代から農家は燃料，肥料，建材などを市場から購入するようになり，また都市化や農村地域における少子高齢化による人手不足により，里山は放置されるようになった。手入れがされなくなった里山は低木林（やぶ）が繁茂し，耕作放棄地が増え，また水田も消失するなど，昨今の里山の改変により多くの動植物が絶滅の危機に瀕するようになった。里山は人間が自然資源を持続的に利用しながら，生物多様性を保全・維持することが可能であることを示す例といえる。同時に，人手をかけなくなることで，生物多様性が減少してしまうことは，単に保護区を設定し，人間の立ち入りを禁止するだけでは，その地域で維持されてきた生物多様性が保全できるとは限らないということを意味している。

わが国では，山だけでなく，持続的に人手を加えながら海を管理してきた歴史ももつ。里山ほど知られてはいないが，このような「人手をかけることで生物生産性と生物多様性が高くなった沿岸海域」（柳　2010）のことを里海と呼ぶ。たとえば，有明海や沖縄では古くから魚を獲るための仕掛けである石干見や魚垣と呼ばれる石垣がつくられてきたが，これらの人造空間が結果的に海洋生物が多く集まるハビタット・ビオトープとして機能し，生物多様性が高まることが知られている。瀬戸内海では，まるで農家が畑に肥料を播くように，漁師が海に海藻の一種であるアマモの種を播き，一時は激減した海洋生物の産卵場や生育の場となるアマモ場を再生し，生物多様性と漁獲量を増加させた地域がある。いっぽうで，わが国では漁業者は著しく減少しており，日本全国で2003年にはおよそ23万8000人いた漁師は2015年にはおよそ16万7000人になった。毎日，海を観察し，守ってきた地域の漁師が減少していることは，今後沿岸域の生物多様性を保全するためには漁師だけでなく地域住民などさまざまな主体が里海の維持管理に参加する必要があることを示している。

　本章の最初に，世界および国内における陸域・海域の環境改変の現状と保全の現状について説明した。そして，それらが起きる背景や原因，有効な保全策は地域によって異なることを説明した。国土も限られており，そのなかで多くの人口をもつわが国において，どのように陸域・海域を持続的に保全管理したらよいか，そのヒントや指針が里山・里海概念やその歴史にある。では，そのような里山・里海を維持管理するための環境教育・人材育成とはどのようなものだろうか。次項では中学校で行われている教育の取り組みを紹介する。

(3)　持続可能な沿岸域管理をめざす里海教育：岡山県備前市立日生中学校の取り組み

　瀬戸内海は日本沿岸漁獲の約5分の1を産する地域で，日本だけでなく世界的にも最優良漁場の1つといわれている。しかし1950年代より工業廃水や生活排水により富栄養化（人間活動の影響による水中の肥料分の濃度上昇）が進むと，赤潮が頻繁に発生するようになり，漁獲量が減少した。瀬戸内海に面する岡山県備前市日生町は，1800年代後半には全世帯の90%が漁業に従事していたな

ど漁業の町として知られていた。瀬戸内海における漁獲量の減少には魚介類の産卵場や隠れ家であるアマモ場の減少が関係していると考えられ，日生町では地域の漁師が中心となりアマモの播種を 1985 年より開始した。その後，28 年間にわたり種子を播き続け，一時期は 12ha まで減少したアマモ場は 2008 年には 120ha まで回復し，これに伴い漁獲量も増加した。漁師によるこういった沿岸域の保全やとくに生物多様性や生産多様性を増加させる取り組みが評価され，日生町は現在では里海のモデルケースとして知られるようになっている。

　日生町唯一の中学校である備前市立日生中学校は，古くから遠泳など海に関する授業を行っており，2000 年代からは地元の漁師と連携し，収穫されたカキを洗浄する体験学習を行っている。生徒が海に関する取り組みを単発的に体験するのではなく，年間を通してすべての学年の生徒が受講できるよう改善が加えられ，2013 年度からは総合的な学習の時間として，学年ごとのテーマと学習内容が明確化された（図 13-2）。日生中学校の海洋学習の教育目標は，主に①地域を知ること：漁業の体験活動を通して日生の基幹産業を知る，②アマモの再生活動が生態系の修復に貢献すること，さらに地域の活性化につながり，将来の日生を築き，地球環境に寄与することを学ぶ，③勤労の大切さを学ぶ，④郷土への愛着と誇りを培う，⑤地域の人々との交流の場を提供するの 5 つからなる。

　プログラムの内容としては，カキの種付け作業（1 年生），流れ藻（アマモ）の回収作業（1，2 年生），地元の漁師や水産研究所の職員への聞き書き学習（1 年生），アマモの水槽での飼育と生息状況の観察（2 年生），アマモの種の選別・播種作業（1，2 年生），カキの生息状況の中間観察（1 年生），カキの洗浄処理作業及び試食（1 年生），そして修学旅行を通した他地域（沖縄）での海洋環境の実習（3 年生）など年間を通してさまざまな活動が行われている（写真 13-1，13-2）。

　このように，一般の公立中学校でありながら，地元の漁師，NPO，地域住民など多様な関係者との連携のもと，生徒が継続して地元の海の保全管理にたずさわり，また学校全体で海洋プログラムに取り組んでいる事例は全国的にも，また世界的にも珍しいと考えられる。

　では，このように地域をベースとして，多様な関係者と連携のもと行われる

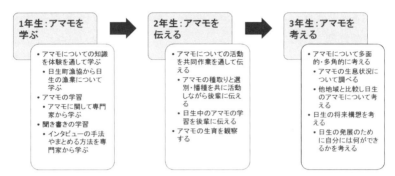

図13-2 日生中学校における海洋学習の目標
出典：岡山県備前市立日生中学校・認定NPO法人共存の森ネットワーク（2016）より作成

写真13-1 流れ藻の回収作業

写真13-2 カキの洗浄作業

　環境教育プログラムは参加者にどのような教育効果を与えるのだろうか。著者は，日生中学校の海洋教育プログラムが生徒に与える教育効果を明らかにするために，これまで活動の参与観察や中学生への継続した聞き取り調査を実施してきた。その結果，たとえば生徒は高学年になるほど多様な言葉で人と海とのつながりについて，また経験に基づいて日生の海について説明できるようになっており，また日生の海を大切にしようとする意識が芽生えていたことがわかった。また，以前は海にゴミを捨ててしまうことがあった生徒も，地元の海について学び，ゴミを捨てることがなくなったなど，教育プログラムが生徒の意識，態度，行動に変化をもたらしていることがわかった。同様に，高学年ほど，日生の海に対して親しみや愛着を感じている生徒が多くなり，海を守ることで地域を守ることにつながることを意識し，将来にわたって日生の海を守ってい

きたいと回答する生徒が多かった。

　同プログラムの教育効果のもう1つの例は，生徒が漁師に対して感謝の念を感じるようになったことである。同授業を通して漁師とともに活動し，多くの生徒は地元に住む漁師と初めて密接にかかわるようになり，漁師の人柄などを理解するとともに，漁師の苦労も学び，さらに漁師がいるから地元の魚介類を食べられることを感じていた。

　日生中学校の取り組みは従来の自然保護教育や自然観察として考えるより，ESD や SDGs の枠組みで考えるとプログラムの意義が理解しやすい。アマモやカキなどの生物について，たとえばアマモ場が魚類の産卵場や隠れ家となり，生物多様性に貢献していることを，さらにカキが水を浄化する機能があるなど，生態系における役割についてなどを生徒は学ぶ。生徒は体験学習のなかで漁師が実際にアマモ場で捕まえた魚を観察し，またダイバーが録画した日生のアマモ場とそこに生息する生物のビデオを見ることで，アマモ場の再生が生物多様性保全に貢献していることを視覚的に知ることができる。同時に，流れ藻を回収し，アマモの種を採取し，海に播くなど，人手を加えながら，生物多様性と生産多様性を保つ取り組みは，里山・里海特有の持続的な自然の利用のための取り組みである。生徒は，地域の自然を適度に管理しながら守っていく必要があることを学ぶのである。そして，漁師や地域住民と継続した活動を続けることで，地域における多様な関係者の存在について，そしてそれらの人々がいるからこそ，食やそのほかの生活において自分が支えられていることを学ぶ。また，漁業が地域の基幹産業であり，日生町が海と共存している地域であることを生徒は学ぶ。最終的には，生徒は地元の海を自分たちの海と考えるようになり，自分たちが責任をもって管理していかなければならない，または将来にわたって海を大切にしたいと考えるようになったのである。つまり，このプログラムを通じて，生徒は海（環境）と人とのつながりについて，そして人と人とのつながりについて，さらには地域が持続的に発展するために住民自ら継続して自然資源を利用・管理する必要があることを学ぶのである。

　このように地域づくりに貢献する日生中学校の海洋教育は，まさに ESD そのものであり，また生物多様性の保全の理解とともに，地域社会について学ぶ

SDGs の地域レベルでの実現にも貢献する取り組みといえる。

6 市民科学の可能性

　本章の最後は，市民科学（citizen science）について紹介する。市民科学は，これまでさまざまな定義が与えられてきたが，代表的な定義として「一般市民が科学者や研究機関と協働・連携し，調査・研究をすること」（Dickinson & Bonney　2012）がある。世界的に著名な市民科学プロジェクトを複数行っている米国コーネル大学鳥類研究所では，市民が観察した野鳥の種類や数を記録し，ウェブサイト上で提出する市民参加型調査が行われている。代表的な eBird（イーバード）など複数のプロジェクトが存在するが，こういった野鳥観察プログラムへの参加者数は世界中で 30 万人以上といわれ，数百万単位の観察記録が毎年蓄積されている。これらの結果をもとに出版された論文の数は数百に上るといわれ，成果は政策提言など野鳥の保全に関する施策に活用されてきた。

　市民科学という言葉が使われはじめたのは，欧米を中心にここ 40 年程といわれるが，市民科学の歴史は古く，世界で最も古い市民科学の 1 つは，実はここ日本に存在する。京都では 1200 年間にもわたって，桜の開花時期が記録されており，この記録（データ）が今，気候変動が動植物に与える効果を明らかにするフェノロジー（生物気候学）の観点から貴重なデータとなっている。日本では市民科学というより市民調査，市民参加型調査，観察会と呼ばれることが多く，本章 ④ で述べたとおり，1970 年代から行われてきた野鳥観察会や環境保全に関する市民運動も 1 つの市民科学（市民調査）の例といえる。

　研究面では市民科学は通常一人の研究者が手にすることができない膨大な，そして広範囲にわたるデータを蓄積することを可能とし，特定の種の分布や個体数，さらにそれらの年ごとの変動などを理解することを可能とする。たとえば，前述のコーネル大学鳥類研究所が行っているプロジェクト Feeder Watch（餌やり観察）では，一般市民が自宅の庭やベランダに餌を置き，そこにやってくる野鳥の種類や数を記録するが，全米で数万人規模の市民が記録を提出することで，地域ごとの種の分布，個体数の増減の有無など貴重な生態学的データの

蓄積が進んでいる。保全への貢献という意味では，たとえば米国のオーデュボン協会が行うクリスマス野鳥観察では数千人の参加者が地域の野鳥の記録をするが，その成果は 200 以上の査読付き論文にまとめられ，アメリカガモ（American black duck）の狩猟の規制など政策提言につながった。日本の事例としては，2003 年以降，環境省と自然保護協会が，200 を超える地域の NGO と協働して行っている里山モニタリング 1000 がある。このプロジェクトを通して，全国でおよそ 2500 名の市民が約 1000 の調査地で生物多様性の観察・記録をしており，行政，NGO，そして研究者の連携により，地域の自然の状態の把握だけでなく，保全策の提言をしており，またプロジェクトを通して，参加者が外来種の防除を行い，地域の自然の保全や再生を行うなど，実際の保全にも貢献している。

　昨今，こういった市民科学プログラムの教育効果について注目されるようになってきた。市民科学プロジェクトに参加することで参加者は身近な自然の現状について，体験しながら学ぶことできる。さらに，特定の調査項目や形式にそって，記録し，提出することで，研究するうえでの基礎的な能力も備わり，科学能力（science literacy）の促進につながることも期待されている。プロジェクトの参加を通して参加者が地域の自然への関心・愛着を深め，野生生物が住みやすい庭に改変するなど，参加者の行動の変化があった事例も報告されている。

　市民科学は参加者のプロジェクトの参加の仕方の度合いによって，いくつかの分類分けが可能である。たとえば研究者が設計した研究プロジェクトにおいて，参加者がデータの記録と提出のみを行い，結果を研究者が分析する貢献型プロジェクト（contributory project）や，市民が研究課題の設定や調査内容の設計から研究者と連携して行い，調査の実施や分析，結果報告まで研究者と一緒に行う協働型（collaborative）また共同設計型（co-created）プロジェクトまである。生物多様性保全は究極的には局所的（ローカル）な問題であるともいえる。したがって，地域レベルで現状を理解し，その改善のために行動できる人材を育てることが重要である。これは ESD が掲げる "think globally, act locally" の考え方とも通じる。研究者や専門家に任せるだけでなく，これからは一般市民

第 13 章　生物多様性保全と環境教育　*245*

が責任をもって行動することが求められる。市民科学は地域の自然について理解を深め，そしてかかわり，参加を続ける人材の育成に貢献しうるもので，これからの生物多様性保全と環境教育を考えるうえで1つの例となるだろう。

　本章では世界レベルでの陸域・海域の保全に関する現状について，そして日本における現状を説明し，次に生物多様性保全と持続的な発展がどのように両立できるのか，そしてそれを実現させる環境教育について議論した。持続可能な社会を創るために，そしてそのなかで生物多様性保全を実現するためには，世界で起きていることと地域の現状を理解しながら，生物多様性の保全と望ましい社会の実現を同時にめざすことができる地球市民を育成することが求められている。環境教育は，市民が自然・社会・文化などのつながりを意識し，自然とかかわり，そして他者ともかかわり，持続可能な社会づくりへ主体的に参画できる機会を提供することで，より効果的なものになるだろう。

［桜井　良］

本章を深めるための課題

1．世界中の熱帯雨林のほとんどが伐採され，魚介類などほとんどの海洋資源が乱獲された場合，それはあなたの孫の世代にどのような影響を与えるだろうか。考えられる影響をまとめてみよう。
2．昨今，子どもたちの自然離れ（自然体験の少なさ）が指摘されているが，幼少時代に自然とまったく接することがなくすごした場合，どのような影響があると考えられるか。自分なりの考えをまとめてみよう。また，普段自然とかかわることがまったくない子どもたちが参加できる自然体験プログラム・環境教育プログラムを考えてみよう。
3．今あなたが住んでいる町の自然（生物多様性）を保全し，なおかつ地域の発展に貢献するような環境教育プログラムを考えてみよう。それはどのようなプログラムになるだろうか。

参考文献

Dickinson, JL., and Bonney, R. (2012) *Citizen science : public participation in environmental research*, Ithaca: Comstock Publishing Associates, pp.1-14.
井上恭介・NHK「里海」取材班 (2015)『里海資本論：日本社会は「共生の原理」で動く』

角川書店, 3-17 頁

梶光一・伊吾田宏正・鈴木正嗣 (2013)『野生動物管理のための狩猟学』朝倉書店, 20-25 頁

環境省ホームページ http://www.env.go.jp/press/100922.html (2017 年 3 月 15 日最終閲覧)

Kobori, H., Dickinson J.L., Washitani, I., Sakurai, R., Amano, T., Komatsu, N., Kitamura, W., Takagawa, S., Koayam, K., Ogawara, T., and Miller-Rushing, A.J. (2016) Citizen science: a new approach to advance ecology, education, and conservation, *Ecological Research*, Vol.31, ,pp.1-19.

松本忠夫・二河成男 (2014)『現代生物化学：生物多様性の理解』放送大学教育振興会, 248-267 頁

Miller, GT. and Spoolman. S. E. (2015) *Living in the Environment. 18th edition.* Stamford: Cengage Learning.（松田裕之・秋庭はるみ・谷舞子・木村久美子・桜井良・佐々木茂樹訳 (2016)『最新環境百科』丸善出版, 187-208, 219-233, 245-264, 682-685 頁）

日本環境教育学会編 (2012)『環境教育』教育出版, 1-9, 84-94, 107-118, 174-184 頁

日本環境教育学会『環境教育と ESD』東洋館出版, 2014 年, 1-10 頁.

日本自然保護協会『改訂　生態学からみた野生生物の保護と法律－生物多様性保全のために－』講談社, 2010 年, 1-13 頁.

日本ユネスコ国内委員会ホームページ http://www.mext.go.jp/component/a_menu/other/ micro_detail/__icsFiles/afieldfile/2016/04/18/1341691_01.pdf (2017 年 3 月 30 日最終閲覧)

岡山県備前市立日生中学校・認定 NPO 法人共存の森ネットワーク (2016)『人と海に学ぶ海洋学習―日生中学校のアマモ場再生の取り組み―』岡山県備前市立日生中学校, 23-26 頁

大沼あゆみ・栗山浩一編 (2014)『生物多様性を保全する：シリーズ環境政策の新地平 4』岩波書店, 1-10, 99-120 頁

降旗信一 (2001)『ネイチャーゲームでひろがる環境教育』中央法規, はじめに, 161-162 頁

降旗信一・高張正弘編 (2009)『現代環境教育入門―持続可能な社会のための環境教育シリーズ [1]』筑波書房, 9-22, 99-113 頁

プリマック, リチャード, B.・小堀洋美 (2008)『保全生物学のすすめ　改訂版―生物多様性保全のための学際的アプローチ』文一総合出版, 50-52, 81-85, 138-139, 272-274, 326 頁

佐藤真久・阿部治・M. アッチア (2008)「トビリシから 30 年―アーメダバード会議の成果とこれからの環境教育」『環境情報科学』37 巻 2 号, 3-14 頁

生物多様性政策研究会編 (2002)『生物多様性キーワード事典』中央法規, 12-13, 18-19, 66-67 頁

水産庁ホームページ http://www.jfa.maff.go.jp/j/kikaku/wpaper/H27/pdf/27suisan-gaiyou-2.pdf (2017 年 3 月 15 日最終閲覧).

高橋進 (2014)『生物多様性と保護地域の国際関係―対立から共生』明石書店, 78-103 頁

田中丈裕 (2014)「持続可能な循環型地域社会を考える―『アマモとカキの里海（岡山県日生町）』から」『調査研究情報誌 ECPR』1, 21-26 頁

田中治彦・三宅隆史・湯本浩之編 (2016)『SDGs と開発教育―持続可能な開発目標のための学び－』学文社, 58-74 頁

柳哲雄 (2010)『里海創生論』恒星社厚生閣, 3-6, 59-69 頁

第14章
持続可能な都市・コミュニティへの再生

KeyWords
□国連人間居住会議 □サステナブル・シティ&コミュニティ □エリア型まちづくり □社会都市 □魅力創出型まちづくり □地球資源 □コンパクトシティ □郊外住宅地 □田園都市 □住民・農家連携 □空き家・空き地マネジメント

　「持続可能性」の理念の発展とともに，都市やコミュニティの計画・実践で環境，社会，経済を統合的に扱うことの重要性が指摘されてきた。本章では，この理念の発展経緯を都市計画論との関連性で整理し紹介した。「持続可能」な都市・コミュニティを形成するうえで，地域の環境，社会，経済の多様な資源を活用した魅力創出型まちづくりが重要である。人口減少社会である日本では，持続可能性は地域の存続可能性と捉えられており，直面している課題として空き家・空き地問題がある。この問題を地域の魅力向上につなげていくために，サステナブル・コミュニティ論をベースにして，多様な地域資源を生かすためのマネジメント機能の確立とそのための人材育成の重要性を指摘した。

1 国連人間居住会議の発展と持続可能な居住開発

　世界人口は増加を続けており，国際連合の人口統計によれば 2015 年で 73.8 億人の人々が地球上に存在し，人口予測（2017 年）では 2050 年に 97.7 億人（中位の予測）に達するという。とくに，都市への人口集中が激しく，「国際連合人間居住グローバルアクティビティ報告書」[1] では，2050 年には世界の人口の約 7 割近い人々が都市部に居住すると予測している。都市部に居住する人口が農村部の人口を超えたのは 2008 年であり，今後とも都市部に人口が集中する見込みである。

　このような急激な増加は，主としてアフリカやアジアにみられ，居住のためのインフラや環境整備が追いつかない。農村から都市部に流入してきた人々は，十分な職も収入もなく，劣悪な環境での生活を強いられる場合が少なくない。

248　第 4 部　環境保全の対象と担い手

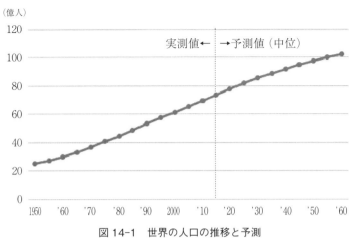

図 14-1　世界の人口の推移と予測
出典：国連人口統計，2017

世界で約 10 億人がスラムに住み，とくに開発途上国では都市人口の 30％に該当し（2014 年現在）[2]，都市部に流入する人々のための居住環境の改善は喫緊の課題である。

　国連は，急速な都市化に伴う都市問題や居住問題に対応するための課題や対策を議論するため，1976 年に第 1 回国連人間居住会議（ハビタット I）を設けた。ハビタット I では，都市環境を整備して生活の質を向上させる人間居住政策が人権を守るうえで重要であるとして，「国連人間居住宣言」を採択した。1978 年に国連ハビタット[3] を設立し，都市化と居住のための調査広報や各国の居住に関する政策提言，能力開発や支援活動を進めてきた。

　第 2 回国連人間居住会議（ハビタット II）は 1996 年に開催され，「ハビタット・アジェンダ」 が採択された。人間居住の重要な観点として，安全，健康，活気，豊かさ，公正，持続可能性を打ち出し，すべての人に適切な居住を提供するために「世界行動計画」を示した。とくに持続可能性という概念をベースにした居住環境の整備や改善，持続可能な都市開発を公約した。また，日本の主導により，阪神淡路大震災を受けて災害復興と被災者への速やかな住居の提供も付加された。さらに，中央政府のみならず，地方政府，NGO，コミュニティ組織，民間企業や学会なども加わり，幅広い関係者との間でパートナーシップを構築

するという方向性が打ち出された。

2016年には，第3回国連人間居住会議（ハビタットⅢ）が開催され，表14-1に示すニュー・アーバン・アジェンダが採択された。「持続可能な開発のための2030アジェンダ」による「持続可能な開発目標（SDGs）」を受けたものであり，目標（ゴール）11を含み，「持続可能な開発目標」を達成するための指針でもある。目標11は，「持続可能な都市とコミュニティ」として，「土地と人間の居住地を，包摂的で（inclusive），安全であり（safe），強靭で回復力の高い（resilient），持続可能なもの（sustainable）とする」としている。

表14-1　ニュー・アーバン・アジェンダの内容

包摂性 inclusive	○社会的弱者や障害者，貧困層・子ども・高齢者・女性などすべての人々を平等に差別なく対象とする
	○移民や難民の権利を保護し，地位を向上させること
安全性 safe	○スラムを改善し，住宅や交通・公共空間などの安全性を高め，安全な飲料水や食糧，衛生環境が確保されること
強靭性 resilient	○被災者の削減をめざし災害に強い建物の整備，災害リスク管理を行い災害に強い社会をめざすこと
環境・ 持続可 能性 sustainable	○環境負荷を軽減し温室効果ガスを削減し気候変動緩和策を実施すること
	○持続可能な都市化の実現と，資源効率や再生可能エネルギー，公共交通機関の普及促進
	○公共空間，歩行者空間，自転車道路，庭園や広場，公園などの空間を持続可能な都市デザインを形成するうえで重視すること
実現性 possibility	○実現するうえで都市のルールと都市計画，都市デザイン，市町村の財源確保が重要である

出典：NEW URBAN AGENDA（HⅢ）United Nations をもとに作成

　人権的な視点があることは当初のハビタットⅠと同様であり，持続可能性と安全性の視点はハビタットⅡと同様である。ただし，パリ協定を受けてより積極的な気候変動と地球環境保全や持続可能な都市デザインを強調しており，また，相次ぐ世界的な自然災害を受けて，安全で回復力があることや自然災害リスクの軽減も強調されている。

　これらをうけて，国連では持続可能な人間の居住開発を実現するために，①すべての人に十分な住む場所を提供すること，②人間居住マネジメントの改善，③持続可能な土地利用計画とマネジメントの促進，④環境インフラの統合的な提供と運営：上水，下排水，ゴミ処理，⑤持続可能なエネルギー・交通システムの促進，⑥災害地域での居住計画・マネジメントの促進，⑦持続的な建設産業活動の促進，⑧人間居住開発のための人材開発と能力開発などをあげている。

　以上のように，国連人間居住会議では，時代背景により概念の追加や重要問

250　第4部　環境保全の対象と担い手

題の追加がなされつつ議論が進められてきたが，一貫しているのは，人間の居住を単なる住宅提供という視点のみではなく，幅広く捉えていることである。当初からの人権の観点と，生活の質の向上という観点に加えて，地球環境と持続可能性の観点が加わり，さらに安全性と災害に対するレジリエンスなどの観点が加わった。取り扱うテーマは住宅の整備や提供方法に加えてインフラや都市の環境整備があるが，さらに災害対策，エネルギーや交通システムがあり，経済活動やその担い手の能力開発などの経済面を含めた範囲に広がったことにも大きな特徴がある。また，中央政府の取り組みのみならず，地方自治体，市民団体，教育機関や企業も含めたパートナーシップの構築と各テーマにおけるマネジメントを推進していることも特徴である。

2 都市計画論の発展と国連人間居住会議

　国連人間居住会議で過去に採択されてきたアジェンダは，さまざまな社会背景とともに変化し，価値観の変化などの影響を受けているが，都市計画論の発展との関係性も深いといえる。

　ハビタット I の登場した 1970 年代は，都市計画論が大きな変化を遂げた時代である。それまで世界を席巻していた機能的都市論[4] は，1960〜70 年代に入ると，人間性の阻害という点からの批判を受け，より人間らしい環境が模索されるようになる。ジェイン・ジェイコブズ（1916-2006）はこれらの機能的都市を批判し，画一性や単一性に対して都市の多様性や混在性を重視することを主張した。クリストファー・アレグザンダー（1936-）は，都市空間の複雑な相互のつながりや各構成要素のボトムアップ的組み立てを重視し，「都市はツリーではない」として有機的な都市づくり理論を展開した。さらに，ポール・ダビドフ（1930-1984）は，1965 年にアドボカシープランニングを提唱し，マイノリティや低所得者を含めた多様な人々に配慮した計画づくりの必要性を論じた。このようにトップダウンによる効率主義から，ボトムアップの人間性重視に価値観が大きく変動を始め，また多様な人々への配慮が重視されはじめた時代であった。ハビタット I は，このような時代に登場したものであり，都市化への

第 14 章　持続可能な都市・コミュニティへの再生　*251*

対応と人間および人権重視の居住は，まさにこれらの都市論の発展とも結びつくものである。

　1980年代に入ると，合理主義や機能主義に対する批判としてポストモダニズム思想が出現したが，多様性や創造性の重視，地域主義，歴史の重視などの価値観が根底にあり，その後の都市論にも影響を与えた。いっぽうで1980年代は，都市化はさらに進展し，超郊外化の進行と自動車中心社会が形成されていった。それに伴いライフスタイルの変化とコミュニティの衰退，都市中心部の衰退，交通渋滞や大気汚染，環境破壊などが進行し，戦後一貫して進んだ都市化や郊外化，環境破壊・自動車中心社会，コミュニティの衰退などの矛盾が一層深刻化していく。アメリカでは，技術の粋を集め超郊外型新都市でエネルギー大量消費型のエッジシティ[5]が出現し，日本でも超郊外の理想的住環境を売りにした住宅開発が進められた。このなかでさまざまな矛盾に満ちた既存の価値観の見直しが始まっていく。

　1980年代後半に入ると，新たな考え方としてニューアーバニズムが提示され，住宅開発や都市開発でもこの考え方が取り入れられるようになる。歩行優先と公共交通の重視，ヒューマンスケール，多様な人々（多世代，多様な世帯構成，多様な所得層）のための居住の提供，多様な形態の住宅整備による居住者ミックス，複合的な土地利用，近隣生活圏での生活の充足，交通安全性の確保，コミュニティ活動や文化活動の重視などをコンセプトとしている。この考え方は，コンパクトシティやアーバンビレッジなどとして1990年代に主として欧米各地で発展する。

　1990年代におけるもう1つの重要な流れは，1992年のリオデジャネイロ宣言のなかで「持続可能」という概念が提言されたことである。地球環境問題への取り組みが本格化する一方で，それまでの環境保全と開発規制という考え方のみでは，各国や企業の合意を得ることが困難であった。しかし「持続可能性」という概念が提示され，環境重視と経済発展の両立をめざす方向性が出されたことで，共通の目標として掲げることが可能となった。

　EUでは，「持続可能性」の考え方は重点課題とされ，1993年にサステナブル・シティ・プロジェクトが立ち上げられた。1996年に公表された報告書では，

①持続可能な都市マネジメントとして，環境，社会，経済に関する課題を統合的に対処，②多様なレベルの広さのエリアで環境，社会，経済の3つの側面からタテヨコの調和と統合を図ること，③エネルギー・天然資源・廃棄物と，運輸交通を含むエコシステム思考，④多様なレベルや組織，利害関係者間の協力とパートナーシップの重要性をとりまとめた。これまでの環境保全や規制による環境面での持続性を追求する考え方から，社会的な持続性と経済的な発展性を含む考え方へと移行し，扱う分野や範囲が飛躍的に拡大し，政策的にも大きな影響を与えた。

　ハビタットⅡは，持続可能な人間居住の考え方を打ち出し，持続可能な都市開発など，経済発展と環境保全の両立を図る方向性が示されたが，これはこのEUのサステナブル・シティ・プロジェクト報告書の内容と呼応している。パートナーシップの重要性についても，この報告書の考え方と一致している。中央政府が中心となって進める居住や都市環境政策は，1990年代ではもはやその体制が立ち行かなくなってきたことが背景にあるといえる。

　さらに2000年代に入ると，1990年代に英米各地で発展したコミュニティ・近隣再生の実践と結びつき，「サステナブル・コミュニティ」として発展した。サステナブル・コミュニティのめざす方向性[6]はサステナブル・シティと同様であるが，より市民パワーの主導性と地域に密着した持続可能性の向上をめざしている。コミュニティをベースとした再生や住宅整備の方法は1990年代に再発展し，アメリカではコミュニティ・デベロップメント・コーポレーション（CDCs）[7]が役割を拡大し，イギリスでは近隣マネジメントとしてプログラムが実施された。とくにイギリスでは，2000年代以降にサステナブル・コミュニティ・プログラムが実施され，さらに低炭素に特化した「ローカーボン・コミュニティ」[8]などのプログラムや，また市民団体で持続可能型コミュニティをめざす「トランジションタウン」[9]の活動も各地で実施された。

　ハビタットⅢは，持続可能性を高めるマネジメントを重視し，エコシステムや環境インフラなど，サステナブル・シティ・プロジェクト報告書の流れを含むとともに，2000〜10年代に発展したサステナブル・コミュニティ論の流れをくむ内容となっている。すなわち，持続可能性を高めるためには環境・社会・

第14章　持続可能な都市・コミュニティへの再生　*253*

経済の3側面を統合的に実施することが必要であり，多様な活動やプログラム
を実施する必要がある。そのためには，コミュニティなどの住民組織を重視し
比較的ミクロなエリアで地域に密着して実践することが効果的であり，また，
単に連携協力を図るだけではなく，全体の推進や組織間の調整を図る地域マネ
ジメントを行うことが重要といえる。

③ 日本における「エリア型まちづくり」の発展

(1) 「エリア型まちづくり」の発展経緯とサステナブル・シティ論

　EUでは1990年代にサステナブル・シティ論を発展させる一方で，当時の
日本の都市計画分野では，持続可能性に関する論理の曖昧さや科学的根拠の希
薄さから，単なる政治的な妥協として捉えられる傾向が強かった。他方その間
に，日本で普及した都市計画に関する考え方としては「まちづくり」という概
念がある。「サステナブル・シティ」という捉え方こそしていなかったものの，
結果的にこの概念は「サステナブル・シティ」との類似性が高い。「まちづく
り」という言葉は，現代の日本ではきわめて多様に使用されているが，ここで
は都市計画分野で発展したまちづくりを「エリア型まちづくり」として取り上
げることとする。

　「エリア型まちづくり」は，日本では1970年代にその原型が遡れる。1970
年代は，高度経済成長に対する問題が露呈した時代であり，都市の過密化と過
疎化，工業化の進展による生活環境の悪化，地域社会の衰退などが大きな問題
となっていた。まちづくりは，そのような社会背景のなかで，まずは一部の地
域における先進的な取り組みとして開始された。

　その原型は主として3タイプ存在し，①住民反対運動から発展し単なる反対
にとどまらずよりよい地域をめざして活動を開始したまちづくり，②地域伝統
の歴史的な街並みや暮らしが急速に衰退するなかで街並み保存活動から発展し
たまちづくり，③不良住宅の密集する地区でのスラムクリアランスの次の段階
として発展し密集市街地で改善をめざす修繕型まちづくりの3タイプである。

　これらのまちづくりに共通するのは，コミュニティをベースとし，住民が主

254　第4部　環境保全の対象と担い手

体的に街の目標像を描き課題解決に取り組んだこと，それらを当時の先進的と
いわれる自治体が支援をしたことである。

　あわせて，1960～70年代に，英米で発展したコミュニティ・デベロップメ
ントが日本に紹介され，コミュニティをベースとして地域の問題顔決を行う考
え方に影響をうけた。コミュニティ・デベロップメント[10]は，地域コミュニ
ティを強化し，多様な問題を解決し目標の達成をめざすものである。また，北
欧やドイツでのミクロな都市計画を重視し，地域に即したきめ細やかな計画づ
くりの考え方が紹介された。これらの影響を受け，地区レベルの計画づくりや，
コミュニティベースの視点からの計画，ボトムアップ型の計画や開発の重要性
などが指摘された。

　これらの動きは，コミュニティの強化を目的とした国のモデルコミュニティ
政策（1971～93年）に影響を与え，さらに1980年の地区計画制度への発展につ
ながっていく。それまでのトップダウンの手法から，ミクロなエリアである地
区をベースとしたボトムアップ型の仕組みを制定し，これがその後のまちづく
りに大きな影響を与えた。

　日本でのまちづくりの方法として，神戸市や世田谷区は先進モデルをつくっ
た自治体であり，まちづくり条例を制定し，合意の場としてのまちづくり協議
会を位置づけた。地域住民が直接参加で地域の問題や今後の地域のまちづくり
の方向性についての議論を行い，また地区計画などの検討を行い，これら一連
の活動を行政が支援するというスタイルを築いた。

　エリア型まちづくりが急速に普及する1990年代には，ヘンリー・サノフと
林泰義らのまちづくりゲームやランドルフ・T・ヘスターと土肥真人のコミュ
ニティ・デザインが紹介され，住民が参加し合意を図るまちづくりのための実
践的な方法や技術が導入された[11]。これらの多様な技術や手法は，その後の
まちづくりの現場で取り入れられ，ファシリテーターの登用とまちづくりワー
クショップとして発展した。あわせて，アメリカなどで発展したCDCsが日
本で紹介され，衰退地域の再生やアフォーダブル住宅（中・低所得者向けの適正
価格の住宅）の整備で大きな効果を上げたことも非営利団体への注目や住民パ
ワーの見直しへとつながったといえる。

第14章　持続可能な都市・コミュニティへの再生　255

国連・海外			日 本	
国連人間居住会議	都市計画論	特　徴	エリア型まちづくり	特　徴
〈1960 年代〉	J・ジェイコブス：機能的・画一的都市への批判 (1961) C・アレグザンダー：有機的都市の提言 (1965) ポール・ダビドフ：アドボカシープランニングの提唱 (1965)	ボトムアップ型，マイノリティ等重視型の都市計画の登場	コミュニティデベロップメントの紹介 ミクロな地区計画の紹介	コミュニティ・市民参加の注目
〈1970 年代〉 ハビタットⅠ「国連人間居住宣言」(1976) 国連ハビタット設立 (1978)	ボトムアップの実践，コミュニティベースの開発の発展		モデルコミュニティ政策 (1971) エリア型まちづくりの推進	エリア型まちづくりの出現・スタイル確立
〈1980 年代〉	ポストモダニズム思想の発展 超郊外化，エッジシティの出現，自動車中心社会 環境保全策の模索	環境問題の深刻化，多様性・人間性重視	神戸市地区計画及びまちづくり協定に関する条例 (1980) 世田谷区街づくり条例 (1981)	
〈1990 年代〉 ハビタットⅡ「ハビタットアジェンダ」(1996)	リオデジャネイロ宣言 (1992) ニューアーバニズム・コンパクトシティ EU でのサステナブル・シティ検討開催 (1993) アメリカ CDCs・コミュニティデザインセンターの復活 近隣マネジメントの推進，近隣再生 サステナブル・シティの提言 (1996) ドイツ社都市による衰退コミュニティ再生 (1999)	サステナビリティの理念，コミュニティの再重視	アメリカ CDCs の紹介 コミュニティデザインの紹介 まちづくりワークショップの紹介 ファシリテーターの導入	エリア型まちづくりの普及 ワークショップなどの手法発展
〈2000〜10 年代〉 ハビタットⅢ「ニューアーバンアジェンダ」(2016)	サステナブル・コミュニティの発展・実践 エコタウン・エコシティ・トランジションタウン・ローカーボンコミュニティなどの環境・持続重視型コミュニティ	環境・持続重視型コミュニティの発展	福祉・自然・活性化等テーマ拡大 コンパクトシティの推進	まちづくりの一般化

図 14-2　国連ハビタットと都市計画論と「エリア型まちづくり」の変遷経緯

2000 年代に入ると，まちづくりを実施する自治体や地域が拡大して一般化し，扱うテーマも土地利用計画や都市開発から，道路整備や公共施設整備，街並み景観，さらに自然環境保全や緑化，福祉や地域活性化へと広がっていった。

「エリア型まちづくり」は，1960〜70 年代には英米のコミュニティ・デベロップメントや北欧・ドイツの地区計画などの影響を受け，1990 年代にはコミュニティ・デザインやその手法の影響を受け，海外の取り組みを起爆剤として発展しているものの，基本的には日本独自の方法として発展を遂げている。すなわち，全国各地の経験をベースにしており，①地域コミュニティをベースとし，②地域の公共性を念頭に，③担い手は住民が主体であり，④さまざまな主体・利害関係者の意見を集約し問題意識や目標について共有し必要に応じて合意を図り，⑤その関係者が相互に連携協働し，⑥地域の問題解決や目標達成にむけて持続的に活動し，⑦住み続けられることを前提として発展した。

1990 年代まではハードにかかわる課題や目標が中心であったが，2000 年代に入り対象が広がった。主なテーマは図 14-3 のように多様であるが，これらのなかで各地域にとって重要な特定のテーマを設定しそれを追求している。

256　第 4 部　環境保全の対象と担い手

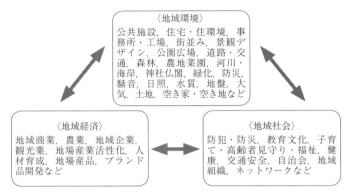

図14-3 エリア型まちづくりから発展した対象テーマ

　地域の環境・社会・経済などを対象として問題解決や目標達成を図ること，多様なレベルや組織，利害関係者間の協力連携を図ること，住み続けられる地域づくりを前提とし地域としての持続性を重視していることなど，サステナブル・シティ論との類似性が高いことが指摘できる。あわせて，コミュニティをベースとしており，先述の国連の定義を鑑みると「コミュニティ・デベロップメント」に該当しており，日本型コミュニティ・デベロップメントともいえる。

(2) ドイツの「社会都市」と「エリア型まちづくり」

　コミュニティベースのまちづくりは，ドイツでは「社会都市」として2000年代に急速に発展した。「社会都市」は，イギリス・オランダ・フランスの都市・コミュニティ再生策，サステナブル・シティ論を参考としており，衰退地域の再生のためのプログラムで，ドイツ版サステナブル・コミュニティと捉えられる。1999〜2016年までにドイツ全体で441市町村，783地区という多くの地区で実施された。連邦政府が主導し，各州，各市町村が縦型連携をし，さらに，地域の多様な住民団体や移民グループ，環境団体，企業や商業者団体，大学などが横型連携を行って連邦全土で推進したプログラムである。主として移民などが多く住む地域で，住環境が劣化しており住宅やインフラの問題，安全性や地域社会の分断などが問題化していた地域を対象とした。

　特徴は，①コミュニティ・マネージャーと呼ばれる専門家を行政が雇用し各

第14章　持続可能な都市・コミュニティへの再生　257

エリアでコミュニティ・マネージャーが中心的な役割を果たすこと，②多様な主体と連携を図り，行政の縦連携，地域での横連携を図ること，③エリアにコミュニティ・マネージャーが常駐し事務局機能をもつコミュニティ・ビューローを設置しエリアの拠点とすること，④「統合型プログラム」を進め，地域でのシナジー効果を狙うこと，⑤地域資源を発掘しコミュニティをエンパワメントすることなどを重要な手法としている。

扱う問題は幅広く，これも環境，社会，経済に分類される。例をあげると，①環境（老朽住宅や放棄建物の改善，道路などのインフラ改善，公園・遊び場不足の解消，ゴミ・衛生問題，緑化，エネルギーなど），②社会（社会的安全性，移民などの社会分断，子供の教育環境，コミュニティ形成など），③経済（失業者対策，商業地の活性化，多様な人材育成，新規ビジネスの立ち上げ支援）など多岐にわたる。

単にすべての課題を総花的に捉えるのではなく，プロジェクト相互の関係性を考慮してシナジー効果を高めることや，1つのプロジェクトで複数の問題解決に結びつける工夫をするなどの解決法をめざしており，これを「統合型プログラム」としている。さまざまな分野やレベルの課題間の相互作用も含めて，多くの観点から捉えて一体的に実施するものである。少ないインプットで多くのアウトプットを生み出すための工夫ともいえる。

日本の「エリア型まちづくり」との大きなちがいは，コミュニティベースのマネジメント機能の重視にある。「社会都市」の成功は，マネジメント機能の重視と確立が大きい。専門のマネージャーと専門の拠点を設置し，地域の目標をもち共有化を図り，関係者の意欲向上とさまざまな調整をしつつマネジメントを行うという方法をプログラム化し共通化したのである。ただし，マネージャーの能力に負う部分が大きく，人材確保がむずかしかった地域や進め方などを失敗し機能しなかった地域もあり，うまく機能した地域としなかった地域があったといえる。しかし，ドイツにはそれ以前はこのようなコミュニティベースのまちづくりを進める経験のある地域が少なかったので，このモデルは全体としては大きな効果があったと評価されている。

④ 人口減少社会における持続可能性と魅力創出型まちづくり

現在の日本は超高齢社会であり人口減少が進みつつある。2050年では1億190万人（2017年，中位の推計）と予測され，2015年次1億2700万人と比較し35年間で19.8％の減少である。世界全体では2050年までの同期間で32.4％の増加が見込まれているので日本は逆の状況にある。

日本では，「限界集落」[12]や「消滅可能性都市」[13]などという言葉がややセンセーショナルに取り上げられてきた。日本で求められる持続可能性とは，いかにその地域を継続的に今後とも存続させられるか，その存続可能性ということが重視されている。

人口減少社会において各地域で問題視されているのは，空き家・空き地の増加，中心部の衰退，団地の空室化，逆スプロール化現象，インフラの適切な維持管理，耕作放棄地の増加，各地域での生活サービスの撤退などである。いずれも土地・建物の低利用化や放棄，管理の不全やサービスからの撤退である。しかし，これらの問題は，単に人口減少のみを原因としているわけではなく，複合的な要因をもつ。人口減少はこれらの状況を加速させる要因にはなるものの，いずれの問題も人口減少が始まる以前から起きていたことである。

これからのエリア型まちづくりで重視されるのは，このような複合的な問題を解決しつつ魅力に変えていくこと，いかに地域で魅力づくりができるかという観点である。これまでのまちづくりは「問題解決型」と呼べるもので，ほかの地域と比較しマイナスや不足しているものを補うという発想であった。たとえば，地域での交通安全上の問題箇所を抽出すること，地域に不足している施設や機能を抽出し充足させる計画づくりをするといったことである。

今後は，地域資源を活用して問題の解決と魅力創出を同時に達成するといった「魅力創出型」まちづくりが重要である。たとえば，地域で活用できる空き家を利用して，地域の人々の特技を生かして，コミュニティカフェや小規模保育園，遊び場，体験農場，農園ショップなどを開設し，多様な主体と連携しつつ効果的な展開やネットワーク化を図り，地域の魅力づくりにつなげるといったことである。

この考え方は，現在，地域活性化で注目されている「地域ブランディング」と類似したものである。ブランディングは，マーケティング戦略からきた概念であり，商品や事業などのブランドに対する価値を高めていくことである。これを地域に応用し，地域価値を高めることをめざして，地域の魅力的な商品やサービス，施設などをつくりだし発信して来街者の増加や地域活力の向上，地域のイメージアップにつなげるのである。さらに，住民の地域への愛着や誇りを向上させ住みたい人を増やすことである。

また，チャールズ・ランドリーの提示した「クリエイティブ・シティ」においても，同様な指摘がある。都市を再活性化するためには創造性が重要であり，想像力のある解決策を導き，元気づける物的環境づくりには創造性が重要であるという。異なったレベルで多様な角度からの分析や理解の重要性を指摘し，二極型の思考ではなく統合的，学際的，複眼的な思考様式の重要性を指摘する。利用されていない地域資産の活用，多くの分野を横につないで統合化した知識の活用，科学的方法と想像力や直観・全体的思考や実験を結びつける努力などを指摘し，創造的な都市への転換を打ち出している。これは，魅力創出型まちづくり，社会都市などに共通する考え方である。

問題解決型では，ほかと比較して不足しているものを補う発想であることから，類似性の高い地域がつくられていくことになりやすい。他方の魅力創出型は，地域の誇りとなるものや活動や空間をつくり上げることから，ほかの地域とは異なる個性のある地域をつくるという方向となり，地域がめざす姿は多様性をもつものとなる。いっぽうで，地域間競争という側面を有し，ほかの地域よりも価値の高い地域をつくり上げ，ほかの地域よりも多くの来街者や住民を確保しようということでもある。そしてこのような魅力創出型まちづくりは各地ですでに始まっており，今後は日本各地でさらに広がっていくと考える。

⑤ 空き家・空き地の活用と地域の持続可能性

人口減少から世帯減少社会に入っていくと，空き家・空き地の増加が懸念されている。現在，コンパクトシティの推進政策として，「立地適正化計画」が

各地で策定されており，特定地域に限定して都市・居住機能を集約化しコンパクト化を進めている。コンパクトシティとして都市・居住機能が集約化される地域以外の地域では，建物や住宅が顕著に余ってくることになる。これらをうまく活用できるか，あるいはほかの用途に転用していけるかどうかは，地域の持続性を確保するうえで大きなターニングポイントの1つになる。

　空き家問題の基本は所有者に管理義務があるにもかかわらず，管理不十分な状態にあることの問題であり，その状態を所有者以外が勝手に改善できない点である。管理不全による多様な問題として，①建物の老朽化などにより景観上の問題が生じること，②建物の腐朽や破損などにより周囲に危険性が生じること，③雑草の繁茂や樹木の管理不全による倒木や枝の伸びなどによる衛生面の問題や危険性があること，④害虫や害獣のすみかとなること，⑤ゴミなどの不法投棄の場となること，⑥防犯上の問題などが指摘されている。

　これらの指摘を受けて，2015年に「空き家対策特別措置法」が施行され，空き家の活用促進に加え，著しく問題のある空き家を「特定空き家」として除却などの状況改善を命令し，従わない場合は行政代執行が可能となった。

　空き家をいかに活用するかについては，まずは新築よりも安価で入手できる中古住宅としての利用，あるいは別荘や2地域居住など住宅としての利用が促進されている。民間企業だけでは取り扱いが困難な地域では，自治体などの公

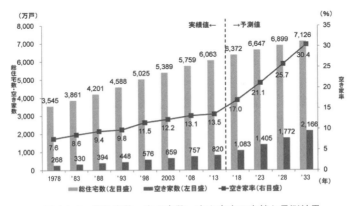

図14-4　総住宅数・空き家数・空き家率の実績と予測結果
出典：[実績]「住宅土地統計調査」，[予測] 野村総合研究所

的機関や NPO などと地元不動産業者が連携して空き家バンクなどを設置している。また、農山村地域や地方都市では、都会からの移住の促進を進めており、そのための相談や体験、助成などの多様な支援を行っている。さらに、地域交流施設やカフェ、子育て支援や保育施設、福祉・高齢者施設、民間図書館などのさまざまな空き家活用の取り組みが進められている。

今後、大都市圏の郊外地域では空き家の大量発生が予想されており、このような住宅や施設のみで利用するのには限界がある地域も多く、その場合は、所有者は管理放棄をすることになりやすい。放棄された建物や土地が多く存在する状態は、環境上も景観上も、心理的にもマイナスであり、また限られた土地を適切に活用しないのは資産有効利用の観点からもマイナスである。

これまでは土地利用の変化は、農地や森林地から宅地に転換するという流れであったが、このような状況を食い止めるにはその逆のプロセスをいかに構築するかが必要となってくる。つまり、住宅などで使用されていた宅地を、農地や市民農園などの農的土地利用、自然環境の復元と適切な管理、そのほかの宅地以外で活用することが必要になる。

大都市圏郊外では、住民が趣味などで行う農的活動が注目されているが、農業の活性化も重視されている。農地の所有や営農利用には戦後一貫して厳しい規制があったが、2009 年にようやく農地法が改正された。宅地を農地に転用するには、日本では農業委員会の許可などが必要であり、また農地を利用して農業経営を行うためには、農家や農業法人である必要があるが、新規参入のハードルがさがった。この結果、現在、農業法人が増加しており、これらの法人による農地の利用が期待できる。

いっぽう、住民の農的活動に対する関心は比較的高いといえる。東京都の農作業体験への意向調査[14] では、57％が体験をしたいと回答しており、なかでも 30 代は 7 割が体験したいと考えている。市民農園の数は増加しており、農作業にかかわりたい住民は多いといえよう。

このような状況で、農業の進展や趣味も含めた多様な農的活動空間への転換が進むことは期待できそうである。ただし、農業法人が増加しているからといって、あるいは、住民の農作業への意欲があるからといって放っておいても円

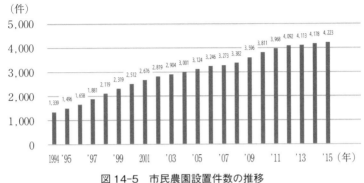

図14-5 市民農園設置件数の推移

出典：農林水産省の統計をもとに作成
注：市民農園は特定農地貸付法，または市民農園整備促進法に基づく

滑に進むということではない。現に，放棄農地と同様な状態になっている管理不十分な市民農園は数多く，すでに問題化している。始めてみたものの失敗したり，作業が大変で続かなかったり，仕事が忙しくなってできなくなったなどということが多いためである。都市住民の多様なニーズに対応できる，多様なサポートシステムが欠かせないのである。

都市のなかの農的活動空間は，さまざまな機能をもたせることができる。たとえば，身近な食糧自給機能，食育・農業体験機能，趣味・レクリエーション・健康づくり機能，地域交流・イベント・コミュニティ形成機能，防災空間機能，非常時の食料提供機能，自然環境の提供機能，ヒートアイランド低減機能などである。したがって，都市のなかに農業活動空間が形成されれば，さまざまな機能を付加することができ，それらを生かした魅力を創出できる可能性がある。多様な角度からの活用や異なるレベルの連携により複合的で統合型の魅力づくりに役立てることができる。

いっぽうで，利用価値の低い土地建物に対して何もしなかった場合はどうなるか。この場合は，環境上の問題が生じるということにとどまらない。相続されても登記をせずに，所有者の所在の把握のむずかしい状況が増加してくる。売却がむずかしく利用しにくいと思われる土地は，固定資産税の納付や相続手続きのわずらわしさから所有者に放置されることになりやすい。所有者が不明

第14章　持続可能な都市・コミュニティへの再生　　263

になった土地は，新たに活用することがむずかしい。

　今後，放棄された建物や土地が増えてしまってから，新たな活用や活動空間への変更を推進したいと考えても，所有者への連絡に手間や費用が掛かり実態的に困難である。土地建物を活用したいと思っても，法律に即した手続きによる利用ができず，放棄地かもしくは不安定な土地利用になる。所有者の適切な対応を促す仕組みをつくり，所有者不明の土地の増加をくい止める制度を検討する必要がある。

　このように空き家・空き地は，適切に活用し転用することによって，地域の魅力を付加することが可能である一方，放置すると利用できない土地・建物が広がり，回復が困難な事態になる。地域の持続可能性を向上させるためにも，魅力創出型まちづくりの重要テーマとして取り組む必要がある。

6　遠郊外型住宅地での持続可能性を求めたエコロジカルなコミュニティづくり―千葉県季美の森

　遠郊外地域で宅地開発された住宅地は利便性が低く，今後，最も空き家・空き地の増加が懸念されている場所の1つといえる。新たに整備されたものの，一代限りで住宅地として終了する可能性も指摘されている。いっぽうで，緑が多く広々とした住環境は遠郊外ならではの魅力であり，緑豊かな空気のきれいな場所で子育てをしたいという人々や，定年退職後は庭のある住宅で楽しみたい人々は一定割合で存在する。現在，在宅勤務制度を導入している企業が8％，検討中14％（総務省）[15]であるが，在宅ワークの勤務意向は「増やしたい」が約40％（国土交通省）[16]もあり，テレワークが増える可能性がある。とすれば，最もネックとなっていた通勤の利便性が解消され共働きも可能になり，豊かで健康的な生活が送れる地域となりうる可能性もある。

　遠郊外住宅地の周辺には農村集落があり，その集落ではすでに空き家や耕作放棄地が広がっている。農業法人を設置して大規模農業を展開しているところもないわけではないが，多くの農業従事者は高齢化しており後継者がいない。かつて，ハワード（1850～1928）は「田園都市」[17]として「都市と農村の結婚」を提唱した。実際には，20世紀の日本では多少ゆとりのある住宅地を開発す

るにとどまり，都市と農村の関係性を見直したわけではなかった。現在は人口減少社会であり，かつ IT 社会であり，都市と農村の関係を再構築し，相互の連携により地域資源を活用して新たにエコロジカルな魅力を創出することは可能ではないか。そのヒントとして，千葉県季美の森住宅地の活動を紹介したい。

季美の森は，千葉県大網白里市と東金市にまたがる戸建て住宅地で，東京駅から約50km圏に立地している。1994年から入居が始まり，住宅団地としては比較的新しい。特徴はゴルフ場が住宅地の真ん中に立地し，ゴルフ場との一体型の開発であること，各住宅の敷地が広く緑が多く街並み景観が美しいこと，周辺に里山と農村環境が広がり自然が豊かなことである（表14-2）。

このような環境のすぐれた住宅地であるが，住民は，高齢化により自動車の運転が困難になったときの不安，小学生の減少による地元小学校の統廃合化への不安，地域内のスーパー撤退に対する不安，住宅地の空き家の増加に対する不安や，住宅地としての今後の継続性に対する不安など多くの不安を指摘する。近所づきあいは全体としては活発であるが住民によって異なり，よくおしゃべりをする人が数人以上いる人が4割以上[18]おり，なかには100人程度いる人も存在する。当地域には別荘利用や2地域居住をしている住民もいて，地域とのかかわりが多様である。住民それぞれの事情で，

表14-2　季美の森住宅地の概要

最寄り駅	JR外房線大網駅（約4～5kmの距離）
開発計画	面積：約200ha，区画数1855，計画人口9150人
入居開始	1994年
人口の推移	2010年国勢調査：人口3643人，世帯数1295世帯 2015年国勢調査：人口3588人，世帯数1337世帯
周辺地域	山辺地区（除・季美の森） 2010年：2775人910世帯，2015年：2229人914世帯 丘山地区（除・季美の森） 2010年2390人876世帯，2015年2387人939世帯
地区計画	大網白里市季美の森南地区地区計画 東金市季美の森東地区地区計画 （建築できる建物の用途，各敷地の最低面積180～540㎡，建物を敷地の境界線から離してゆとりを持たせて建築すること，敷地を囲む垣や柵の構造や高さなど）
近所づきあい	家族ぐるみの付き合い：あり（55%） 良くおしゃべりする人：あり（83%）うち数人以上（42%）
地域活動	自治会主体（お祭り・イベント，スポーツ大会，防犯パトロール，防災組織，登下校時の交通安全パトロールや空き地の草刈りなど） 先人会（ウォーキングやゴルフ，スポーツ・健康づくり，様々な作品展示会，小学校との交流など） スポーツサークル（ゴルフ場を開放して行う体操・サッカーやイベント，ゴルフサークルやテニスサークルなど） 趣味サークル・教室 スマイル季美の森2013（2013年設立） ミライズキミノモリ（2017年1月設立）：スポーツクラブ運営に関する「コメスタ合同検討会」と将来の方向性を検討する「将来ビジョンワーキンググループ」の発展形。地域の将来に関する議論や，様々な地域活動の情報の共有化を図るプラットフォーム，開発者である東急不動産，東京都市大学なども参加

活発なつきあいから希薄なつきあいまでの多様なつきあい方が存在し許容されているという魅力がある。

　地域活動は活発であり，自治会を中心としたイベントや防災・清掃などの活動や，高齢者組織である先人会も活発な活動を行っている。数々のスポーツ系サークル，趣味のサークルなどがあり，また住宅地周辺の農地を借りた家庭菜園での農作業も活発である。地域活動のプラットフォームとして「ミライズキミノモリ」があり，40代の若いリーダーが企画運営をし，住民だけではなく，この地域の開発者である東急不動産が加わり，筆者の勤務する大学も多少の関与をしている。

　多様な住民団体のなかで，とくに「スマイル季美の森2013」は突出している。2013年に季美の森の将来を考えるために設立された住民団体で会員約130名である。当初は地域の将来像を検討していたが，住宅地内にあるスーパーマーケットの再生活動に力を入れた。スーパー前の駐車場で季節に応じたイベントを定期的に開催し，また，農業高校との連携による有機野菜の仕入れをはじめ，住民自ら仕入れ先を複数確保し販売支援を行ってきた。

　ここから派生したグループで，無農薬農業をめざして「田んぼ隊」が結成されている。農家から水田を借りて米の栽培をし，「季美の森米」としてブランド化をめざしている。田植えイベントや稲刈りイベントを実施し，小学生を含む農業体験や地域交流も行っている。

　さらに，2016年10月にスーパーマーケットの一部を借りて「愛菜レストラン」を立ち上げた。新たに内装をリニューアルし，食事やカフェの利用とコミュニティの拠点としての場の提供を行っている。また，レストランに供給する野菜を栽培するために無農薬農業をめざす農園として「愛菜ファーム」を設置した。このように，周辺にある農地や近隣農家，農業高校との関係を形成して「農」を地域活力づくりと結びつけた活動を行っている。

　本地域で実施されているさまざまな活動は，周辺も含めた地域資源と人的資源を生かした活動である。「農」や「緑」，「趣味」や「特技」，「健康志向」や「交流志向」などを組み合わせて実現しており，農業と住宅地との新しい関係づくりを予感させる。開発型住宅地は，これまで周辺地域から独立していて，

個々人が周辺の農家から農地を借りたり野菜や果物を購入するなどのつながりがあったもののそれ以上の関係が薄かった。季美の森では個々のつながりから組織的なつながりへの発展性がみられる。

ただし，これらのつながりは，すべて季美の森の住民側からの働きかけによるものである。周辺の農家は後継者がおらず耕作放棄地が増加している状況であり，田んぼ隊が借りている水田は相互に助かる Win-Win の関係になっているが，農家は受動的であり，積極的な関係づくりや拡大を図る姿勢はみられない。片や住民側は，熱心なリーダーが存在するものの，多くの住民は気楽に参加したいのであり，中心的にかかわりたいわけではない。

郊外住宅地と周辺農村は，互いの資産と人材を生かしあうことにより，エコロジカルな環境や農業文化を魅力とする環境づくりができうる。しかし，それぞれ異なる特徴をもつ構成員と組織であり，とくに保守的な志向性の強い農村側はなかなか新しいことにチャレンジしない。他方の都市住民側は，楽しさや健康づくり，安心できる食生活，豊かな自然環境を求めているのであり，農村の活性化に関心があるわけではない。農村側には仕掛人や調整役が必要であり，都市住民側はさまざまなサポートが必要であり，それを提供する仕組みが必要ということになる。

7 空き家・空き地マネジメントと持続可能なコミュニティ

今後増加する大都市圏での空き家・空き地の増加への対応は，地域の持続可能性の分岐点となることを指摘した。今後，地域資源を生かし魅力ある持続可能な地域を形成するためにどうすればよいか。答えは1つではないが，その1つとして地域をマネジメントするコミュニティ・マネジメントがある。

コミュニティ・マネジメントは，コミュニティのもつ資源を活用し地域価値を高めるための仕組みである。①地域の活動や人材，ニーズや問題などの情報を共有するプラットフォームであり，②活動を始める際に相談にのりあえる場であり，③多様な活動の調整機能を果たし，④人や組織とのつながりやネットワーク機能をもち，⑤地域をよりよくしようという目標が共有化し実現できる

第14章　持続可能な都市・コミュニティへの再生　*267*

仕掛けづくりや支援機能を有する。

　本章ではすでにコミュニティ再生におけるマネジメントの重要性を指摘してきたところであるが，日本でもマネジメントは重視されつつあり，「エリア・マネジメント」として注目されている。自治会町内会，あるいはNPOや住民団体が中心的な役割を果たし，また自治体がそれを強力に支援する例も多い。ただし，先述した「社会都市」のような専門マネージャーがいるわけではなく，事務局機能のある地域拠点が常設されている状況にない地域が大半である。

　空き家・空き地の問題解決には，地域でのマネジメント機能を高めることが必要と考えている。多様な地域資源を生かし，魅力の創出と結びつけて活用すること，そのためには，多くの住民や団体組織の力が必要である。目標をもち，情報を共有し各活動を調整し，計画性も必要であり，また問題を改善していく必要があり，さらに重要なことは土地・建物という財産を扱う必要性があり，建物のリノベーションや農業・緑などの知識が必要である。

　空き家・空き地活用においては，地域内のみではニーズにうまく対応できない場合もあり，周辺地域との連携も必要である。たとえば，住宅地とその周辺の農村などの連携は典型的であるが，ただし，このような異なるタイプの組織間では自発的には連携が進みにくい状況にある。これらの橋渡しや仲介，調整や支援などをマネジメントできればもっと進んでいくであろう。

　この場合，問題になるのは，誰がマネジメントできるのか，どのような専門や資質が必要か，それは職として成立するのかという問題であろう。ドイツでは，公共団体が人件費を出しているところが多く，また専門団体や大学・大学院などの教育の場があった。日本でも，このあたりを充実していく必要がある。

　都市化の進展，地域個性が見失われているなかで，人々は自分の生活している地域に対して愛着や誇りを感じにくく，地域への関心ももちにくい。地域伝統の街並み景観，地域らしい自然環境，固有の歴史文化，自慢の特産品，近隣のつながりなどが感じにくい社会である。地域固有の多様な資源はますます放置され，継承されてきた地域資源が消滅していくと地域多様性がさらに希薄化する。

　持続可能な都市を考える際に，地域多様性はきわめて重要と考える。都市の

個性は，多様な地域資源を活用しながら適切に発展継承させていく必要がある。日本では空き家・空き地の再生は1つの重要テーマとなるだろう。そのためには，多様な資源と人材や組織を効果的で適切にマネジメントすることの必要性が認識されるべきである。本章で紹介したサステナブル・コミュニティでのマネジメント機能の重視も，地域多様性と持続可能性の向上につながるものと理解できる。日本でも早急にこの機能を確立し，人材を養成する必要がある。

[室田 昌子]

本章を深めるための課題

1．「サステナブル・シティ」「都市はツリーではない」「アドボカシープランニング」「ニューアーバニズム」「コンパクトシティ」「消滅可能性都市」「クリエイティブ・シティ」「田園都市」などの代表的な都市論について，考え方や社会背景，実践事例について整理してみよう。
2．空き家・空き地問題について，特定地域を事例に，地域資源活用による魅力づくりとそれによる地域の持続可能性について考えてみよう。
3．サステナブル・コミュニティや魅力創出型まちづくりで必要なマネジメントを行うために必要と思われる資質について考えよう。

注
(1) UN-Habitat (2017) *"Global Activity Report 2017-Strengthening partnerships in support of the New Urban Agenda and the Sustainable Development Goals"*
(2) UN Habitat (2016) *"SLUM ALMANAC 2015 2016 - Tracking Improvement in the Lives of Slum Dwellers"*
(3) 国連ハビタット (UN-Habitat) は，58カ国で構成される人間居住委員会が2年に一度開催され，そこで活動方針が検討される。アジア太平洋地域を担当する本部は福岡にある。
(4) 機能論的都市論とは，ル・コルビュジェ (1887-1965) の「輝く都市」に代表され，住宅機能や業務機能など単一機能に特化し，大規模な建物を高密度で配置するものである。これらは大量供給型で効率的に整備されたので，第二次世界大戦後に不足していた住宅の解消に大きな効果を上げていた。
(5) エッジシティは，超郊外に新しく建設された都市であり，都市機能をすべて備えた快適な都市である。しかし，元の自然を破壊して建設し，自動車利用を前提にした土地利用であり，エネルギーを大量に使用して快適性を維持するもので，環境問題を深刻化する。
(6) イギリスでは2003年の労働党政権下でサステナブル・コミュニティ・プランを推進

する際に，「サステナブル・コミュニティとは，現在将来にわたり人々が住んで働きたいと思う場所である。現在と将来の人々の多様なニーズに対応し，環境に配慮し質の高い生活を実現し，安全で包摂的で，適切な計画と建設と運営と，平等な機会と優れたサービスを全ての人に提供すること」と定義している。

(7) CDCs は，コミュニティ・デベロップメントを進める非営利組織であり，不動産開発，住宅提供，経済活性化，教育コミュニティ活性化などの多様なプログラムを実施する。

(8) ローカーボン・コミュニティは，低炭素社会を実現するために行政，企業，市民が協力して各地域で推進するものであり，イギリスで 2009 年から国の政策として推進された。

(9) トランジションタウンは，トランジション・ジャパンによれば，「ピークオイルと気候変動という危機を受け，市民の創意と工夫，および地域の資源を最大限に活用しながら脱石油型社会へ移行していくための草の根運動」とする。

(10) 現在の国連の定義では，「地域のメンバーが協力し共同することにより共通の問題を解決するプロセスである」とする。

(11) ランディと土肥により，コミュニティ・デザインのプロセスやデザイナーの姿勢，調査手法，デザイン手法やシミュレーション，ゲームの方法などが紹介された。

(12) 過疎化などで人口の 50% 以上が 65 歳以上の高齢者で構成される地域。1991 年社会学者大野晃が最初に提唱した。

(13) 日本創成会議（座長，増田寛也）人口減少問題検討分科会が 2040 年時点で 20〜39 歳の女性人口が 50% 以上減少する 896 市区町村が消滅する可能性のある都市としてリストアップした。

(14) 東京都「平成 27 年度第 2 回インターネット都政モニターアンケート調査―東京の農業」。

(15) 総務省『情報通信白書 平成 27 年版』。

(16) 国土交通省都市局「平成 27 年度テレワーク人口実態調査」

(17) 田園都市は，ハワードが 1898 年に提唱した都市の形態と運営であり，都市の労働環境や生活環境の問題を解決し，農村における職不足を解決し，都市の経済的・社会的な魅力と，農村のすぐれた自然環境を合わせた都市を提唱した。

(18) 藤原・室田・手嶋・高野（2016）「遠郊外住宅地の多世代間交流に向けた世代間意識の違いと交流可能性―季美の森住宅地を対象として」『日本都市計画学会都市計画報告集』No.14 より引用。

参考文献

室田昌子（2012）「地域コミュニティにおける低炭素社会づくりの推進方策に関する一考察：イギリスのローカーボン・コミュニティズ・チャレンジに着目して」『都市計画論文集』47(2)，pp.117-124

――（2013）「低炭素コミュニティ・プログラムの有効性に関する考察 ロンドン・ローカーボン・ゾーンを対象として」『東京都市大学環境情報学部紀要』14，pp.22-32

室田昌子（2012）「既成市街地における面的アプローチによる低炭素化の推進―ロンドン・マスウェルヒル地区の試みを参考にして」『日本不動産学会誌』26 (1)，pp.112-118

――（2007）「ドイツ・ノルトラインベストファーレン州における市街地再生プログラム「社会都市」の運用と地区マネジメントの役割」『都市計画論文集』42 (3)，pp.325-330

――（2010）『ドイツの地域再生戦略―コミュニティ・マネジメント』学芸出版社

――（2012）「ドイツの地域再生に学ぶ自己改善型コミュニティ・マネジメント」『新都市』

66（4），pp.34-38

薬袋奈美子・室田昌子・加藤仁美（2016）『生活の視点でとく都市計画』彰国社

チャールズ・ランドリー／後藤和子監訳（2003）『創造的都市　都市再生のための道具箱』
　　日本評論社，pp.49-93

安原智樹（2014）『ブランディングの基本』日本実業出版社

電通 abic project 編（2009）『地域ブランドマネジメント』有斐閣

荒川・笠井・室田（2017）「郊外型住宅団地内外における地域団体等の地域活動の連携の実
　　態と課題に関する研究―千葉県季美の森住宅地を中心とした山辺地区，丘山地区を対象
　　に」『日本都市計画学会都市計画報告集』No.15

藤原・室田・手嶋・高野（2016）「遠郊外住宅地の多世代間交流に向けた世代間意識の違い
　　と交流可能性―季美の森住宅地を対象として」『日本都市計画学会都市計画報告集』
　　No.14

北村・室田・倉橋ほか（2015）『都市自治体と空き家―課題・対策・展望』日本都市センター

(財) 河中自治振興財団（1978）「新しい街づくりの計画手法に関する研究―西ドイツに地
　　区詳細計画と我が国への導入」

増田寛也編著（2014）『地方消滅―東京一極集中が招く人口急減』中央公論新社

渡辺・塩崎（2001）「アメリカのコミュニティ・デザインセンターに関する研究―歴史的発
　　展過程と組織状況」『日本建築学会軽火器系論文集』541 号，pp.139-146

日本建築学会編（2004）『まちづくりの方法』（まちづくり教科書 第 1 巻）丸善株式会社

ハウジングアンドコミュニティ財団編著／林泰義・小野啓子ほか監修（1997）『NPO 教書
　　―創発する市民のビジネス革命』風土社

ヘスター，R.T.・土肥真人（1997）『まちづくりの方法と技術―コミュニティ・デザイン・
　　プライマー』現代企画室

United Nationa（2017）*"New Urban Agenda-Habitat Ⅲ"*

United Nations（1996）*"United Nations conference on Human Settlements (HABITAT Ⅲ)"*

UN-Habitat（2017）*"Global Activity Report 2017-Strengthening partnerships in support of
the New Urban Agenda and the Sustainable Development Goals"*

――（2016）*"SLUM ALMANAC 2015-2016 - Tracking Improvement in the Lives of
Slum Dwellers"*

――（2015）*"Global Activity Report2015"*

Expert Group on the Urban environment European commission（1996）*"European Sus-
tainable Cities Reports"*

Anne Power, Emmet Bergin（1999）*"Neighbourhood Management"* London School of Eco-
nomics.

第15章
SDGsとパートナーシップ

KeyWords
□マルチステークホルダー・パートナーシップ　□VUCA社会（変動性，不確実性，複雑性，曖昧性の高い社会）　□環境問題と貧困・社会的排除問題の同時的解決
□結合的ケイパビリティ　□協働

　SDGs目標17では，SDGsの目標達成にむけたパートナーシップの重要性が指摘されている。とりわけ，目標17の16項では，「すべての国々，特に開発途上国での持続可能な開発目標の達成を支援すべく，知識，専門的知見，技術及び資金源を動員し，共有するマルチステークホルダー・パートナーシップによって補完しつつ，持続可能な開発のためのグローバル・パートナーシップを強化する」と指摘され，17項では，「さまざまなパートナーシップの経験や資源戦略を基にした，効果的な公的，官民，市民社会のパートナーシップを奨励・推進する」と指摘されており，多様な主体との「マルチステークホルダー・パートナーシップ」の重要性が強調されている。本章では，地球環境パートナーシッププラザ（GEOC）の設立20周年の特別企画として開催された，多様な関係者から構成されるリレートーク［計12回：2015年12月−2016年12月］における論点と，環境省協働取組推進／加速化事業（平成25～29年度）の経験から，「SDGsとパートナーシップ」について考察を深めるものである

1　マルチステークホルダー・パートナーシップ

　国連が2030年の実現をめざして推進するSDGsは，先進国も含めた「誰一人取り残さない世界」をめざしており，国際的な動きが広がるなか，わが国においても，政府，NGO，企業らが積極的に取り組む機運が高まっている。ただし，SDGsに取り組むにあたっては，環境問題や社会問題の構造を多面的に理解するだけでなく，大きく変化する世界情勢や経済社会もふまえながら，これまでの解決策では十分に対応ができない複雑な問題に取り組む必要性がでて

272　第4部　環境保全の対象と担い手

きている。このように変化の激しい社会状況において，既存の捉え方や発想に縛られずに解決策を生み出すには，1つの組織やセクターに縛られず，異なる文化や価値体系をもつ"異質"な主体と積極的に協働し，ともに試行錯誤し，学び合いながら解決策を生み出していく必要がある。このような多様な主体とのパートナーシップ（マルチステークホルダー・パートナーシップ）の重要性は指摘されて久しい。SDGs の目標 17 の 16 項では，「すべての国々，特に開発途上国での持続可能な開発目標の達成を支援すべく，知識，専門的知見，技術及び資金源を動員し，共有するマルチステークホルダー・パートナーシップによって補完しつつ，持続可能な開発のためのグローバル・パートナーシップを強化する」と指摘され，また，17 項では，「さまざまなパートナーシップの経験や資源戦略を基にした，効果的な公的，官民，市民社会のパートナーシップを奨励・推進する」と指摘されており，多様な主体との「マルチステークホルダー・パートナーシップ」の重要性が強調されている。

2 リレートークの開催による知見蓄積─SDGs とパートナーシップ

　本節では，上述した「マルチステークホルダー・パートナーシップ」の重要性を鑑み開催されたリレートークに基づく知見を取り扱う[1]。筆者は，本取組の総合司会としてリレートークのすべての議論に参加をしてきた。まずは，リレートークの開催概要を紹介し，その後，リレートークで指摘された論点を整理し，VUCA 社会（変動性，不確実性，複雑性，曖昧性の高い社会）における多様性・異質性を重視した「マルチステークホルダー・パートナーシップ」の拡充の重要性について述べることとしたい。

(1) リレートークの開催概要
　本リレートークは，GEOC[2] 設立 20 周年記念行事として，日本におけるパートナーシップをふり返りつつ，これまでの社会，これからの社会について，一年にわたり一連の議論を深めるものであった。本取組は，持続可能性にかかる諸課題，組織マネジメントやガバナンス，人材育成の分野・領域において，

写真 15-1　リレートークとその議論の風景
　　　　　（第9回）国際連合大学における
　　　　　特別セッション

写真 15-2　リレートークとその議論の風景
　　　　　（第10回）

　日本社会の現場において，中心的存在である関係者をさまざまなステークから招聘し，異なる視座，多様性に配慮をし，本音で語ることを促している。本取組の実施（表15-1）においては，まずテーマとして，持続可能性にかかる諸課題（持続可能な生産と消費，生物多様性保全，災害リスク削減，レジリエンス社会，SDGs），組織マネジメントやガバナンス（市民社会，中間支援機能，政策参加，GEOC運営），人材育成（ユース，環境人材）を中心に議論がなされた。本取組では，上述したテーマとパートナーシップを関連づけたものを議題（表15-2）として提示し，これまでの社会，これからの社会，GEOCへの期待という構成に基づいて議論を深めていった（写真15-1，15-2）。登壇者の選定においては，属するステーク，ジェンダー・バランス，世代などに配慮をし，登壇者の選定を行った。2016年3月，2016年10月には，国連大学の特別企画として，多様な主体を巻き込んだシンポジウムを開催した。

(2)　リレートークにおける論点の整理
　　①異なる「パートナーシップの意味合い」
　本取組を通して，異なる「パートナーシップの意味合い」が明らかになった。本議論を通して，パートナーシップの意味合いは，［手段としてのパートナーシップ］［目的としてのパートナーシップ］［権利としてのパートナーシップ］に大別できる。リレートークでは，①社会課題解決の手段として，多様な能力を連関させ，相互補完させることにより相乗効果を促すパートナーシップの重要性が強調された（［手段としてのパートナーシップ］）とともに，②異質性の高

表 15-1　リレートークの実施一覧

回	開催日／テーマ	登壇者
第1回	2015年12月11日(金) 市民社会とパートナーシップ	・黒田かをり／一般財団法人 CSO ネットワーク 理事・事務局長 ・広石拓司／株式会社エンパブリック代表取締役 ・船木成記／尼崎市顧問、株式会社博報堂テーマビジネス開発局政策企画部ディレクター
第2回	2016年2月24日(水) 持続可能な生産・消費とパートナーシップ	・薗田綾子／株式会社クレアン代表取締役 ・古谷由紀子／サステナビリティ消費者会議代表 ・渡部厚志／財団法人地球環境戦略研究機関研究員
第3回	3月16日(水) 生物多様性保全とパートナーシップ	・横山隆一／財団法人日本自然保護協会参事 ・小堀洋美／東京都市大学特別教授・生物多様性アカデミー代表理事 ・篠健司／パタゴニア日本支社環境プログラムディレクター
第4回	3月23日(水) レジリエンス社会とパートナーシップ	・藤沢烈／一般社団法人 RCF 代表理事 ・枝廣淳子／東京都市大学教授、イーズ未来共創フォーラム代表 ・松原裕樹／ひろしま NPO センター事務局次長
第5回 ※	3月31日(木) GEOC 設立 20 周年特別企画——持続可能な開発目標 (SDGs) と地域のパートナーシップ ○挨拶 ・深見正仁／環境省大臣官房審議官 ・竹本和彦／国連大学サステイナビリティ高等研究所所長 ○基調講演 ・北村友人／東京大学大学院教育学研究科准教授「持続可能な開発目標 (SDGs) - その策定背景と日本への期待」 ・佐藤真久／東京都市大学大学院環境情報学研究科教授「SDGs 達成にむけたパートナーシップの枠割 　　——座談会リレートークの論点整理と日本の経験から」 ○座談会 ・佐藤真久 ・小久保智史／小山市役所総合政策部渡良瀬遊水地ラムサール推進課主査 ・常川真由美／四国環境パートナーシップオフィス (四国 EPO) 所長 ・及川久仁江／♪米ハ♪My 夢♪Oshu♪(マイムマイム奥州) 代表 ・中口毅博／芝浦工業大学 教授「NPO 法人環境自治体会議環境政策研究所所長 総合司会：渡辺綱男／国連大学サステイナビリティ高等研究所シニアプログラムコーディネーター
第6回	7月15日(水) 政策参加とパートナーシップ	・久保田学／公益財団法人北海道環境財団事務局次長 ・大久保規子／大阪大学大学院法学研究科教授 ・池本桂子／特定非営利活動法人シーズ・市民活動を支える制度をつくる会常務理事
第7回	9月1日(木) 中間支援機能とパートナーシップ	・川北秀人／IIHOE (人と組織と地球のための国際研究所) 代表 ・岡本一美／NPO 法人地域福祉サポートちた代表理事 ・石原達也／NPO 法人岡山 NPO センター副代表理事
第8回	9月8日(木) 震災とパートナーシップ	・井上郡康／EPO 東北統括 ・萩原なつ子／立教大学社会学部教授 ・澤克彦／EPO 九州コーディネーター
第9回 ※	10月12日(水) GEOC 設立 20 周年記念シンポジウム——GEOC とこれからのパートナーシップ ○挨拶 ・奥主喜美／環境省総合環境政策局長 ・竹本和彦／国連大学サステイナビリティ高等研究所長 ○基調講演 ・小林光／慶應義塾大学政策・メディア研究科特任教授「日本における環境パートナーシップの歩みと GEOC への期待」 ・蟹江憲史／慶應義塾大学大学院政策・メディア研究科教授「SDGs 目標 17 の意義と日本への期待」 ・佐藤真久／東京都市大学大学院環境情報学研究科教授「SDGs 達成に向けたパートナーシップの役割 　　——座談会リレートークの論点整理と日本の経験から」 ○座談会 ・佐藤真久 ・阿部治／環境パートナーシップオフィス等運営委員長・立教大学社会学部教授 ・今田克司／一般社団法人 CSO ネットワーク代表理事、特定非営利活動法人日本 NPO センター常務理事 ・長沢恵美子／1%クラブコーディネーター／経団連事業サービス研修グループ長 ・永井三岐子／国連大学高等研究所いしかわ・かなざわオペレーティングユニット 総合司会：渡辺綱男／国連大学サステイナビリティ高等研究所シニアプログラムコーディネーター
第10回	11月11日(金) 10 年後を見据えた GEOC 像	GEOC 職員および環境パートナーシップオフィス等運営委員によるワークショップ
第11回	11月11日(金) ユースとパートナーシップ	・大崎美佳／EPO 北海道 ・原田謙介／NPO 法人 Youth Create 代表理事 ・水柿大地／NPO 法人英田上山棚田団
第12回	12月12日(月) 環境人材の育成とパートナーシップ	・川北秀人／IIHOE (人と組織と地球のための国際研究所) 代表 ・川嶋直／公益社団法人日本環境教育フォーラム理事長 ・上條直美／特定非営利活動法人開発教育協会 (DEAR) 代表理事

出典：GEOC「つな環」第 29 号，2017[3]

表 15-2　リレートークのテーマとキーワード

回	テーマ	キーワード
1	市民社会とパートナーシップ	日本のパートナーシップの歴史，市民社会，NPO 法，集合的意思決定，参加と対話の場づくり，地域における協働力，世代内・世代間のパートナーシップ，など
2	持続可能な生産・消費とパートナーシップ	産業公害からグローバルな生活型公害へ，持続可能な生産と消費，ライフスタイルの選択，公共調達，倫理的消費，経済のグローバル化，グリーン購入，サプライチェーン・マネジメント，など
3	生物多様性の保全とパートナーシップ	自然生存権，生態学的知識，生命地域，市民科学，エコツーリズム，生態系サービス，里山里地保全，流域連携，など
4	レジリエンス社会とパートナーシップ	多様性，ありたい社会とありうる社会，社会的包摂と環境保全，社会関係資本，公助・共助・自助，復興支援，地域防災，災害派遣，など
5	SDGs と地域のパートナーシップ	持続可能な開発目標（SDGs），地域のパートナーシップ，環境・開発アジェンダ，ありたい社会とありうる社会，社会関係資本，など
6	政策参加とパートナーシップ	人権問題，参加のしくみ，権利意識，オーフス条約，環境民主主義，など
7	中間支援機能とパートナーシップ	権利意識，行政依存，事業支援，人づくりが地域づくり，など
8	震災とパートナーシップ	ネットワーク属人性・組織性，ノットワーク，多様性，平常時の協働，など
9	GEOC とこれからのパートナーシップ	責任主体，事業の成果，協働の仕組み，変革促進機能，プロセス支援機能，資源連結機能，問題解決提示機能，全国拠点機能，など
10	GEOC 運営とパートナーシップ	VUCA 社会の職能ある人・組織づくり，組織能力向上，課題の再設定，グローカルな文脈化，多様なライフスタイル，成果の可視化，など
11	ユースとパートナーシップ	決める経験・決めさせる機会，効力感，世代内・間の関係性構築，権限移譲，選択できる豊かさ，共同作業による関係性構築，など
12	環境人材とパートナーシップ	環境配慮型人材，環境専門家，社会変革型人材，環境教育を通した人材育成

出典：表 15-1 と同じ

い多様な関係主体の参画による「マルチステークホルダー・パートナーシップ」は，相互の信頼関係の構築や，社会課題に対する異なる視座の提供，社会課題解決にむけた協働を通した探求プロセスの構築，協働プロセスや社会的学習プロセスの充実にも重要な意味があるとの指摘がなされた（［目的としてのパート

276　第 4 部　環境保全の対象と担い手

ナーシップ］）。さらには，「地域におけるパートナーシップの推進は，地域の利害関係を表出化させる。」（第6回：池本桂子氏）との指摘がなされ，基本的人権として参加を支える［権利としてのパートナーシップ］への配慮も重要であることが指摘された。

②多様な「パートナーシップの形態」

本取組を通して，多様な「パートナーシップの形態」についても議論が深められた。「パートナーシップの形態」については，①［事業協働／戦略協働／政策協働］，②［同質性の協働／異質性の協働］，③［事業成果の重視型／協働プロセスの重視型］，④［向き合い型（相互補完性）／ビジョン構築行動型］，⑤［タテの協働／ヨコの協働］，⑥［地域におけるパートナーシップ（地域社会型，地縁組織，社会関係資本構築）／テーマに基づくパートナーシップ（都市社会型，NPO，課題解決重視）］などの指摘がなされた。①［事業協働／戦略協働／政策協働］は，協働の目的と実施期間に基づくものである。「事業協働」においては，情報提供・交換，施設・資材貸与，広報協力，マネジメント支援，事業協力，後援，共催，資金補助・委託，共同企画立案，実行委員会・協議会などのように多様な形態があるものの，ある目的の達成にむけた時間制限下での協働のスタイルである。その一方で，共有された目的を実現するために，中長期的視野で，戦略的に協働（戦略協議など）を行う「戦略協働」や，共有された目的を実現するために，行政と政策的に協働（政策提案など）を行う「政策協働」といった協働スタイルについても議論が深められた。②［同質性の協働／異質性の協働］については，かかわる主体の同質性の度合いで意味合いが異なる点が指摘された。とりわけ，多様性と異質性の高い「マルチステークホルダー・パートナーシップ」は，同質性が高い協働よりも，信頼関係の構築，コミュニケーション，共同実施，取組に対するコミットメントなどの側面において，難易度が高い点が強調された。③［事業成果の重視型／協働プロセスの重視型］は，協働を行う際に重視する視点のちがいが，協働の形態に影響を与えるものとして議論が深められた。「事業成果の重視型」（前者）は，資源投入に対する活動と成果の度合いを重視するものであるが，「協働プロセスの重視型」（後者）は，かかわる主体間の信頼関係の醸成，関係主体のモチベーションの向上，継続性

や自立発展性を重視するものである。④［向き合い型（相互補完性）／ビジョン構築行動型］については，従来の自治体とNPOとの協働（補助，助成，指定管理者制度など）でみられるように，相互補完性を重視した「向き合い型（相互補完性）」（前者）に対し，多様な主体が共有されたビジョンに向けて歩み寄ることを重視した「ビジョン構築行動型」（後者）の協働の形態がある点が指摘された。⑤［タテの協働／ヨコの協働］については，日本社会においても色濃くみられているように，既存のテーマと行政的・学術的な縦割りに基づく「タテの協働」（前者）に対し，地域における取り組みや，流域などの公共圏にみられる分野・領域横断的な「ヨコの協働」（後者）の存在が指摘された。⑥［地域におけるパートナーシップ／テーマに基づくパートナーシップ］については，地域社会において社会関係資本を重視した地縁組織などによる協働（前者）と，課題解決を重視したNPOなどによる協働（後者）というように，その取り組みの背景にある実施主体とアプローチのちがいが反映されている協働の形態がある点が指摘された。このように，リレートークでは，多様な「パートナーシップの形態」について議論がなされた。

　③日本における「これまでの社会」と「これまでのパートナーシップ」

　日本における「これまでの社会」と「これまでのパートーシップ」についても議論が深められた。「これまでの社会，これまでのパートーナーシップ」に関する論点は，以下のとおりである。「これまでの社会」において，一貫して指摘されたことは，戦後日本における効率性を重視した経済成長中心の経験が，市民運動を受け入れず，また多様性と異質性を排除してきた点である。「これまでの社会」に対しては，「経済開発中心」「政府・自治体による統治」「経済効率性・合理性」「短期的視点」「大量生産・大量消費」「同質性が前提」「専門性，縦割りとリンクした課題解決」などの指摘がみられた。具体的には，「日本の市民活動は，将来の財産となるような成功体験がないのではないでしょうか」（第1回：黒田かをり氏），「企業は従来の経済的成功体験にしがみついているが，持続可能な社会は，それだけでは実現できないんです。多様なセクターと連携したイノベーションを期待したいですね」（第2回：薗田綾子氏）などの指摘からも読み取ることができる。さらに，多様性や異質性を排除してきた点

278　第4部　環境保全の対象と担い手

については，「世代内」だけではなく，「世代間」においても指摘がなされた。「若者はどこでも求められる。けれども決断する場面には求められない。自ら決める力を育む機会を若者は求めているんです」（第11回：原田謙介氏）との指摘のとおり，「これまでの社会」の「意思決定におけるユースの不在」は，「世代間」の視点からみた多様性と異質性の排除によるものであることが読み取れよう。「社会に関心があるのに，ユース世代が将来に希望を見いだせないのは，日本社会の負の部分が影響している。それをどう乗り越えていくべきか」（第11回：大崎美佳氏）の指摘をふまえると，「これまでの社会」観が，社会の変容のみならず，自己の変容をも受け入れない状況をつくっている現状について，多様な角度から指摘がなされた。

　さらに，「これまでのパートナーシップ」に対しては，「課題解決型，事業成果重視型」「同質性重視」「行政依存型」「ハコモノ支援型」「理念先行」「実施体制重視」「メンバーの固定化」「行政からの資金投入ありきのパートナーシップ」などの指摘がなされ，多様な関係主体の自主的な行動による，継続性と自立発展性を重視した取り組みとは異なり，また，前述した目標17の17項で指摘されている，多様な主体との「マルチステークホルダー・パートナーシップ」とは異なる様相を呈していることが読み取れよう。

　④日本における「これからの社会」と「これからのパートナーシップ」

　日本における「これからの社会」と「これからのパートーシップ」についても議論が深められた。「これからの社会」において指摘されたことは，VUCA社会における状況的・文脈的・内発的・協働的な対応能力が重要である点である。「これからの社会」に対しては，VUCA社会に加えて，地球資源制約下の時代，混成文化の時代，地域間での取り組みが強化される時代（地域間化の時代），レジリエンス社会などが想定されることが強調されただけでなく，「社会開発や人間開発中心」「多様な主体による協治」「持続可能性」「社会的・人間的な豊かさ」「中長期的視点」「資源制約のなかでの適切な利用」「持続可能な生産と消費」「異質性が前提」「統合的な課題解決」などの指摘がなされた。

　具体的には，「同じような意見の人たちによる閉じたパートナーシップではなく，異なる価値観を持つ人たちが同じ方向を見つめるパートナーシップが必

第15章　ＳＤＧｓとパートナーシップ　*279*

要。それが設計された場づくりが人を育てる」（第1回：広石拓司氏），「今後，社会保障費は増える一方，税収は減っていくなかで，地域の課題をみんなで解決をしていくためには，市民と行政が一緒に，困難を抱えた人に手を差し伸べていくことが大切。その時にこれからの最大の地域資源は，『協働力』であることに気づくはず」（第1回：船木成記氏），「自然に触れるという原体験をもつ人が少なくなっていることが最大の危機であり，たくさんの目で見て，調査するプロセスが重要。すばらしい取り組みをしているところは，必ず次の世代を育てています」（第3回：小堀洋美氏），「パートナーシップ疲れをしないためには，仲間意識の醸成と達成感あるプログラムに尽きる。それがやりつづける意欲につながる」（第3回：篠健司氏），「広島の豪雨災害では，地域にしがらみのない大学生が活躍したんです。災害支援から人材・ノウハウが生まれている。現代の知恵を次世代につなぐことも大切です」（第4回：松原裕樹氏），「大きな力がかかったときにポキッと折れない竹のような回復力・再起力（レジリエンス）をもった社会が必要。単に元の形に戻るだけじゃなく，変容（トランスフォーム）が必要な場合もある。また，パートナーシップはレジリエンスを補完する点にも注目すべき」（第4回：枝廣淳子氏），「環境問題は人が幸せに生きる権利などの人権問題と密接にかかわっている。協働して何を実現するのか，問題のフレーミングとタイミングを重視して，イノベーションを継続することが必要」（第6回：大久保規子氏），「社会のニーズを確かめる勇気は，『私は誰のためにやっているのか？』という自分自身への誠実な問いから生まれる」（第7回：川北秀人氏），「当事者の行動であるNPOこそが，枠組みを超えたつながりを実現し，地域を変えていく」（第7回：石原達也氏），「ゆるやかなつながりをつくり，終わったらほどく，ノットワーキング（結び目をつくる）が非常時には必要」（第8回：萩原なつ子氏），「非常時には，一人ひとりがもつ中間支援力が局面では問われる。元通りを求めず，柔軟に状況に対応しつつ，時間をかけて状況を改善していくことが必要」（第8回：澤克彦氏），「世の中が当たり前としている見えないレールからはずれたときに，決断の道が見えた。自分で選ぶということと幸せがつながっていることに気づいた」（第11回：水柿大地氏），「現状を悲観するだけではない，地域で具体的に課題解決していく『やっちゃう型』の若者が

増えてきていることに期待している」（第12回：川嶋直氏），「今，正論よりもまず共感できることのほうへ流れていく傾向がある。その現実を受け止めたうえで，みんなが納得感のある丁寧なコミュニケーションが合意形成へつながっているように感じる」（第12回：上條直美氏）などの指摘からも読み取れる。

さらに，「これからのパートナーシップ」に対しては，「統合的な課題解決型」「事業成果型と協働プロセス型の協働のリンク」「異質性重視」「社会のしくみとしての協働（協働ガバナンス，中間支援機能，社会的学習など）」「外向的内発型」「行動・実践・成果型」「多様なメンバーの参画」「コベネフィット」などの指摘がなされ，多様な関係主体の自主的な行動による，継続性と自立発展性を重視した，多様な主体との「マルチステークホルダー・パートナーシップ」が求められていることが強調された。

⑤パートナーシップの有する潜在性と可能性，危険性

本取組において，「パートナーシップの潜在性と可能性」についても議論が深められた。「パートナーシップはレジリエンスを補完する」（第4回：枝廣氏）や，「平時における見知らぬ顔から，見知った顔へ，平時の関係性なしに，有事のパートナーシップは成り立たない」（第8回：澤氏）との指摘のとおり，日常的なパートーナーシップの構築が，個人能力のみならず，組織や市民能力の向上を促し，自然災害などの有事や，レジリエンス社会にとって必要不可欠である点が強調された。ほかにも，「異質性重視のパートナーシップがもたらす予期しない有益な化学反応の創出」（第1回：黒田氏），「地域におけるパートナーシップの推進は，地域の利害関係を表出化させる。」（第6回：池本桂子氏），「共創・学習するためのパートナーシップ（地域づくりはひとづくり）」（第7回：川北氏）などの指摘がなされ，近年，日本社会に求められている，レジリエントな社会構築に向けて，また，VUCA社会（変動性，不確実性，複雑性，曖昧性の高い社会）への対応策として，「パートナーシップ」の有する潜在性と可能性が共有された。その一方で，「パートナーシップの危険性」についても指摘がなされた。「パートナーシップは，責任の所在が不明確」（第9回：今田克司氏）との指摘は，さまざまな問題が表出した際において，十分な対応や，対処策を提示できないという点も有しており，関係主体の役割分担や責任所在を明確化さ

せる重要性を示唆しているものといえよう。

(3) 多様性・異質性を重視した「マルチステークホルダー・パートナーシップ」の拡充の重要性

　前述のとおり，SDGs では，多様な主体との「マルチステークホルダー・パートナーシップ」の重要性が指摘されている。しかしながら，「パートナーシップ」という用語は，社会において長い間使用されている用語であるにもかかわらず，日本社会における「マルチステークホルダー・パートナーシップ」に関する認識と取り組みは十分なものとはいえない。前項「③日本における『これまでの社会』と『これまでのパートナーシップ』」でも指摘されているとおり，日本において，多様性・異質性を重視したパートナーシップ（「マルチステークホルダー・パートナーシップ」）に関する取り組みが十分になされていない背景には，戦後日本の効率性を重視した経済成長中心の経験が，多様性と異質性を排除してきたことによるといえる。今後，持続可能性にかかる諸課題の解決に向けて，そして，近年，日本社会に求められている，レジリエントな社会構築や，VUCA 社会（変動性，不確実性，複雑性，曖昧性の高い社会）へ対応していくためにも，「マルチステークホルダー・パートナーシップ」の拡充が必要とされているといえよう。

3 環境省協働取組推進／加速化事業による知見の蓄積―環境保全における協働取組の概要

(1) 環境省協働取組推進／加速化事業の背景と概要

　本節では，環境省協働取組推進／加速化事業の背景と概要[4]，実際に採択された環境保全における協働取組の代表的事例を紹介することとしたい。

　2012 年 10 月 1 日に，「環境保全のための意欲の増進及び環境教育の推進に関する法律の一部を改正する法律」（環境教育等による環境保全の取組の促進に関する法律：環境教育等促進法）が完全施行された（環境省　2012）[5]。本改正のポイントは，環境保全の取り組みにあたり各種アクターが協働することの重要性が明示されたことにある[6]。法に基づく協働取組を促進するためには，協定の

282　第 4 部　環境保全の対象と担い手

締結や具体的取り組みなどについて，参考となる先導的な事例を形成し，協働取組のノウハウを蓄積・共有することが重要である。環境省は，本法をふまえ協働取組事業を2013年度は「協働取組推進事業」，2014〜2017年度は「協働取組加速化事業」を実施し，表15-3に示す採択団体の協働取組を支援している。本協働取組事業は，民間団体，企業，自治体などの異なる主体による協働取組を実証するとともに，地球環境パートナーシッププラザ（以下，GEOC/EPO）および地方環境パートナーシップオフィス（以下，地方EPO）が設置する支援

表15-3　2013-17年度の協働取組採択団体

年度	団体名
2013年度	[1]（公財）日本環境財団／[2]（公財）公害地域再生センター（あおぞら財団）／[3]知床ウトロ海域環境保全協議会準備会／[4]（特活）もりねっと北海道／[5]（一社）持続可能で安心安全な社会をめざす新エネルギー活用推進協議会／[6]（一社）五頭自然学校／[7]いきものみっけファーム in 松本推進協議会／[8]越の国自然エネルギー推進協議会／[9]（特活）南信州おひさま進歩／[10]（特活）いけだエコスタッフ／[11]（特活）人と自然とまちづくりと／[12]（公財）水島地域環境再生財団／[13]うどんまるごと循環コンソーシアム／[14]（特活）グリーンシティ福岡／[15]（一社）小浜温泉エネルギー
2014年度	[1]（公財）公害地域再生センター（あおぞら財団）／[2]ラムサールセンター／[3]（特活）炭鉱の記憶推進事業団／[4]（一財）北海道国際交流センター／[5]（一財）白神山地財団／[6]（一社）若狭高浜観光協会／[7]（特活）中部リサイクル運動市民の会／[8]（特活）プロジェクト保津川／[9]（公財）水島地域環境再生財団／[10]（特活）瀬戸内里海振興会／[11]うどんまるごと循環コンソーシアム／[12]（特活）土佐の森・救援隊／[13]（特活）グリーンシティ福岡／[14]（一社）小浜温泉エネルギー
2015年度	[1]公害資料館ネットワーク／[2]「人と海鳥と猫が共生する天売島」連絡協議会／[3]（有）三素／[4]（一社）あきた地球環境会議／[5]マイムマイム奥州／[6]（公財）オイスカ／[7]さがみ湖森・モノづくり研究所／[8]（一社）若狭高浜観光協会／[9]（特活）中部リサイクル運動市民の会／[10]（公財）吉野川紀の川源流物語／[11]bioa（ビオア）／[12]（特活）アンダンテ21／[13]（公財）水島地域環境再生財団／[14]NPO 森からつづく道／[15]（特活）環境の杜こうち／[16]（特活）おきなわグリーンネットワーク／[17]（特活）くすの木自然館
2016年度	[1]（一財）北海道国際交流センター／[2]「人と海鳥とネコが共生する天売島」連絡協議会／[3]（一社）あきた地球環境会議／[4]鶴岡市三瀬地区自治会／[5]辻又地域協議会／[6]駿河台大学／[7]（一社）四日市大学エネルギー環境教育研究会／[8]（株）柳沢林業／[9]ヨシネットワーク／[10]bioa（ビオア）／[11]（有）日本シジミ研究所／[12]（特活）うべ環境コミュニティー／[13]NPO 森から続く道／[14]阿南市 KITT 賞賛推進会議
2017年度	[1]（特活）エコ・モビリティ　サッポロ／[2]鶴岡市三瀬地区自治会／[3]（株）都市環境サービス／[4]（株）柳沢林業／[5]ヨシネットワーク／[6]（特活）うべ環境コミュニティー／[7]阿南市 KITT 賞賛推進会議／[8]（特活）おきなわグリーンネットワーク

第15章　ＳＤＧｓとパートナーシップ　*283*

事務局のアドバイスを受けつつ，協働取組のプロセスを明らかにし，協働取組を推進していくうえでのさまざまなノウハウの蓄積や留意事項などを明らかにしていくことを目的としている。以下に，代表的な5つの協働取組を紹介する[7]。

(2) 環境省協働取組推進／加速化事業における代表的な取組の概要
①協働取組事例1：全国公害資料館ネットワーク
　公害経験を伝える役割を公害資料館が担ってきたが，公設私設といった運営主体のちがいもあり，資料館の全国的な連携は十分になされていない。2013年度は，公害資料館，および地域再生活動や公害教育を行っている各主体が集まるフォーラムを開催し，さらにそれらが恒常的につながる連絡協議会の設立をめざした。協議会を発足することで資料の保存ノウハウや，自治体や教育現場との協働ノウハウを共有し，社会へ発信した。2013年度に初めて公害資料館連携フォーラムが新潟で開催され，各地で独自に行われていた公害を伝える活動を共有した（写真15-3）。2014年度は，昨年度の成果を基盤に，資料の保存ノウハウや，自治体や教育現場との協働を進めるため，継続して資料館連携を続けるシステムづくりをめざした。また公害発生地域においていまだ公害に関する偏見が根強い現状をふまえ「新しい公害教育」の可能性を模索し，「公害資料館連携フォーラム宣言文」の共同作成を通して，社会に発信した。
②協働取組事例2：水島環境学習まちづくり
　日本屈指の石油化学コンビナートのある町・岡山県倉敷市水島で，大学・企

写真15-3　全国公害資料館ネットワークの協働取組
左：公害資料館連携フォーラム（新潟）全体会／右：公害資料館連携フォーラム（富山）分科会「企業との関係づくり」。
Ⓒ公害資料館ネットワーク

写真 15-4　水島環境学習まちづくりの協働取組
左：協議会キックオフ会議／右：まちづくりワークショップ。　　©（公財）水島地域環境再生財団

業・行政・住民団体が，過去を学び未来を考えることのできる人を育て，まちを活性化することをめざす。①「環境学習を通じた人材育成・まちづくりを考える協議会」を立ち上げ，水島の価値について議論，②大学生向けの研修ツアーの協働実施，③協議会で見いだした価値を社会へ発信し，未来ビジョンを共に描く。2014年度は，2013年度に立ち上げられた環境学習を通じた人材育成・まちづくりを考える協議会を共通基盤に，環境学習情報の一元化やメニューを整理して「水島版 ESD プログラム」を話し合った（写真 15-4）。さらに，住民を交えた"水島いいとこ探し"を行うなかで取り組みの輪を地域全体へ広げたとともに，若者が学ぶ講座やエコツアーを通して地域への理解を深め，未来ビジョンの共有と実現に向けて踏み出した。

③協働取組事例 3：香川うどんまるごと循環

うどん店から日々消費されて捨てられているうどんを，厄介なゴミとして廃棄処分するのではなく，循環サイクルの環のなかに組み入れリサイクルすることで，さぬきうどん店から廃棄物をできるかぎり減らし，持続可能な循環型社会のシステム・モデルをめざす。2013年度は，うどん残さを原料にバイオエタノールから"燃料（油）"，バイオガスから"電気"の生産や利用などを行う「うどん県。さぬき油電化プロジェクト」に取り組んだ（写真 15-5）。2014年度はプロジェクトが一通り完成をみたことから，新たなうどん店の参画などプロジェクトの拡大や全県的な環境教育の取り組みにより，協働取組を加速化させた。

第 15 章　SDGs とパートナーシップ　　285

写真 15-5：香川うどんまるごと循環における協働取組
左：米と小麦のバイオセッション／右：うどんまるごとエコツアー。©うどんまるごと循環コンソーシアム

④協働取組事例4：九州自然歩道活用

　九州各県をネックレス状にむすぶ3000kmの「九州自然歩道」をさらに魅力あるトレイルにするため、「九州自然歩道フォーラム」(協議会活動)の運営、おすすめ30コースの選定やウォークイベントの実施、さらに関係機関へのヒアリングや利用者視点からの情報発信などを行った(写真15-6)。多様な主体の連携による協働型の歩道管理・活用のモデルを示すことで、より多くの人に親しまれるロングトレイルを実現し、地域の環境保全・環境教育、さらには地域活性化にも資する拠点とすることをめざす。2014年度は、「九州自然歩道フォーラム」(協議会活動)の運営をはじめ、おすすめ306コースの選定やウォークイベントの実施、さらに関係機関へのヒアリングや利用者視点からの情報発信などを行った。多様な主体の連携による協働型の歩道管理・活用のモデルを示すことで、より多くの人に親しまれるロングトレイルを実現し、地域の環境保全・環境教育、さらには地域活性化にも資する拠点とすることをめざした。

⑤協働取組事例5：小浜温泉資源活用まちづくり

　古くからの温泉地であり、豊富な温泉資源を有する長崎県小浜温泉において、地元の活動団体や教育機関が連携協力し、地熱資源を活かした低炭素まちづくりと持続可能な観光地域づくりへ向けた協働取組事業。古くからの温泉地である小浜地域(長崎県雲仙市)の観光のあり方を、多様な地域資源を活用した環境保全活動を基軸とした温泉ツーリズムへと発展させ、地域住民に環境に関して学ぶ場(定期講座)と活動する機会を提供することで、地域全体で協働して環

図 15-6　九州自然歩道活用にむけた協働取組
左：第3回九州自然歩道ウォーク／右：第6回九州自然歩道フォーラム。Ⓒ（特活）グリーンシティ福岡

写真 15-7　小浜温泉資源活用まちづくりにおける協働取組
左：小浜温泉バイナリー発電所／右：発電所見学ツアーの様子。　Ⓒ（一社）小浜温泉エネルギー

境保全活動に取り組み，地域活性化につながる持続可能な観光地域づくりをめざす（写真 15-7）。

4　「マルチステークホルダー・パートナーシップ」における協働ガバナンス・中間支援機能・社会的学習の機能連関・統合モデルの構築にむけて

　環境省協働取組推進／加速化事業では，その知見の蓄積をするべく，地域における協働取組の実践と並行して，協働ガバナンス・中間支援機能・社会的学習の機能連関・統合モデルの構築にむけた学術的議論を深めてきた。本節では，後述する「協働ガバナンス・中間支援機能・社会的学習の機能連関・統合モデル」（佐藤　2015）と，その基礎となったこれまでのモデル研究を紹介することとしたい。

⑴　協働ガバナンス・モデル (Ansell & Gash　2008)

Ansell & Gash (2008) [8] は，協働にかかる 137 の事例研究文献を収集し，事例に共通する変数を抽出し，変数間の関係を分析し，協働ガバナンス・モデルを提示した。分析された文献は，英文，米国の事例が主，天然資源マネジメントが主，行政が主体，であることに留意する必要がある。協働ガバナンス・モデルは，次の 5 つの要素，すなわち，①開始時の状況，②運営制度の設計，③協働のプロセス，④ファシリテーション的なリーダーシップ，⑤アウトカム，から構成されている。協働ガバナンス・モデルは，コンティンジェンシー・モデルをめざしており，異なる環境に応じて異なる対応が求められる点に特徴がある。Ansell & Gash (2008) による協働ガバナンス・モデルの各項目は以下のとおりである。

①開始時の状況

協働の開始時には，アクター間にパワー・資源・知識の非対称性が存在する。とくにパワーの非対称性は協働ガバナンスにおいてしばしば生じる問題である。能力・組織・地位・資源が強力なステークホルダーと脆弱なステークホルダーが存在する場合，強力なステークホルダーがプロセスを操作する場合があるからである。組織間のこれまでの関係（プレ・ヒストリー）も，重要な要素である。以前に協力関係がある組織では相互の信頼は高く，過去に対立や軋轢を経験した組織間では信頼の程度は低いであろう。これまでの関係は協働を促進あるいは阻害する。過去の軋轢関係は必ずしも参加の阻害要因とはならない。なぜなら，協働に参加することで関係を改善できると期待する場合もあるからである。

②運営制度の設計

制度設計においては広範なステークホルダーの参加が求められる。すなわちプロセスはオープンであり，包摂的であるべきである。オープン性と包摂性は，プロセスとその成果に対する正当性の確保につながる。討議の場の唯一性とは，この協働プロセスが"コミュニティ内においてこの問題を討議できる唯一の場"であることを示す。このことにより，ステークホルダーの参加とコミットメントが高まると考えられる。また，明確な基本原則とプロセスの透明性は，手続きの正当性とプロセスへの信頼構築に不可欠である。

③協働のプロセス

協働のプロセスにおいて，相互作用は直線ではなく循環であり，要素の反復のプロセスであると考えられる。要素は，膝詰めの対話，信頼の構築，プロセスへのコミットメント，共通の理解，中間の成果から成る。プロセスへのコミットメントとは，相互に依存していることの認識・プロセスへの主体的なかかわりの共有・相互利益を追求することへの意欲である。共通の理解においては，参加者は協働のミッション・問題・共有できる価値観などを認識し，理解する。中間の成果とは，小さい達成，戦略的計画の策定，共同の事実発見などをさす。中間成果は，参加者の相互信頼と協働へのモチベーションを高め，次の協働に向けて機運を高める。

④ファシリテーション的なリーダーシップ（Facilitative Leadership）

協働においてはコンセンサス形成に向けたプロセス進行，すなわちファシリテーションの機能が求められることはいうまでもない。しかし，協働ガバナンスにおけるファシリテーターの役割は複雑である。広範な参加者を同じテーブルに着席させ，協働プロセスを通じて彼らを操舵するリーダーシップがきわめて重要な機能となるからである。つまり全体の合意形成に向け円滑にプロセスを進めるファシリテーションのみならず，協働を操舵するリーダーシップが求められる。

(2) 協働における中間支援機能モデルの構築（佐藤・島岡　2014）

Ansell & Gash（2008）による協働ガバナンス・モデルは，前項で検討したアクターの参加動機について，開始時の状況において組み込まれている。したがって，協働にかかる諸相を組み込んでいると評価できよう。佐藤・島岡（2014）[9]は，Ansell & Gash（2008）の協働ガバナンス・モデルの「ファシリテーション的なリーダーシップ」をチェンジ・エージェント機能として読み替え，Havelock & with Zlotolow（1995）[10]の示すチェンジ・エージェント機能（①変革促進機能，②プロセス支援機能，③資源連結機能，④問題解決提示機能）と組みわせた「協働における中間支援機能モデル」を構築している（図15-1の下部に明記されているチェンジ・エージェント機能（中間支援機能）を参照）。

(3) 協働ガバナンス・中間支援機能・社会的学習の機能連関・統合モデル（佐藤　2015）

さらに，佐藤 (2015) は，Ansell & Gash (2008) による協働ガバナンス・モデル，佐藤・島岡 (2014) の協働における中間支援機能モデルをふまえ，環境省協働取組推進／加速化事業における一連の議論を通して，協働取組の自立的発展において，「社会的学習」[11][12] が重要であるとし，「マルチステークホルダー・パートナーシップ」における協働ガバナンス，中間支援機能，社会的学習の機能連関とその統合を加味した。そして，図 15-1 に協働ガバナンス・中間支援機能・社会的学習の機能連関・統合モデルを提示している[13]。

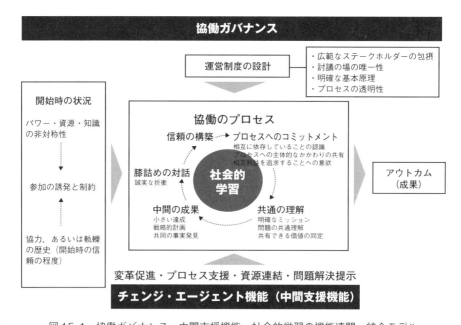

図 15-1　協働ガバナンス・中間支援機能・社会的学習の機能連関・統合モデル
Ansell, C., & Gash, A. (2008), Havelock, R. G., & with Zlotolow, S. (1995), 佐藤・島岡 (2014) に「社会的学習」を組み入れた統合モデル
出典：佐藤，2015

5 今後の展望―多様な能力と機能を連関させる「結合的ケイパビリティ」の構築にむけて

　最終節では，今後の展望として，多様な能力と機能を連関させる「結合的ケイパビリティ」について考察を深めることとする。図 15-2 は，従来の個人の人格形成や個人能力の向上を目的とした「教育」や「能力開発」だけではなく，「組織能力」，ネットワークと集合的行動による「市民能力」，技術・経済・文化といった「社会的インフラ」，そして「影響力の行使」（政策オプション含む）を有機的に連関させ，おのおのの能力（ケイパビリティ）を結合させるアプローチ（結合的ケイパビリティ）が不可欠であるという筆者の見解に基づいている。Nussbaum は，能力（ケイパビリティ）を，①基礎的ケイパビリティ（個人の生来の資質），②内的ケイパビリティ（個人が必要な機能を実践するための十分条件），③結合的ケイパビリティ（内的ケイパビリティが，その機能を発揮するための適切な外的条件が成熟している状態）と区分し，人間の中心的ケイパビリティが結合的ケイパビリティとして社会的に整備されることにより，機能実現の内的・外的条件が整うと指摘している（Nussbaum　2000）[14]。

　Nussbaum の指摘は，人間開発（human development）の文脈で議論されてい

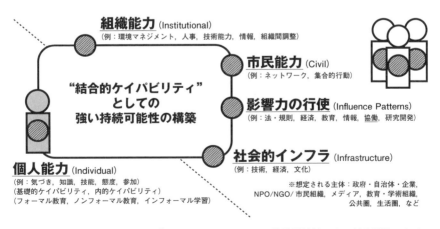

図 15-2　"結合的ケイパビリティ"によるレジリエントで持続可能性のある社会構築にむけて

るが，内的・外的条件にかかわる多様な能力（ケイパビリティ）を連関させることによる機能実現という意味では，本章で取り扱った「マルチステークホルダー・パートナーシップ」による機能連関と，類似した意味合いを有しているといえよう。SDGs の達成には，この「結合的ケイパビリティ」として「マルチステークホルダー・パートナーシップ」が果たす役割は大きいといえよう。

［佐藤 真久］

本章を深めるための課題

1. 「これまでの社会」「これからの社会」について考え，どのようなパートナーシップが，これからの社会において必要であるか議論をしてみよう。
2. 「マルチステークホルダー・パートナーシップ」には，多様な取組がある。どのような取組があり，それは，どのような意図，形態，アプローチかを調べてみよう。
3. 「マルチステークホルダー・パートナーシップ」を通して，SDGs の他の目標の課題解決にむけて何ができるか，考えてみよう。

謝辞

　本章②は，12 回にわたる一連のリレートークに基づいて考察をまとめたものである。本取組のリレートークに参画した登壇者（表 15-1）ほか，本取組にかかわったすべての参加者に深く謝辞を表する。本章③④では，環境省協働取組推進／加速化事業に参画した多様な関係者との議論，考察に基づいている。筆者は，環境省協働取組推進／加速化事業のアドバイザリー委員会の委員長を務め，その事業の企画と運営，実践，理論，政策の有機的な連関の構築をしてきた。本事業にかかわったすべての関係者に深く謝辞を表する。

注

(1) 本取組のリレートークの詳細な取りまとめは，［http://www.geoc.jp/activity/other/26808.html］を参照されたい。
(2) 地球環境パートナーシッププラザ（GEOC）は，国際連合大学と日本政府環境省により共同運営がされている。GEOC は，1996 年の設立以来（2010 年までの名称は GEIC，2010 年以降は GEOC へ改称），今日まで日本国内外における課題解決にむけたパートナーシップの充実にむけて，個人能力／組織能力／市民能力の向上にむけた能力開発プログラムの実施，関係事業の実施，普及啓発，政策コミュニケーション，アウトリーチ，調査研究，企画展示，情報発信などを実施してきた。とりわけ，日本国内の取り組みにおいては，環境情報データベースである「環境らしんばん」の開発，「つな環」

の発行，国際的取組（生物多様性条約，気候変動枠組み条約，国連・持続可能な開発のための教育の10年，持続可能な開発目標など）に関する普及啓発，環境政策や法律に関する普及啓発と政策コミュニケーションの実施，地方の環境パートナーシップ・オフィス（EPO）の設立支援とネットワーク構築，EPOとの協働による関連事業（ビジネスモデル策定事業，協働取組加速化事業など）の実施をしてきた。また，国際的な取り組みにおいては，国連大学との共同プロジェクトであるという特徴を活かし，国際的研究プロジェクト（グローバルガバナンスとNGOの役割，気候変動に関する世界的なガバナンスの将来シナリオ，インターリンケージ，革新的地域社会）ほか，国際的取組（生物多様性条約，気候変動枠組み条約，災害リスク削減，国連・持続可能な開発のための教育の10年，持続可能な開発目標）に関する情報発信，普及啓発，アウトリーチ，シンポジウムの開催，UNU-IAS GEOCのニュースレターの発行を通じて，国際的に重要な課題と地域の取り組みをつなげる活動を実施してきた。このように，GEOCの取り組みは，国連大学と環境省，地方の環境パートナーシップオフィス（EPO）との連携をすることを通して，国内外にむけて，学術的，政策的，実践的な取り組みを展開してきている。

(3) GEOC (2017)「GEOC20周年座談会リレートーク・レポート〜社会変化に応えるパートナーシップとは」『つな環〜進化する環境パートナーシップと中間支援』29：6-9.

(4) 各年事業については，以下に示す報告書に詳しい。佐藤真久 (2014)『平成25年度地域活性化を担う環境保全活動の協働取組推進事業—［プロジェクト・マネジメントの評価］と［中間支援組織の機能と役割］に焦点をおいて—』最終報告書，環境省事業（研究代表：佐藤真久），東京都市大学／佐藤真久 (2015)『平成26年度環境省地域活性化に向けた協働取組の加速化事業—［協働ガバナンスの事例分析］と［社会的学習の理論的考察］に焦点を置いて』最終報告書，環境省事業（研究代表：佐藤真久），東京都市大学／佐藤真久 (2016)『平成27年度環境省地域活性化に向けた協働取組の加速化事業—［継続案件の多角的考察］と［協働ガバナンスの事例比較］に焦点を置いて』最終報告書，環境省事業（研究代表：佐藤真久），東京都市大学／佐藤真久 (2017)『平成28年度環境省地域活性化に向けた協働取組の加速化事業—［プロジェクト・マネジメントの評価］と［協働ガバナンスの評価］に焦点を置いて』最終報告書，環境省事業（研究代表：佐藤真久），東京都市大学。

(5) 環境省 (2012)「環境教育推進法環境の保全のための意欲の増進及び環境教育の推進に関する法律の一部を改正する法律」改訂の概要，http://www.env.go.jp/policy/suishin_ho/kaisei-h23_a.pdf (2014年3月16日最終閲覧)。

(6) 法律要綱では，「目的規定及び責務規定において，環境保全活動，環境保全の意欲の増進及び環境教育を効果的に進める上で協働取組の推進が重要であることを明確化する」とある。「環境の保全のための意欲の増進及び環境教育の推進に関する法律の一部を改正する法律要綱」http://www.env.go.jp/policy/suishin_ho/kaisei-h23_b2.pdf (2014年1月14日最終閲覧)。

(7) 紹介されている5つの協働取組の詳細な考察については，佐藤真久 (2015)「第四章：実証研究編—継続案件事例に見られる『協働ガバナンス』」『平成26年度環境省地域活性化に向けた協働取組の加速化事業—［協働ガバナンスの事例分析］と［社会的学習の理論的考察］に焦点を置いて』最終報告書，環境省事業（研究代表：佐藤真久），東京都市大学を参照されたい。

(8) Ansell, C. & Gash, A. (2008) Collaborative Governance in Theory and Practice. Journal of Public Administration Research and Theory, 18 (4) , 543-571.

(9) 協働における中間支援機能モデルについては，佐藤真久・島岡未来子 (2014)「協働における中間支援機能モデル構築にむけた理論的考察」『日本環境教育学会関東支部年報』8：1-6. issn1881-8668，日本環境教育学会に詳しい。

(10) Havelock, R. G. & Zlotolow, S. (Contr.) (1995) The Change Agent's Guide (2nd edition). New Jersey: Education Technology Publications, Inc.

(11) 佐藤・Didham (2016) は，本章で取り扱う「社会的学習」を，①社会認識論，認知心理学の分野に基づく「社会的学習（第一学派）」，②組織的学習と組織管理の分野で発展した「社会的学習（第二学派）」とは異なるもの（「社会的学習（第三学派）」）として位置づけている。「社会的学習（第三学派）」は，「新しい，予想外の，不確実かつ予測不可能な状況で活動するグループ，共同体，ネットワーク，社会システムで発生する学習は，予想外の状況における問題解決に向けられ，このグループまたは共同体において有効な問題解決能力の最適利用によって特徴付けられる」と定義される (Wildemeersch 1995 in Wildemeersch 2009)。

(12) 社会的学習に関しては，佐藤真久・Didham Robert (2016)「環境管理と持続可能な開発のための協働ガバナンス・プロセスへの「社会的学習（第三学派）」の適用にむけた理論的考察」『共生科学』7：1-19，日本共生科学会に詳しい。

(13) 佐藤真久 (2015)『平成 26 年度環境省地域活性化に向けた協働取組の加速化事業―［協働ガバナンスの事例分析］と［社会的学習の理論的考察］に焦点を置いて』最終報告書，環境省事業（研究代表：佐藤真久），東京都市大学。

(14) Nussbaum, Matha. C. (2000) *Women and Human Development*, the Capability Approach, Cambridge University Press.（マーサ・C・ヌスバウム／池本幸生・田口さつき・坪井ひろみ訳 (2005)『女性と人間開発』岩波書店）。

終 章
これからの世界と私たち

KeyWords

☐地球市民性　☐ESDの4レンズ　☐持続可能性キー・コンピテンシー　☐目標としてのSDGs　☐ツールとしてのSDGs

　終章では，まず，本書の各章で指摘された論点を整理する。つぎに，これからの地球社会において配慮すべき4つの時代像（地球惑星の時代，混成文化の時代，VUCA時代，地域周化の時代）をふまえた地球市民性について考察する。さらには，持続可能な社会の構築において必要とされる，資質・能力（持続可能性キー・コンピテンシー）と，ものの見方・志向性（ESDレンズ）について，考察を深めることとしたい。

1 本書における論点の整理

(1)「第1部　環境教育とは何か」における論点

　「第1部 環境教育とは何か」では，まず第1章で「環境教育の歴史と課題」を解説している。ここでは，環境教育の言葉の登場から，その広まりについての歴史的変遷を整理し，1990年代以降の「持続可能な社会」に関する議論と連動をしながら，環境教育の枠組みの拡大について言及をしている。第2章では，学校教育における「環境教育の内容・方法・カリキュラム」について，2012年に公表された「学校における持続可能な発展のための教育（ESD）に関する研究（最終報告書）」や，2017年に発刊された「環境教育指導資料【中学校編】」，2017年版学習指導要領との関係について紹介をしている。そして，環境教育で大切なことは，「未来を自らが創っていくことができる」という希望を有した共創型の取り組みが重要であることが強調されている。第3章，第4章では，従来，ローカルな文脈で考察されがちだった公害教育と自然保護教育をグローバルな文脈で捉え直している点に特徴がみられる。公害教育に関する

指摘（第3章）では，「公害教育にSDGsの概念が加わることで，共通した未来の目標から公害問題を問うことが可能となる」と述べ，SDGsの概念が，公害教育の捉え直しを可能にしている点を指摘している。また，自然保護教育に関する指摘（第4章）では，国際的な野生生物取引を例にあげ，その背景には人間の消費・生産活動がある点を言及し，グローバルな文脈における自然保護教育には，「持続可能な生産と消費」や「ライフスタイルの選択」に対する配慮と，グローバルなパートナーシップが必要不可欠である点を指摘している。

(2) 「第2部　環境理論」における論点

　「第2部 環境理論」では，今日の環境教育の背景にある持続可能性についての考え方を扱っている。第5章では，まず，MDGsからSDGsへと国際アジェンダが移行した背景にある社会状況について説明をしている。そして，SDGsは，「誰一人取り残さない」「我々の世界を変革すること」が基本理念としてある点が強調されており，貧困の根絶を目標とし，環境・社会・経済的側面の統合と，すべての国に適用される普遍性を兼ね備えた国際アジェンダとなっている点が指摘されている。さらには，筆者による教育実践の取り組みが紹介されている。第6章では，持続可能性の概念に注目している。筆者は，生態中心主義と人間中心主義という言葉を用いて，代表的な2つの立場を説明している。これは，筆者（佐藤）の指摘する環境問題（人権／自然生存権アプローチ）と貧困・社会的排除問題（人権アプローチ）という2つの基本的な問題とその解決に向けたアプローチとも深い関係性があることが読み取れよう。さらに，筆者は，持続可能性における3つの資本ストック（人工資本ストック，自然資本ストック，人的資本ストック）の蓄積の重要性を強調するとともに，「人間の福祉にとってその存在がきわめて本質的で重要な自然資本ストック（クリティカル自然資本）を保全しつつ，ほかの総資本を，将来世代の福祉を低下させないように遺贈する」という，「強い持続可能性」の考え方の重要性を主張している。第7章では，開発問題の歴史とさまざまな開発概念について解説をしている。また，環境教育と開発教育の歴史的展開が，どのようにESDにつながったかについて言及をしている。さらには，環境教育における「感性」や「生態系の理解（循環性や多

様性など）」，開発教育における「弱者・被抑圧者に対する共感」「文化の多様性の理解」「貧困と南北格差の原因の理解」などの点において，固有の教育論・学習論があるとし，相互の視点を活かすことにより，トータルな ESD カリキュラムへの展開が開けることを主張している。第 8 章では，環境・社会・経済の関係性の視点を念頭において開発の歴史を概観したあと，ODA をはじめとする国際協力の概要を述べ，その後に，持続可能な開発を考えるうえでのイシューを概説している。最後に，筆者は ESD を学ぶ者にとっての論点として，価値創造・学び合いの国際協力をいかに自覚するか，開発の脱政治化という認識論的障壁をどう克服するか，貧困・社会的排除問題と地球環境問題を同時的に理解し解決する必要性をあげ，ESD の果たすべき役割の重要性を指摘している。さらに，それは SDGs の実行という意味でも必要である点を強調している。

⑶ 「第 3 部 人類共通の課題」における論点

「第 3 部 人類共通の課題」では，「地球環境問題の特性と所在」について掘り下げるとともに，開発問題や人権問題などの貧困・社会的排除問題だけではなく，地球の環境収容力のなかでの「地球資源制約と生物多様性保全」，経済のグローバル化に伴う「持続可能な生産と消費，ライフスタイルの選択」，気候変動に対する緩和策と適応策の充実に向けた「気候変動とエネルギーの選択」について論じている。第 9 章では，さまざまな地球環境問題の特性と所在を概説するとともに，持続可能な開発の 3 側面である環境，経済，社会との関係性を分析している。また，SDGs の 17 の目標間の関連性についても，地球環境問題から考察している。さらには，持続可能な世界の構築に向けて，その目標間の相互関連性および統合された性質を可視化し，分野横断型アプローチを展開していくことの重要性を指摘している。第 10 章では，生物多様性と多様な資源の関係性に焦点をあて，資源を持続的に利用していくために必要な生物多様性保全のさまざまなアプローチについて述べている。また，SDGs における生物多様性保全や愛知目標との関係について紹介している。最後に，それらの目標達成に向けて，筆者は，「生物多様性の保全とその持続的な利用を，地球規模から身近な市民生活のレベルまで，ありとあらゆる社会経済活動において

終　章　これからの世界と私たち　*297*

取り込むこと」の重要性を述べ，今後めざすべき方向として，「生物多様性の主流化」を強調している。第12章では，持続可能な生産と消費（SCP）について，その国際的な政策動向，SCP10年枠組を紹介するとともに，SCP政策における視点を，「ライフサイクル」「ライフスタイル」「インフラ」という3つの視点から整理をしている。最後に，現在，主流化している効率性アプローチ（資源・エネルギー効率改善による問題解決）に対して，充足性アプローチ（サービス影響のインフラ変更を含むシステム改革）の重要性を強調している。第13章では，気候変動とエネルギー選択をめぐる国や地方自治体の政策動向を概観したうえで，気候変動を入口とした多様なリスクに対応しうる能力をもつレジリエントシティの形成に向けて，市民ワークショップの事例を紹介している。筆者は，市民ワークショップを通じて，専門知と現場知の統合から順応型リスク管理を検討する機会を積極的にもつことの重要性を指摘している。

⑷ 「第4部　環境保全の対象と担い手」における論点

「第4部 環境保全の対象と担い手」においては，SDGsの課題であるとともに，解決の担い手でもある「人」と「人と人」について論じている。第13章では，陸域・海域の現状と生物種の減少をもたらす要因，これまで行われてきた保全策，わが国における生物多様性保全の現状を紹介している。その後，生物多様性保全と環境教育について，その教育的意義，自然保護教育の歩みと実践，ESDの普及と里山・里海の意義，について紹介をしている。さらに，具体的な教育実践事例を通して，多様なステークホルダーの連携・協働が重要であることを強調している。最後に，生物多様性保全をめざす新たな取り組みとして，市民が科学者と協働し，地域の自然を調べ，保全していく市民科学を紹介している。第14章では，「持続可能な都市・コミュニティへの再生」と題して，都市やコミュニティの計画・実践において重要性が指摘されている「持続可能性」の理念の発展経緯を，都市計画論との関連性で整理・紹介をしている。まずは，世界人口の増加と都市への人口集中が激化していく状況をふまえ，国連人間居住会議の発展と都市計画論の大きな変化について，そのプロセスと論点を整理している。その後，サステナブル・シティ論やサステナブル・コミュニティ論，

日本におけるまちづくりの事例を紹介し，多様な地域資源を生かすためのマネジメント機能の確立と人材育成の重要性を指摘している。

第15章では，SDGs目標17におけるSDGsの目標達成にむけたパートナーシップについて，多様な関係者から構成されるリレートークにおける論点，環境省協働取組推進／加速化事業の経験から，考察を深めている。筆者は，リレートークにおける指摘事項に基づき，異なる「パートナーシップの意味合い」，多様な「パートナーシップの形態」，日本における「これまでの社会」と「これまでのパートナーシップ」，日本における「これからの社会」と「これからのパートナーシップ」として，論点の整理を行っている。とりわけ，近年，日本に求められているレジリエントな社会構築や，VUCA社会（変動性，不確実性，複雑性，曖昧性の高い社会）へ対応していくためにも，多様性と異質性に基づく「マルチステークホルダー・パートナーシップ」の拡充の重要性を強調している。さらには，環境省協働取組推進／加速化事業による事例紹介と，それらの知見蓄積による「協働ガバナンス・中間支援機能・社会的学習の機能連関・統合モデル」について紹介をしている。最後に，多様な能力と機能を連関させる「結合的ケイパビリティ」の構築の重要性を強調している。

2 これからの地球社会と地球市民性

国連は，2012年にGlobal Education First Initiativeを発表し，その優先事項として，万人に対する基礎教育の提供（put every children in schools），学習の質の改善（improve the quality of learning），地球市民性の醸成（foster global citizenship）をあげ，「地球市民性（global citizenship）」は，その1つの柱として位置づけられている。国連教育科学文化機関（UNESCO）は，このような国連の優先事項に対応すべく，万人のための教育（EFA），持続可能な開発のための教育（ESD）などの国際的取り組みを横断的に包含する概念として「地球市民性」を掲げ，地球市民性教育（GCED）の充実を推進している。筆者は，地球市民性教育（GCED）に関するUNESCOフォーラムに出席し，持続可能で共創的な社会づくりに向けた「地球市民性」について，論考をまとめている（佐藤

2014)。当該フォーラムにおいて講演を行ったSoo-Hyang CHOI女史（UNESCO パリ本部，平和と持続可能な開発のための教育担当部長）は，地球市民性の構築において，以下の点を論点として提示している。

・「地球市民性」を法律に基づく集合体という認識ではなく，「グローバルな社会と共通する人間性への帰属意識」（グローバルな連帯・主体性・責任性を有する感覚，行動を起こすこと，普遍的な価値に基づきその価値を尊重すること）と定義している。

・その目的として，行動に参加し，積極的な役割を担うこと（グローバルとローカルの両方の文脈において，グローバルな挑戦に挑み，解決にむけて）や，能動的な寄与者になること（より公正で，平和的，寛容さ，包摂性，安全性，持続可能性を有した世界にむけて）を通して，教育形態や世代を超えた学習者のエンパワーメント（若年・ユースの学習者，学習グループの重要性）を掲げている。

・さらには，地球市民性教育（GCED）に必要な資質・能力として，グローバルな課題や傾向に対する知識と理解，批判的思考能力，コミュニケーション能力，行動に参画するための態度，情動的・社会的能力としての共感性と態度，の重要性を強調している。

『SDGsと開発教育』の第2章「開発教育の内容・方法・カリキュラム」（藤原孝章　2016）においても，開発教育の最も広義の意味づけとして，「自分と世界のつながりを発見し，関係のあり方を問うなかで，グローバルな視野を獲得し，地球社会に生きる市民としての権利と責任を果たす」と明記しており，地球社会におけるめざすべき人間像として，地球市民性の醸成を指摘している。地球市民性の基本要素については，OXFAM（2015）の示す項目を例示している（表16-1）。また，UNESCO（2014）は，地球市民性教育を通して培われるべき教育目標を表16-2のように提示している。

　これからの地球社会における地球市民性を考察するにあたり，本章では，例として，地球惑星の時代，混成文化の時代，VUCA時代，地域間化の時代という4つの時代像を取り扱い，各時代像の考察を通して，地球市民性の輪郭を読み取ることとしたい。「地球惑星の時代」については，本章でも取り扱っているように，地球資源制約の下において，貧困・社会的排除問題だけではなく，

表 16-1　グローバルシティズンシップの基本要素

知識・理解	技　能	価値・態度
1．社会正義と平等 2．アイデンティティと多様性 3．グローバリゼーションと相互依存 4．持続可能な開発 5．平和と対立 6．人権 7．権力と統治	1．批判的で創造的な思考 2．共感 3．自分への気づきと省察 4．コミュニケーション 5．協力および対立の解決 6．複雑さや不確かさをマネージする力 7．知識と内省力のある行動	1．アイデンティティと自己肯定感 2．社会的正義や平等に関わろうとすること 3．人々と人権に対する尊敬 4．多様性を大切にする。 5．環境への関心と持続可能な開発に関わろうとすること 6．参加と包摂に関わろうとすること 7．人は変わることができるという信念

出典：OXFAM 2015：5

表 16-2　地球市民性教育を通して培われるべき教育目標

態　度	知　識	認知的スキル	非認知的スキル	行動能力
個人のアイデンティティ 文化的アイデンティティ(国，民族，地域，言語など) 地球人的なアイデンティティ 能動的な行動	普遍的価値としての，平和と人権，多様性，正義，民主主義，平等，他者の尊重，非差別，寛容(tolerance, as universal value)	批判的・創造的・革新的思考 問題解決 意思決定	共感 対立・葛藤解決能力 対人関係・コミュニケーションスキル	直面する課題に対する行動力 責任感 協働 連帯

出典：UNESCO 2014

　環境問題への対応もまた求められている点があげられる。地球市民性の議論では，「地球惑星的市民性（Global Planetarian Citizenship）」と呼ばれている。従来から，普遍的価値として人権が位置づけられているが，「地球惑星的市民性」の構築においては，生物多様性にも配慮をした自然生存権もまた普遍的価値として位置づけていく必要があるだろう。「混成文化の時代」については，今日，文化の混成性が高まるなかで，グローバルな文脈における相互連関の理解を深めること，公益に対するコミットメントが求められている。民主的・多文化的市民性（Democratic Multicultural Citizenship），多元的な地球市民性（Multiple Citizenship），行動的な市民性（Action Citizenship）などと呼ばれている。「VUCA社会（変動性，不確実性，複雑性，曖昧性の高い社会）を有する時代」（VUCA時代）では，変化しつづける状況を理解し，その状況の変化に対応し，状況下におい

て協働をしながら課題解決に取り組み，状況から学び続ける地球市民性が求められるといえる。「地域間化の時代」については，地域と地域が，国家を超えて相互に連携していく時代像である。「地域間化の時代」においては，ローカルな文脈とグローバルな文脈を相互に連関させながら，地域どうしでつながりあいグローカルに行動ができる地球市民性が求められているといえよう。

いずれにせよ，これからの地球社会における地球市民性は，多元性・多重性を前提としており，複雑性への対応，変容・変化への適応，時間的・空間的責任性，共感性，行動・協力・連帯が基礎にあることが読み取れる。

3 求められる資質・能力と見方・志向性（レンズ）

(1) 持続可能性キー・コンピテンシー

これからの地球社会において，持続可能性の構築に求められる個人の資質・能力について考察をすることとしたい。本章では，Wiek et.al（2011）が提示する「持続可能性キー・コンピテンシー」に注目する。Wiek らは，「持続可能性キー・コンピテンシー」に関する論文を特定し，特定されたコンピテンシー

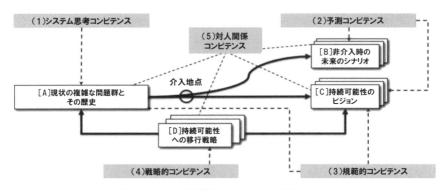

図 16-1　持続可能性キー・コンピテンシー

注：持続可能性における5つのキー・コンピテンス（灰色部分）と持続可能性研究・問題解決の統合的枠組との関連点線の矢印は，個々のコンピテンスが研究と問題解決枠組の1つもしくは複数の構成要素と関連していることを表している（たとえば，「規範的コンピテンス」は持続可能性のビジョンを策定するだけでなく現状の持続可能性を評価することにも関連）

出典：Wiek et.al.（2011）に基づき筆者作成

を統合して整合性のある枠組を構築している（図16-1）。具体的には，持続可能性にかかるキー・コンピテンシーには，①システム思考コンピテンス，②予測コンピテンス，③規範的コンピテンス，④戦略的コンピテンス，⑤対人関係コンピテンスがあるとし，それらの有機的連関の重要性を指摘している[1]。これらのキー・コンピテンシーを，筆者の言葉で言い換えるのであれば，①物事を複雑なシステムとして捉えながら，その関係性を空間的・時間的に捉え（システム思考コンピテンス），②未来を予測したうえで，さまざまな解決策を模索し（予測コンピテンス），③持続可能性に関する規範的知識（地球資源制約，資本ストックの活用と保全，環境問題と貧困・社会的排除問題の同時的解決など）を活用し（規範的コンピテンス），④変容に向けたガバナンスの戦略を包括的に設計・実行し（戦略的コンピテンス），⑤課題解決のために参加型，協働的なアプローチを活かす（対人関係コンピテンス）取り組みであるといえよう。Wiek らが提示する「持続可能性キー・コンピテンシー」は，本書で取り扱ったさまざまな課題の解決に向けた個人の資質・能力として重要であるといえよう。

⑵　ESD レンズ（統合的，文脈的，批判的，変容的レンズ）

　さらに，これからの地球社会において，持続可能性の構築に求められる有効な見方・志向性として，ESD レンズの活用を提案したい。国連 ESD の10年（DESD）進捗報告書「明日の教育を形作る」（UNESCO 2012）では，ESD の学習の特徴について実施された国際調査の報告だけでなく，ESD の根本要素と4つのレンズ，ポスト DESD における提言を含んでおり，今後のグローバルな政策的枠組のあり方についての方向性を提示している。本進捗報告書では，根本要素として「ESD は，世界中の市民に対して，環境，自然遺産，文化，社会および経済にかかわる問題に起因するさまざまな複雑性，論争および不平等に対処できることを求めるもの」「未来のため，全地域の万人のものである。それは，質の高い教育とグリーン社会および経済への確実な移行をもたらすための欠かせない材料」であるとし，ESD の質を向上させる4つのレンズ（見方・志向性）として，①統合的レンズ（Integrative Lens），②文脈的レンズ（Contextual Lens），③批判的レンズ（Critical Lens），④変容的レンズ（Transformative

Lens)を提示している。日本の環境教育の特徴として「つなぐ」と「地域」という言葉が多く使用されているが，上述する ESD レンズに基づけば，①統合的レンズと，②文脈的レンズに注目していることが読み取れよう。

4 目標達成のための SDGs，ツールとしての SDGs

周知のとおり，SDGs は国際アジェンダであるため，17 の目標達成のための取り組みが重要である。その一方で，本章では，SDGs がツールになりうる点を強調したい。本章で述べるツールとは，学習ツール，コミュニケーション・ツール，政策ツール，協働ツール，状況把握ツールなどを意味する。上述した ESD レンズ（統合的，文脈的，批判的，変容的レンズ）を活かすことを通して，SDGs の 17 の各目標を，実際の取り組みと照らし合わせながら，①関連づけ，また統合的に捉える（統合的レンズ）とともに，②グローカルな文脈で意味づけ，また掘り下げ（文脈的レンズ），③従来捉えている課題を，SDGs を通して新たな課題として捉え直し（批判的レンズ），④個人と組織，社会ガバナンスの変容を意識する（変容的レンズ）ことが可能になる。ESD レンズの活用により，SDGs にかかる教育的実践の質的な改善を行うことが可能になるといえよう（図 16-2）。

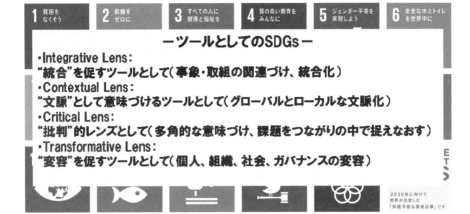

図 16-2　ESD の 4 レンズを活かした「ツールとしての SDGs」。

5 SDGs を環境的側面から掘り下げる意味

　本書では，従来の開発アジェンダと開発教育では十分に議論がなされてきてない，地球資源制約（Planetary Boundary），自然生存権アプローチ（人権アプローチに対して），生命地域（陸域，海域），自然資本ストック，低炭素社会，循環型社会，自然共生社会などの視点を取り扱うことにより，国際アジェンダであるSDGsを環境的側面から掘り下げ，SDGsにおける環境教育的な視座を提供するものであった。このように，SDGsを環境的側面から掘り下げることは，従来の国際アジェンダにおいて，十分議論がなされていない視点（上述）からの考察を可能にしている。さらには，国連ESDの10年（DESD）後のグローバル・アクションプログラム（GAP）において，主要領域として位置づけられている「持続可能な生産と消費（Sustainable Consumption and Production）」「気候変動（Climate Change）」「災害リスク削減（Disaster Risk Reduction）」「生物多様性保全（Bio Diversity）」は，環境・経済・社会的側面の統合する領域として，また，グローバルな文脈とローカルな文脈をつなぎ合わせるグローカルな課題として，その重要性が指摘されている。これらのグローカルな課題についても，環境的側面から掘り下げることは，その課題が有する意味合いを，従来の視点（開発的視点）とは異なる視点からの考察を可能にするといえよう。

　最後に，既版の『SDGsと開発教育』（2016年，学文社）と本書『SDGsと環境教育』を併せて読まれることをお勧めしたい。SDGsが「開発・環境アジェンダ」であることもあり，この両書を併せて読むことは，SDGsの特性について理解を深めることを可能にするだけでなく，その相互連関性に対する理解を深め，統合的視点を有した教育的実践に資するといえよう。

注
(1) Wiek *et.al*（2011）の示す「持続可能性キー・コンピテンシー」については，佐藤真久・岡本弥彦（2015）「国立教育政策研究所によるESD枠組の機能と役割─「持続可能性キー・コンピテンシー」の先行研究レビュー・分類化研究に基づいて」『環境教育』25(1)：144-151に詳しい。

参考文献

OXFAM (2015) Global Citizenship in the Classroom: A Guide for Teachers. Oxford: OXFAM GB, http://www.oxfam.org.uk/education/global-citizenship/global-citizenship-guides (2017 年 7 月 31 日最終閲覧)

Tawil, S. (2013) *Education for 'Global Citizenship': A Framework for Discussion, Education Research and Foresight,* Working Papers, UNESCO.

UNESCO (2012) Shaping the Education of Tomorrow, *2012 Report on the UN Decade of Education for Sustainable Development,* Abridged, UNESCO, Paris, France.

UNESCO (2014) *Global Citizenship Education, Preparing Learners for the Challenges of the Twenty-first Century,* UNESCO, Paris, France.

Wiek, A., Withycimbe, L. and Redman, C.L. (2011) Key Competencies in Sustainability: a Reference Framework for Academic Program Development, *Integrated Research System for Sustainability Science,* United Nations University, Springer.

佐藤真久 (2014)「地球市民性教育 (GCE) に関する UNESCO フォーラムにおける成果と考察―持続可能で共創的な社会づくりにむけた「地球市民性」の構築」『環境教育』23 (3)：123-130

資料編　日本の環境教育書籍

過去と未来／文明論／知恵の伝承	文明	『ウォールデン 森の生活』（ヘンリー・D・ソロー／ 1854 年） 『星の王子様』（アントワーヌ・ド・サン＝テグジュペリ／ 1943 年） 『宇宙船「地球号」操縦マニュアル』（バックミンスター・フラー／ 1963 年） 『ホールアースカタログ』（スチュアート・ブランド／ 1968 年） 『成長の限界』（ドネラ・H・メドウズ，デニス・L・メドウズ／ 1972 年） 『スモール・イズ・ビューティフル』（エルンスト・フリードリッヒ・シューマッハー／ 1973 年） 『自動車の社会的費用』（宇沢弘文／ 1974 年） 『リトル・トリー』（フォレスト・カーター／ 1976 年） 『地球白書』（レスターブラウン／ 1984 年） 『風の谷のナウシカ』（宮崎駿／ 1987 年） 『限界を超えて』（ドネラ・H・メドウズ，デニス・L・メドウズ，ランダース・ヨルゲン／ 1992 年） 『緑の国のエコトピア』（アーネスト・カレンバック／ 1992 年） 『世界がもし 100 人の村だったら』（池田香代子／ 2001 年） 『スロー・イズ・ビューティフル』（辻信一／ 2001 年） 『百年の愚行』（Think the Earth Project 編集／ 2002 年） 『成長の限界　人類の選択』（ドネラ・H・メドウズ，デニス・L・メドウズ／ 2005 年）
	地球環境	『西暦 2000 年の地球』（アメリカ環境問題諮問委員会，国務省 編／ 1980 年） 『地球環境報告』（石弘之／ 1988 年） 『地球生活』（星川淳／ 1990 年） 『ガイア 地球は生きている』（ジェームズ・ラブロック／ 1991 年） 『地球のなおし方』（ドネラ・H・メドウズ，デニス・L・メドウズ，枝廣淳子／ 2005 年） 『不都合な真実』（アル・ゴア／ 2006 年）
環境（知識）	公害	『沈黙の春』（レイチェル・L・カーソン／ 1962 年） 『恐るべき公害』（庄司光，宮本憲一／ 1964 年） 『苦海浄土』（石牟礼道子／ 1969 年） 『公害原論』（宇井純／ 1971 年） 『水俣病』（原田正純／ 1972 年） 『日本の公害』（庄司光，宮本憲一／ 1975 年） 『複合汚染』（有吉佐和子／ 1975 年）
	生態系	『生態学方法論』（沼田真／ 1953 年） 『植物と人間』（宮脇昭／ 1970 年） 『自然保護を考える』（信州大学教養部自然保護講座 編／ 1973 年） 『自然保護と生態学』（沼田真／ 1973 年）
	感性	『センス・オブ・ワンダー』（レイチェル・L・カーソン／ 1965 年） 『イニュニック［生命］』（星野道夫／ 1993 年） 『足もとの自然から始めよう』（デイヴィッド・ソベル／ 1996 年） 『あなたの子どもには自然が足りない』（リチャード・ループ／ 2005 年）
	教育手法	『ネイチャーゲーム 1』（ジョセフ・B・コーネル／ 1978 年） 『自然観察ハンドブック』（日本自然保護協会 編集／ 1984 年） 『インタープリテーション入門』（キャサリーン・レニエ，ロン・ジマーマン／ 1994 年） 『つながりひろがれ環境学習』（小野三津子／ 1996 年） 『ワークショップ』（中野民夫／ 2001 年） 『インタープリター・トレーニング』（津村俊充，増田直広，古瀬浩史，小林毅 編著／ 2014 年）
	森林	『森林インストラクター入門』（林野庁 編著／ 1992 年） 『森林教育のすすめ方』（全国林業改良普及協会 編著／ 1994 年） 『森林破壊と地球環境』（大石真人／ 1995 年） 『自然保護を問い直す ―環境倫理とネットワーク』（鬼頭秀一／ 1996 年） 『森よ生き返れ』（宮脇昭／ 1999 年）

環境教育の場・テーマ	食農	『自然農法・わら一本の革命』(福岡正信／1975年) 『日本の農業』(原剛／1994年) 『身土不二の探究』(山下惣一／1998年) 『「田んぼの学校」入学編』(宇根豊／2000年) 『「田んぼの学校」遊び編』(湊秋作／2001年) 『食育菜園』(センター・フォー・エコリテラシー／2006年) 『食農で教育再生—保育園・学校から社会教育まで』(朝岡幸彦, 野村卓, 菊池陽子 編著／2007年)
	流域・湿地	『巨大な愚行 長良川河口堰』(天野礼子／1994年) 『諫早湾ムツゴロウ騒動記』(山下弘文／1988年) 『よみがえれアサザ咲く水辺』(飯島博, 鷲谷いづみ 編著／1999年) 『森は海の恋人』(畠山重篤 編著／2006年)
	ライフスタイル	『半農半Xという生き方』(塩見直紀／2003年) 『ロハスの思考』(福岡伸一／2006年) 『エコハウス私論』(小林光／2007年) 『地球に暮らそう』(加藤大吾／2010年)
	エネルギー	『エネルギー教育最前線』(藤本太郎／1994年) 『「エネルギー教育」の授業プラン』(竹川訓由, 菅原光敏 編著／1999年) 『エネルギー環境教育の理論と実践』(佐島群巳, 山下宏文, 高山博之 編著／2005年)
	自然学校	『森の自然学校』(稲本正／1997年) 『就職先は森の中』(川嶋直／1998年) 『自然語で話そう—ホールアース自然学校の12ヵ月—』(広瀬敏通／1999年) 『自然学校をつくろう』(岡島成行／2001年) 『実践・自然学校運営マニュアル』(佐藤初雄, 桜井義維英 編著／2003年) 『ソーシャルイノベーションとしての自然学校』(西村仁志／2013年)
	ESD	『ESDをつくる —地域でひらく未来への教育—』(生方秀紀, 神田房行, 大森享 編著／2010年) 『次世代CSRとESD—企業のためのサステナビリティ教育—』(阿部治, 川嶋直 編著／2011年) 『持続可能な開発のための教育 ESD入門』(阿部治, 佐藤真久 編著／2012年) 『ESD拠点としての自然学校』(阿部治, 川嶋直 編著／2012年) 『環境教育とESD』(日本環境教育学会 編集／2014年) 『環境教育と開発教育 —実践的統一への展望—』(鈴木敏正, 田中治彦, 佐藤真久 編著／2014年)
環境教育総論		『環境教育論』(沼田真／1982年) 『環境教育の理論と実践』(福島要一／1985年) 『生涯学習としての環境教育実践ハンドブック』(環境教育推進研究会 編集／1992年) 『子どもと環境教育』(阿部治 編著／1993年) 『学校と環境教育』(大田堯 編著／1993年) 『社会と環境教育』(岡島成行 編著／1993年) 『地球と環境教育』(藤原英司 編著／1993年) 『科学と環境教育』(松前達郎 編著／1993年) 『日本型環境教育の提案』(日本環境教育フォーラム 編著／1992年) 『環境教育入門』(スー・グレイグ, グラハム・パイク, ディビッド・セルビー 編著／1998年) 『日本型環境教育の知恵』(日本環境教育フォーラム 編著／2008年) 『現代環境教育入門』(降旗信一, 高橋正弘 編著／2009年)
環境教育事典		『環境教育事典』(環境教育事典編集委員会 編集／1992年) 『環境教育辞典』(東京学芸大学野外教育実習施設 編集／1992年) 『環境教育辞典』(日本環境教育学会 編集／2013年)
学校		『環境教育の成立と発展』(福島達夫／1993年) 『環境教育をつくる』(田中実, 安藤聡彦 編著／1997年) 『学校環境教育論』(小玉敏也, 福井智紀 編著／2010年) 『環境教育』(日本環境教育学会 編集／2012年)
地域		『子どもの参画』(ロジャー・ハート／2000年) 『奇跡のむらの物語』(辻英之／2011年) 『PBE地域に根ざした教育』(高野孝子 編著／2014年)

出典：阿部治・川嶋直編 (2015)『環境教育図録』(公社)日本環境教育フォーラム

環境問題・環境教育年表

西暦	国 内	国 外
1931	国立公園法制定	
1948		国際自然保護連合 IUCN 設立 （環境教育という用語の初出）
1951	日本自然保護協会発足	
1962		世界自然保護基金 WWF 発足
1964	東京都小中学校公害対策研究会発足	
1967	公害対策基本法制定 全国小中学校公害対策研究会発足	英国：プラウデン報告書（環境を題材）
1969	小・中学校学習指導要領改訂（小学校の指導要領に「公害」の用語初出）	スウェーデン：初等教育学習要領改訂（環境問題重視）
1970	高等学校学習指導要領改訂	米国：環境教育法制定
1971	日教組全国教研集会「公害と教育」分科会発足 環境庁設置	
1972	自然環境保全法制定	ストックホルム国連人間環境会議 UNEP（国際環境計画）発足
1973	自然環境保全基本方針閣議決定 環境週間設定（毎年6月）	
1975	全公研「全国小中学校環境教育研究会」に名称変更	ベオグラード国際環境教育会議（ベオグラード憲章）
1977	（財）日本環境協会設定 小・中学校学習指導要領改訂（環境問題重視）	トビリシ環境教育政府間会議
1978	高等学校学習指導要領改訂（環境問題重視） 日本自然保護協会「自然観察指導員」養成開始	
1980		IUCN, WWF, UNEP「世界環境保全戦略」発表
1982	文部省：「自然教室」開始	第10回 UNEP 管理理事会特別会合（ナイロビ宣言）
1984	教育課程審議会答申（「生活科」設置等）	
1986	環境庁：「環境教育懇談会」設置	
1987	臨時教育審議会最終答申（自然体験学習の推進等）	環境と開発に関する世界委員会（WCED）「我ら共有の未来」発表
1988	環境庁：環境教育懇談会報告「みんなで築くよりよい環境を求めて」発行	
1989	小・中・高等学校学習指導要領改訂	
1990	日本環境教育学会発足	米国：環境教育推進法
1991	環境教育指導資料—中・高等学校編（文部省）	

1992	環境教育指導資料―小学校編（文部省）	国連環境・開発サミットinブラジル（アジェンダ 21）
1993	環境基本法制定	世界人権会議開催
1994	環境庁：環境基本計画	国連人口・開発会議開催 社会開発世界サミット開催
1995	こどもエコクラブ発足	第 4 回世界女性会議開催
1996	第 15 期中央教育審議会第 1 次答申	
1997	日本環境教育フォーラム発足	「環境と社会」国際会議開催 （於：テサロニキ）
1998	特定非営利活動促進法（NPO 法）制定	
1999	小・中学校学習指導要領改訂（「総合的な学習の時間」創設） 環境省：中央環境審議会「これからの環境教育・環境学習」答申	
2000	自然体験活動推進協議会発足 環境省：新「環境基本計画」策定	
2002	小・中学校で「総合的な学習の時間」開始	ヨハネスブルグ・サミット「持続可能な開発に関する首脳会議」（WSSD）
2003	「環境の保全のための意欲の増進及び環境教育の推進に関する法律」制定・公布	
2004	環境教育推進法の基本方針策定（5 省庁）	
2005		国連「持続可能な開発のための教育の 10 年（DESD）」開始
2006	第三次環境基本計画―環境から拓く新たなゆたかさの道	
2007	新環境教育指導資料（小学校編） 21 世紀環境立国戦略	トビリシ EE30 周年記念会議 （於：アーメダバード）
2008	ESD 円卓会議開始	
2009	ジャパンレポート（2009.3）	
2010	愛知ターゲット	DESD 政府間中間会議（於：ドイツ・ボン） 国連生物多様性の 10 年
2011	環境教育推進法改定→環境教育促進法	
2012	環境教育促進法基本方針策定	リオ＋20（於：リオデジャネイロ）
2014	ESD 円卓会議：ジャパンレポート ESD ユネスコ世界会議（愛知県・名古屋市，岡山市）あいち・なごや宣言 環境教育指導資料［幼稚園・学校編］（国立教育政策研究所）	
2015		国連 SDGs を制定 世界教育フォーラム（於：仁川） COP21（於：パリ）
2016		パリ協定発効
2017	環境教育指導資料【中学校編】（国立教育政策研究所）	

出典：小澤紀美子（2015）『持続可能な社会を創る環境教育論』東海大学出版部をもとに加筆修正

索　引

―――― あ行 ――――

愛知目標　99, 171, 181, 297

アクション・リサーチ　118

アジェンダ 21　108, 112, 124, 151, 188, 310

ESD（持続可能な開発のための教育）　2, 13, 20, 25, 28, 36, 41, 44, 106, 109, 112, 119, 141, 167, 228, 238, 243, 245, 295, 303, 310

ESD の視点に立った学習指導を進める上での枠組み　23

ESD の 10 年　14, 112, 115, 239, 303, 305

エコラベル　178, 184

エコロジカル・フットプリント　148, 151, 164

SCP（持続可能な生産と消費）　187, 191, 201, 274, 276, 279, 296, 305

SCP10 年枠組　187, 189, 298

MDGs（ミレニアム開発目標）　56, 70, 82, 106, 111, 121, 159, 296

エリア型まちづくり　248, 254

エンパワーメント　107, 111, 300

オーフス条約　36, 51, 276

オルタナティブな開発（Alternative Development）　106, 111

―――― か行 ――――

開発教育　106, 113, 117, 120, 139, 296, 300, 305

開発の脱政治化　→脱政治化

カリキュラム・マネジメント　29, 31

環境基本計画〈環境の世紀への道しるべ〉　15, 16, 210, 224, 310

環境基本法　39, 50, 310

環境教育指導資料【中学校編】　20, 29, 33, 295, 309

環境教育指導資料［幼稚園・小学校編］　21, 27, 30, 310

環境社会配慮　124, 137

緩和策　206, 210, 213, 224, 297

共通だが差異のある責任　148, 151

協働　41, 52, 54, 228, 237, 244, 272, 276, 281, 284, 288, 301

近代化論　127, 132

クリティカル自然資本（ストック）　97, 99, 296

経済のグローバリゼーション　109, 116

結合的ケイパビリティ　272, 291, 299

公害教育（公害学習）　2, 4, 8, 36, 38, 49, 52, 113, 284, 295, 296

公害対策基本法　3, 39, 50, 309

国連開発の 10 年　106, 127

国連人間環境会議（ストックホルム会議）　3, 7, 12, 309

国連人間居住会議　109, 248, 256, 298

―――― さ行 ――――

CITES　60, 150

里山・里海　228, 238, 243, 298

参加型開発　106, 108, 129, 141

参加型学習　52, 115, 117

資源生産性　148, 154

資質・能力の 3 つの柱　32

自然資本ストック　92, 100, 296, 305

自然生存権　16, 276, 296, 301, 305

自然保護教育　2, 8, 56, 113, 120, 228, 236, 243, 295, 298

持続可能な開発　2, 12, 14, 21, 86, 90, 106, 108, 112, 121, 124, 127, 130, 137, 141, 143, 148, 165, 183, 188, 297

持続可能な開発のための教育　→ ESD

持続可能な生産と消費　→ SCP

持続可能なライフスタイル　121, 187, 191, 196

市民科学（citizen science）　228, 244, 276, 298

社会開発　106, 125, 129, 279, 310

社会的学習　206, 208, 216, 276, 281, 287, 290, 299

充足性アプローチ　187, 200, 298

従属論　127

主体的・対話的で深い学び　20, 33

311

順応型リスク管理　223, 225, 298

人工資本ストック　92, 103

人的資本ストック　93, 95, 100, 102, 296

成人学習に関するハンブルグ宣言　110, 115

生態系サービス　57, 102, 158, 161, 171, 177, 229, 276

生態中心主義　86, 296

生物多様性条約　72, 150, 171, 231, 233

生物多様性バンキング　177

絶滅のおそれのある野生動植物の種の国際取引に関する条約　→ワシントン条約

総合的な学習の時間（総合学習）　14, 31, 115, 117, 237, 241, 310

―――――― た行 ――――――

脱政治化　49, 114, 124, 142, 297

地球環境問題　2, 9, 12, 119, 142, 148, 153, 159, 165, 202, 297

地球資源制約　171, 175, 184, 189, 200, 279, 297, 300, 303, 305

強い持続可能性　86, 92, 96, 99, 291, 296

適応策　206, 210, 212, 216, 224, 297

テサロニキ宣言　13, 110

トビリシ勧告　4, 10

―――――― な行 ――――――

内生的発展　132

2017 年版学習指導要領　20, 27, 32, 295

人間開発　89, 106, 129, 151, 279, 291

人間中心主義　86, 94, 296

―――――― は行 ――――――

パフォーマンス課題　34

パリ協定　99, 150, 187, 189, 200, 206, 210, 213, 223, 250

BHN アプローチ　128

貧困・社会的排除問題　142, 272, 296, 301, 303

VUCA 社会（変動制，不確実性，複雑性，曖昧性の高い社会）　272, 276, 279, 281, 299, 301

プラネタリーバウンダリー　→地球資源制約

ブルントラント報告『我々の共通の未来』　130

ベオグラード憲章　4, 10, 21, 309

保全（conservation）　231, 237

―――――― ま行 ――――――

緑の多元主義　70, 74

ミレニアム開発目標　→MDGs

―――――― や行 ――――――

野生生物取引　56, 58, 61, 64, 66, 296

野生生物犯罪　57, 60,

―――――― ら行 ――――――

ライフスタイル　13, 76, 121, 187, 190, 196, 202, 252, 276, 296, 308

リスクに対応できる地域社会（レジリエントシティ）　206, 208, 213, 224, 298

―――――― わ行 ――――――

ワシントン条約　56, 60, 65, 150, 176, 233

［執筆者一覧］

市川 智史　滋賀大学環境総合研究センター教授　（第1章）

田代 直幸　常葉大学大学院初等教育高度実践研究科教授　（第2章）

林　美帆　（公財）公害地域再生センター（あおぞら財団）研究員　（第3章）

若尾 慶子　（公財）世界自然保護基金ジャパン（WWF ジャパン）トラフィックジャパンオフィス代表　（第4章）

蟹江 憲史　慶應義塾大学大学院政策・メディア研究科教授　（第5章）

大沼 あゆみ　慶應義塾大学経済学部教授　（第6章）

田中 治彦　上智大学総合人間科学部教育学科教授　（第7章）

北野　収　獨協大学外国語学部交流文化学科教授，（特活）環境修復保全機構理事　（第8章）

袖野 玲子　芝浦工業大学システム理工学部環境システム学科教授　（第9章）

蒲谷　景　東京大学国際高等研究所，サステイナビリティ学連携研究機構特任研究員　（第10章）

堀田 康彦　（公財）地球環境戦略研究機関　持続可能な消費と生産領域エリアリーダー／上席研究員　（第11章）

馬場 健司　東京都市大学環境学部環境マネジメント学科教授　（第12章）

桜井　良　立命館大学政策科学部准教授　（第13章）

室田 昌子　東京都市大学環境学部環境創生学科教授　（第14章）

佐藤 真久　東京都市大学環境学部環境マネジメント学科教授　（第15章，終章）

（執筆順，所属は2018年4月現在）

［編　者］

佐藤　真久（さとう　まさひさ）
　東京都市大学大学院　環境情報学研究科教授。筑波大学第二学群生物学類卒業，同大学院修士課程環境科学研究科修了，英国国立サルフォード大学にて Ph.D 取得（2002 年）。地球環境戦略研究機関（IGES）の第一・二期戦略研究プロジェクト研究員，ユネスコ・アジア文化センター（ACCU）の国際教育協力シニア・プログラム・スペシャリストを経て，現職。現在，国連大学サステイナビリティ高等研究所客員教授，ESD 円卓会議委員，環境省協働取組加速化事業委員長，UNEP10 年枠組（持続可能な生産と消費，ライフスタイルと教育）ワーキング委員，JICA 技術専門委員（環境教育），ESD コーディネーター（文部科学省事業），NPO 法人 ETIC. 理事（社会起業家のためのインキュベーション・プラットフォーム）などを務める。JICA 環境社会配慮助言委員会委員，アジア太平洋地域 ESD 国連組織間諮問委員会テクニカル・オフィサー，北京師範大学客員教授などを歴任。

田代　直幸（たしろ　なおゆき）
　常葉大学大学院　初等教育高度実践研究科教授。東京都立高等学校教諭 16 年間，国立教育政策研究所教育課程調査官（兼文部科学省教科調査官）12 年間を経て，2014 年 4 月から常葉大学に勤務。専門分野は，理科教育，生物教育，環境教育。代表的な著書としては，『中学校理科 9 つの視点でアクティブ・ラーニング』（東洋館出版社），『発想が広がり思考が深まる—これからの理科授業 第 2 分野』（東洋館出版社），代表的な論文としては，「子どもたちにとっての『日常生活』と理科教育」『理科の教育』（東洋館出版）。「小・中学校の理科教科書に掲載されている観察・実験等における "The Four Question Strategy（4QS）" の適用の可能性に関する研究」『理科教育学研究』Vol.56-No.1（日本理科教育学会）などがある。文部科学省・国立教育政策研究所関連においては，『環境教育指導資料（小学校編）』（国立教育政策研究所，2007 年 3 月）がある。

蟹江　憲史（かにえ　のりちか）
　慶應義塾大学大学院政策・メディア研究科教授／国連大学サステイナビリティ高等研究所シニアリサーチフェロー。北九州市立大学助教授，東京工業大学大学院社会理工学研究科准教授を経て現職。OECD 気候変動・投資・開発作業部会議長，World Economic Forum World Economic Forum Global Agenda Council 委員，Earth System Governance プロジェクト科学諮問委員などを兼任，欧州委員会 Marie Curie Incoming International Fellow およびパリ政治学院客員教授（2009-2010）などを歴任。専門は国際関係論，地球環境政治。とくに，気候変動やアジアにおける越境大気汚染に関する国際制度研究に重点をおく。2013 年度からは，環境省環境研究総合推進費戦略研究プロジェクト S-11（持続可能な開発目標とガバナンスに関する総合的研究プロジェクト）プロジェクトリーダーを 3 年間務めた。

SDGs と環境教育
　—地球資源制約の視座と持続可能な開発目標のための学び

2017 年 10 月 25 日　第 1 版第 1 刷発行	編著者	佐藤　真久
2018 年 8 月 10 日　第 1 版第 2 刷発行		田代　直幸
		蟹江　憲史

発行者　田中千津子

発行所　株式会社　学文社

〒 153-0064　東京都目黒区下目黒 3-6-1
電話　03（3715）1501　代
FAX　03（3715）2012
http://www.gakubunsha.com

© Sato Masahisa ／ Tashiro Naoyuki ／ Kanie Norichika 2017

印刷　新灯印刷株式会社

乱丁・落丁の場合は本社でお取り替えします。
定価は売上カード，カバーに表示。

ISBN978-4-7620-2738-3